中国水利教育协会组织编写

全国中等职业教育水利类专业规划教材

水利工程测量

主 编 王郑睿

副主编 陈 灵 高传彬

中国水利水电出版社

www.waterpub.com.cn

内 容 提 要

本教材是根据水利水电工程和建筑工程各个阶段测量工作的需要和要求编写的。全书分为两大部分：第一部分为理论知识，第一章讲述测量学基础知识；第二章至第四章介绍水准、角度、距离三项基本测量工作；第五章论述测量误差的基础知识；第六章介绍小区域控制测量（包括平面和高程控制）；第七章、第八章讲述大比例尺地形图测绘、识读与应用；第九章至第十三章介绍施工测量的基本方法、渠道测量、河道测量、变形观测、工业与民用建筑测量。第二部分为技能训练，介绍工程测量技能训练的要求和方法。

本教材可供水利水电、工业与民用建筑专业教学使用，也可供从事相关专业的技术人员参考。

图书在版编目（CIP）数据

水利工程测量/王郑睿主编 . —北京：中国水利水电出版社，2011.1（2024.2 重印）
全国中等职业教育水利类专业规划教材
ISBN 978 - 7 - 5084 - 8072 - 5

Ⅰ.①水… Ⅱ.王… Ⅲ.①水利工程测量-专业学校-教材 Ⅳ.①TV221

中国版本图书馆 CIP 数据核字（2011）第 000090 号

书　　名	全国中等职业教育水利类专业规划教材 **水利工程测量**
作　　者	主编　王郑睿　副主编　陈灵　高传彬
出版发行	中国水利水电出版社 （北京市海淀区玉渊潭南路 1 号 D 座　100038） 网址：www.waterpub.com.cn E-mail：sales@mwr.gov.cn 电话：（010）68545888（营销中心）
经　　售	北京科水图书销售有限公司 电话：（010）68545874、63202643 全国各地新华书店和相关出版物销售网点
排　　版	中国水利水电出版社微机排版中心
印　　刷	天津嘉恒印务有限公司
规　　格	184mm×260mm　16 开本　15.75 印张　374 千字
版　　次	2011 年 1 月第 1 版　2024 年 2 月第 6 次印刷
印　　数	14001—18000 册
定　　价	**49.00 元**

凡购买我社图书，如有缺页、倒页、脱页的，本社营销中心负责调换

全国中等职业教育水利类专业规划教材

编　委　会

前　言

　　教材事关国家和民族的前途命运，教材建设必须坚持正确的政治方向和价值导向。本书坚持党的二十大精神，全面贯彻党的教育方针，落实立德树人根本任务，为党育人，为国育才，弘扬劳动光荣、技能宝贵、创造伟大的时代风尚。

　　本教材是按照教育部《关于进一步深化中等职业教育教学改革若干意见》（教职成〔2008〕8 号）及中等职业教育研究会于 2009 年 7 月在郑州组织的中等职业教育水利水电工程技术专业教材编写会议精神编写的，是全国水利中等职业教育新一轮教学改革规划教材，适用于中等职业学校水利水电专业教学。

　　水利工程测量是水利水电专业的一门专业技能课。本教材分两大部分，共 13 章。第一部分为理论知识，第一章讲述测量学基础知识；第二章至第四章介绍水准、角度、距离三项基本测量工作；第五章论述测量误差的基础知识；第六章介绍小区域控制测量（包括平面和高程控制）；第七章、第八章讲述大比例尺地形图测绘、识读与应用；第九章至第十三章介绍施工测量的基本方法，渠道测量、河道测量、变形观测、工业与民用建筑测量。第二部分为技能训练，介绍工程测量技能训练的要求和方法。

　　本教材以应用为目的（强调理论与实践相结合，突出实践与应用），在总结多年教学经验的基础上编写而成，每章都有相应的思考题和习题，以助教学和便于自学（第十三章工业与民用建筑测量为自学内容）。同时兼顾到各个专业的不同特点，力求做到重点突出、概念清楚、定义准确，文字简练。

　　参加本教材编写工作的有：河南省郑州水利学校王郑睿（第一章、第十三章，技能训练）；宁夏水利电力工程学校陈灵（第二章、第五章）；河南职业技术学院高传彬（第十章、第十二章）；甘肃省水利水电学校王朝林（第四章、第十一章）；四川水电高级技校程景忠（第六章）；北京水利水电学校常玉奎（第七章）；河南省水利水电学校董仕勋（第八章、第九章）；江西省水利技师学院龚建刚（第三章）。全书由王郑睿统编，并担任主编。

由于编者水平有限，热忱希望广大读者对书中的错误和不足给予批评指正。

编　者

目 录

第二部分 技 能 训 练

（带☆的章节为选学内容或作参考资料）

第一部分 理 论 知 识

第一章 测 量 学 基 础 知 识

【学习内容】

本章主要讲述：测量学的概述，地面点位置的表示方法，水准面、大地水准面、地理坐标、平面直角坐标、绝对高程、相对高程、比例尺、比例尺精度等基本概念，用水平面代替水准面的限度。

【学习要求】

1. 了解建筑工程测量的地位、作用和任务。

2. 掌握地面点位的确定方法。

3. 掌握水准面、大地水准面、地理坐标、平面直角坐标、绝对高程、相对高程、比例尺、比例尺精度、测量工作的基本原则等基本概念。

4. 重点是地面点位的表示方法（坐标和高程）。

5. 难点是水准面、大地水准面、参考椭球面概念的建立及用水平面代替水准面的限度。

第一节 测量学的内容和任务

一、测量学的研究对象、任务及作用

测量学是研究如何测定地面点的点位，将地球表面的各种地物、地貌及其他信息测绘成图以及确定地球形状和大小的一门学科。

根据研究对象和工作任务的不同，测量学又分为以下几门主要分支学科。

1. 大地测量学

研究在地球表面广大区域内建立大地控制网，测定地球形状、大小和地球重力场的理论、技术和方法的学科称为大地测量学。其主要任务是为其他测量工作提供起算数据；为空间技术和军事用途提供控制基础数据；为地球科学研究提供资料。

2. 地形测量学

研究测绘地形图的理论、技术与方法的学科称为地形测量学。地形测量的任务就是将地球表面的地物、地貌及其他信息测绘成图，以满足各个领域、各个方面的需要。

3. 摄影测量学

研究如何利用摄影相片来测定物体的形状、大小、位置和获取其他信息的学科称为摄影测量学。其主要任务仍然是测绘地形图。根据摄影方式的不同，摄影测量又分为航空摄影测量、地面摄影测量、航天摄影测量和水下摄影测量等。

4. 工程测量学

研究工程建设在规划设计、建筑施工、运营管理各个阶段如何进行测量的理论、技术与方法的学科称为工程测量学。工程测量的任务是提供工程规划设计所必需的地形图、断面图和其他观测数据，进行建筑物的施工放样，并进行长期的安全监测工作。根据工程性质的不同，工程测量又分为水利水电工程测量、矿山工程测量、道路工程测量、工业与民用建筑工程测量、军事工程测量等。

以上各门学科，既自成体系，又是密切联系、互相配合的。本课程以应用为目的，主要讲述地形测量学和工程测量学的部分内容。着重介绍水利、工业与民用建筑工程中常用测量仪器的构造与使用、大比例尺地形图的测绘以及施工测量等方面的内容。

各种工程建设以及工程建设的各个阶段都是离不开测量工作的。例如在河道上修建水电站，首先应测绘坝址以上流域的地形图，作为水文计算、地质勘探、经济调查等规划设计的依据；初步设计后，要为大坝、涵闸、厂房等水工建筑物的设计测绘较详细的大比例尺地形图；在施工过程中，又要通过施工放样指导开挖、砌筑和设备安装；工程竣工时，检查工程质量是否符合设计要求，还要进行竣工测量；在工程的使用管理过程中，为了监视运行情况，确保工程安全，应定期对大坝进行变形观测。由此可见，测量工作伴随着工程建设的全过程，贯穿于工程建设的始终。作为一名工程技术人员，必须掌握必要的测量知识和技能，才能担负起工程勘测、规划设计、施工及管理等各项任务。

从以上讨论中可以看出，对于工程建设而言，测量工作大体上可以分为"测定"和"测设"两大方面。所谓测定，就是把地表的存在状态，通过一定的测量仪器和测量方法进行测量，并以数据或图纸的形式把它们表现出来，以满足工程规划设计的需要。所谓测设（又称施工放样），就是把图纸上的设计好的建筑物、构筑物，通过一定的测量仪器和测量方法将它们的位置在实地上标定出来，以作为施工的依据。

二、测绘科学的发展概况

测绘科学在我国具有悠久的历史。远在 4000 多年前，夏禹治水时，就发明和应用了"准、绳、规、矩"等测量工具和方法。春秋战国时期发明的指南针，至今还在广泛使用。东汉张衡创造的"天球仪"对天相作了形象和正确的表述，在天文测量史上留下了光辉的一页。724 年唐代南宫说在现今河南丈量了 300km 的子午线弧长，是世界上第一次的子午线弧长测量。宋代的沈括曾使用罗盘、水平尺进行地形测量。元代的郭守敬拟定了全国纬度测量计划并测定了 27 个点的纬度。清代康熙年间进行了全国测绘工作，出现了我国第一部实测的省级图集和国家图集。

世界范围内，17 世纪初望远镜的发明和应用，对测量技术的发展起了很大的作用。1683 年，法国进行了弧度测量，证明了地球是两极略扁的椭球体。1794 年德国高斯创立的最小二乘法理论，对测量理论作出了宝贵的贡献，至今仍是处理测量成果的理论基础。20 世纪初飞机的发明和使用，使航空摄影测量技术得到了迅速发展，大大减轻了野外测图的劳动强度。

新中国成立后，我国的测绘事业进入到一个蓬勃发展的新阶段。60 多年来取得了巨大成就：建立和统一了全国的坐标系统和高程系统；建立了遍及全国的大地控制网、国家水准网、基本重力网和卫星多普勒网，完成了国家大地网和水准网的整体平差；完成了覆盖全国大陆，具有统一坐标系的中、小比例尺地形图；完成了珠峰和南极长城站地理位置和高程的测量；配合国民经济建设进行了大量的测绘工作（南京长江大桥、葛洲坝水电站、宝山钢铁厂、长江三峡水利枢纽、黄河小浪底水利枢纽等大型工程的精确放样和设备安装测量）。我国测绘仪器的生产，经历了从无到有的过程，不仅能生产各类系列的光学仪器，还成功研制出各种先进的光电仪器。我国培养的各类测绘技术人才已达数万名之多。

新的科学技术的发展，大大推动了测绘事业的发展。20世纪60年代初激光红外技术的兴起，开辟了电磁波测距的新天地，目前各类电磁波测距仪在测量工作中得到了广泛的应用。电子计算机的出现，使计算技术得到了根本性的变革。几十年来，电子计算机类型之多，更新之快，发展之迅速实属空前，用计算机实施测量计算，尤其对大规模控制网的严密平差既迅速又准确，减轻了繁重的内业计算工作。十几年来制成的电子经纬仪，与电磁波测距仪、电子计算器和记录装置相配合组成了全站型的电子速测仪，可以自动地记录和运算，迅速获得地面点的三维坐标，构成由外业测量到数据存储、计算机处理乃至打印与绘图的自动化流程，大大加快了工作速度。随着航天技术和遥感技术的迅速发展，测量技术已由常规的大地测量发展到人造卫星大地测量，由航空摄影发展到航天遥感，测量对象已由单一的地球和地球表面扩展到空间星体，由静态发展到动态。目前测量工作正向着多领域、多品种、高精度、自动化、数字化的方向发展，以GPS（全球定位系统）、GIS（地理信息系统）、RS（遥感技术）即3S技术为核心的测量高科技时代已经到来。

第二节　地面点位置的表示方法

一、地球的形状和大小

地球表面是极其不规则的，有山地、丘陵、平原、盆地、海洋等起伏变化，陆地上最高处珠穆朗玛峰高出海平面8844.43m，海洋最深处马利亚纳海沟深达11022m，看起来起伏变化非常之大，但是这种起伏变化和庞大的地球（半径约6371km）比起来是微不足道的；同时，就地球表面而言，海洋的面积约占71%，陆地仅占29%，因此，海水面所包围的形体看作地球的形状。

由于地球的自转运动，地球上任何一点都要受到离心力和地球引力的双重作用，这两个力的合力称为重力。重力的作用线称为铅垂线。如悬挂物体静止时自然下垂的线即为铅垂线。铅垂线是测量工作的基准线。

水自然静止时的表面称为水准面，它是一个重力等位面，其特性是处处与铅垂线垂直。由于水位有高有低，所以水准面有无穷多个，其中与平均海水面（由于受太阳、月亮地球三者引力的影响，出现潮汐，海水面时高时低，取它们的平均位置，即平均海水面）吻合并向大陆内部延伸而形成的封闭曲面称为大地水准面，大地水准面是测量工作的基准面。

大地水准面所包围的形体称为大地体。确切地讲，我们是以大地体来表示地球形状和

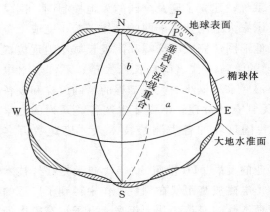

图 1-1　大地水准面与椭球体

制图工作的基准面。

大小的。但由于地球内部物质分布不均匀，致使铅垂线方向产生不规则变化，因而使大地体的表面（大地水准面）成为一个有微小起伏的不规则曲面，如图 1-1 所示。在这个面上无法进行测量的计算工作，因此必须寻求一个规则的数学曲面来代替它。

长期的测量实践和研究结果表明，大地体的形状极接近于一个两极略扁的旋转椭球（即一个椭圆绕其短轴旋转而成的球体），于是就采用一个恰当的旋转椭球来代替大地体。旋转椭球的表面是一个规则的数学曲面，如图 1-1 所示，它是测量计算和投影

用来代替大地体的旋转椭球通常又称为"地球椭球"。地球椭球不是唯一的，在全球范围内，和大地体最为密合的地球椭球称为总地球椭球；只是与一个国家或一个地区大地水准面最为密合的地球椭球称为参考椭球。由此可见参考椭球有许多个，而总地球椭球（理想的地球椭球，实际并未求得）只有一个。

地球椭球的元素有长半径 a，短半径 b 和扁率 $\alpha\left(\alpha=\dfrac{a-b}{a}\right)$，只要知道其中的两个元素，即可确定椭球的形状和大小，通常采用 a 和 α 两个元素。我国过去采用的是克拉索夫斯基椭球（$a=6378245$m，$\alpha=1:298.3$），由于该椭球的表面与我国大地水准面的情况不相适应，故自 1980 年以后，采用了 1975 年国际椭球（$a=6378240$m，$\alpha=1:298.257$）。

对于求定或选定的地球椭球，还必须使它的表面和大地水准面的关系位置完全固定下来，这一项工作称为椭球定位。参考椭球的定位，通常是在地面上选定一点 P，如图 1-1 所示，令 P 点的铅垂线与椭球面上相应点 P_0 的法线重合，并使 P_0 点上的椭球面与大地水准面相切，而且使本国范围内的椭球面与大地水准面尽量接近，这样参考椭球与大地体的关系位置便被固定下来。

定位时选定的 P 点称为大地基准点或大地原点，测量工作中，将以它在椭球面上的位置 P_0 为基准去推算其他各点的大地坐标。所以选定了大地原点，进行了椭球定位，就算确定了一个坐标系。新中国成立初期，鉴于当时的历史条件，我国借助于前苏联的坐标系建立了我国的大地坐标系，称为"1954 年北京坐标系"。后来根据新的测量数据，发现该坐标系与我国实际情况相差较大。1980 年，我国采用了 1975 年国际椭球，坐标原点设在陕西省泾阳县内，对椭球定位，建立了真正意义上我国自己的大地坐标系，称为"1980 年国家大地坐标系"。

由于参考椭球的扁率很小，在普通测量中可以近似地将大地体视为圆球体，其半径采用与参考椭球体积相同的圆球半径，其值 R 为 6371km。当测区范围较小时，又可以将该部分球面当成平面看待，亦即将该部分的水准面当成平面看待。当成平面看待的水准面称为水平面。小范围测区的测量工作是以水平面作为基准面的。

二、地面点位置的表示方法

测量工作，无论多么复杂，都可以归结为测定或测设一系列地面点的位置，所以了解和掌握地面点位的表示方法是十分重要的。

和空间解析几何中空间点位的表示方法相类似，地面点的位置是以它在某一个基准面上的投影位置（坐标）和它相对于某一个基准面的高度位置（高程）来表示的。

（一）地面点的坐标

由于选取的基准面不同，地面点的坐标有多种表达方式。测量工作中常用的坐标有以下几种。

1. 大地坐标

用大地经度 L 和大地纬度 B 表示地面点在参考椭球面上投影位置的坐标，称为大地坐标。

如图 1-2 所示，O 为参考椭球的球心，NS 为椭球的旋转轴，通过该轴的平面称为子午面（如图中的 $NQMS$ 面）。子午面与椭球面的交线称为子午线，又称经线，其中通过英国伦敦格林尼治天文台的子午面和子午线分别称为起始子午面和起始子午线。通过球心 O 且垂直于 NS 轴的平面称为赤道面（如图中的 WM 面和 ME 面），赤道面与参考椭球面的交线称为赤道。通过椭球面上任一点 Q 且与过该点切平面垂直的直线 QK，称为 Q 点的法线。地面上任一点都可以向参考椭球面作一条法线。地面点在参考椭球面上的投影，即通过该点的法线与参考椭球面的交点。

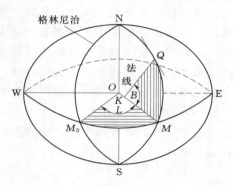

图 1-2 大地坐标

大地经度 L，即通过参考椭球面上某点的子午面与起始子午面的夹角。由起始子午面起，向东 $0°\sim180°$ 称为东经；向西 $0°\sim180°$ 称为西经。同一子午线上各点的大地经度相同。

大地纬度 B，即参考椭球面上某点的法线与赤道面的夹角。从赤道面起，向北 $0°\sim90°$ 称为北纬；向南 $0°\sim90°$ 称为南纬。纬度相同的点的连线称为纬线，它平行于赤道。

地面点的大地经度和大地纬度可以通过大地测量的方法确定。

2. 高斯平面直角坐标

大地坐标的优点是对于整个地球有一个统一的坐标系统，用它来表示地面点的位置形象直观。但它的观测和计算都比较复杂，而且应用上更多的则是需要把它投影到某个平面上来。

我国大面积的地形图测绘，采用高斯平面直角坐标系。这种坐标系由高斯创意，经克吕格改进而得名。它是采用分带（经差 $6°$ 或 $3°$ 为一带）投影的方法进行投影，将每一投影带经投影展开成平面后，以中央子午线的投影为 x 轴，赤道投影为 y 轴而建立的平面直角坐标系。地面点在该坐标系内的坐标称为高斯平面直角坐标。

3. 平面直角坐标

对于小范围的测区，以水平面作为投影面，地面点在水平面上的投影位置用平面直角坐标表示。

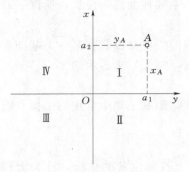

图 1-3　平面直角坐标

如图 1-3 所示，在水平面上选定一点 O 作为坐标原点，建立平面直角坐标系。纵轴为 x 轴，与南北方向一致，向北为正，向南为负；横轴为 y 轴，与东西方向一致，向东为正，向西为负。将地面点 A 沿着铅垂线方向投影到该水平面上，则平面直角坐标 x_A、y_A 就表示了 A 点在该水平面上的投影位置。如果坐标系的原点是任意假设的，则称为独立的平面直角坐标系。为了使坐标不出现负值，对于独立测区，往往把坐标原点选在测区西南角以外适当位置。

地面点的平面直角坐标，可用相关的角度和距离以及已知数据，通过计算的方法确定。

应当指出，测量上采用的平面直角坐标系与数学中的平面直角坐标系从形式上看是不同的。这是由于测量上所用的方向是从北方向（纵轴方向）起按顺时针方向以角度计值的，同时它的象限划分也是按顺时针方向编号的，因此它与数学上的平面直角坐标系（角值从横轴正方向起按逆时针方向计值，象限按逆时针方向编号）没有本质区别，所以数学上的三角函数计算公式可不加任何改变便可直接应用于测量的计算中。

（二）地面点的高程

由于选取的基准面不同，地面点的高程同样有多种表达方式，测量工作中常用的高程有以下两种。

1. 绝对高程

地面点沿铅垂线方向至大地水准面的距离称为绝对高程，亦称为海拔。在图 1-4 中，地面点 A 和 B 的绝对高程分别为 H_A 和 H_B，我国规定以黄海平均海水面作为大地水准面。黄海平均海水面的位置，是通过对青岛验潮站潮汐观测井的水位进行长期观测确定的。由于平均海水面不便于随时联测使用，故在青岛观象山建立了"中华人民共和国水准原点"，作为全国推算高程的依据。1956 年，验潮站根据连续 7 年（1950～1956 年）的潮汐水位观测资料，第一次确定了黄海平均海水面的位置，测得水准原点的高程为 72.289m；按这个原点高程为基准去推算全国的高程，称为"1956 年黄海高程系"。由于该高程系存在验潮时间过短、准确性较差的问题，后来验潮站又根据连续 28 年（1952～1979 年）的潮汐水位观测资料，进一步确定了黄海平均海水面的精确位置，再次测得水准原点的高程为 72.2604m；1987 年决定启用这一新的原点高程作为全国推算高程的基准，并命名为"1985 国家高程基准"。

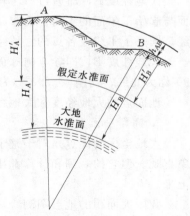

图 1-4　绝对高程与相对高程

2. 相对高程

地面点沿铅垂线方向至任意假定水准面的距离称为该点的相对高程，亦称为假定高程。在图 1-4 中，地面点 A 和 B 的相对高程分别为 H'_A 和 H'_B。

两点高程之差称为高差，以符号"h"表示。图 1-4 中，A、B 两点间的高差 $h_{AB}=H_B-H_A=H'_B-H'_A$，此式表明，两点间的高差与高程基准面的选取无关。

测量工作中，一般采用绝对高程，只有在偏僻地区，没有已知的绝对高程点可以引测时，才采用相对高程。

确定地面点的位置必须进行三项基本测量工作，即角度测量、距离测量和高程测量。在后面的有关章节中，将详细介绍进行这三项测量工作的基本方法。

第三节 用水平面代替水准面的限度

前已述及，当测区范围较小时，可以用水平面代替水准面，即以平面代替曲面。这样的替代可使测量的计算和绘图工作大为简化。但当测区范围较大时，就必须顾及地球曲率的影响，不能做这样的替代。那么多大范围内才能用水平面代替水准面呢？下面就来讨论这个问题。

一、用水平面代替水准面对距离的影响

如图 1-5 所示，设地球是半径为 R 的圆球。地面上 A、B 两点沿铅垂线方向投影到大地水准面上的距离为弧长 D，投影到过 a 点水平面上的距离为 D'，显然两者之差即为用水平面代替水准面所产生的距离误差，设为 ΔD，则

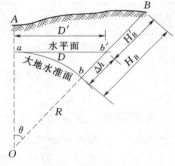

$$\Delta D=D'-D=R\tan\theta-R\theta$$

式中：θ 为弧长 D 所对应的圆心角。将 $\tan\theta$ 用级数展开，并取级数的前两项，得

$$\Delta D=R\left(\theta+\frac{1}{3}\theta^3\right)-R\theta=\frac{1}{3}R\theta^3$$

因为 $\theta=\dfrac{D}{R}$，故

图 1-5 水平面与水准面的关系

$$\Delta D=\frac{D^3}{3R^2} \tag{1-1}$$

以 $R=6371\mathrm{km}$ 和不同的 D 值代入式（1-1），算得相应的 ΔD 和 $\Delta D/D$（相对误差）值列于表 1-1 中。从表中可以看出，距离为 10km 时产生的相对误差为 1.2×10^{-6}，小于目前最精密测距的相对误差 1×10^{-6}。因此可以认为：在半径为 10km 的区域，地球曲率对水平距离的影响可以忽略不计，即允许将该部分的水准面当作水平面看待。在精度要求较低的测量工作中，其范围还可以适当扩大。

表 1-1 地球曲率对水平距离的影响

距离 D（km）	0.1	1	10	25	50
距离误差 ΔD（mm）	0.000008	0.008	8.2	128.3	1026.5
距离相对误差 $\Delta D/D$	$1/1.25\times10^{10}$	$1/1.25\times10^8$	$1/1.2\times10^6$	$1/1.95\times10^5$	$1/4.9\times10^4$

二、用水平面代替水准面对高程的影响

在图 1-5 中从大地水准面起算，地面点 B 的高程为 H_B，从水平面起算，B 点的高程为 H'_B，显然其差值 Δh 即为用水平面代替水准面对高程所产生的影响。由图 1-5 可得

$$(R+\Delta h)^2=R^2+D'^2 \tag{1-2}$$

前已述及，D' 与 D 相差甚小，以 D 代替 D'，由式 (1-2) 解得

$$\Delta h=\frac{D^2}{2R+\Delta h} \tag{1-3}$$

式 (1-3) 分母中，Δh 与 $2R$ 比较可以忽略不计，于是得到

$$\Delta h=\frac{D^2}{2R} \tag{1-4}$$

以 $R=6371\text{km}$ 和不同的 D 值代入式 (1-4)，算得相应的 Δh 值，列于表 1-2 中。从该表中可以看出，用水平面代替水准面所产生的高程误差，随着距离的平方的增大而增大，很快就达到了不能允许的程度。所以在高程测量中，即便是距离很短，也不能忽视地球曲率的影响。换言之，在高程测量中，是不允许用水平面来代替水准面的。

表 1-2   **地球曲率对高程的影响**

距离 D (m)	100	300	500	1000	2000	3000
高程误差 Δh (mm)	0.8	7.1	19.6	78.5	313.9	706.3

第四节　测量工作基本原则

地形测图，通常是在选定的点位上安置仪器，测绘地物、地貌。但只在一个选定的点位上施测整个测区所有的地物、地貌，则是十分困难甚至是不可能的。如图 1-6 所示，在 A 点只能测绘 A 点附近的房屋、道路、地面起伏等地物地貌，对于山的另一面或较远的地方就观测不到。如果我们在测站 A 的基础上再发展一个测站，以测绘该测站附近的地物地貌，从方法上来讲是可行的，但随之而来的问题是误差的传递，A 站的测量误差必然传递给新的测站，顺序地将测站发展下去，误差将会累积下去，以至最后的累积误差达到不能容许的程度，这将使测图成果失去意义和无法使用。所以测图工作必须按一定的原则进行，这个原则就是"先整体后局部"、"先控制后碎部"。

所谓"先整体后局部"就是在布局上先考虑整体，再考虑局部。所谓"先控制后碎部"就是在工作步骤上先进行控制测量，再进行碎部测量。图 1-6 中，从整体出发，先在整个测区范围内均匀选定若干数量的点子，如图 1-6 中的 A、B、C、D、E、F 诸点，以控制整个测区，这些点子称为控制点。选定的控制点按照一定的方式联结成网形，称为控制网，图中为闭合多边形。以较精密的方法测定网中各个控制点的平面位置和高程，这项工作称为控制测量。然后分别以这些控制点为依据，测定点位附近的地物、地貌，并勾绘成图，这项工作称为碎部测量，又称碎部测图。

按照"先整体后局部"、"先控制后碎部"的原则实施测图，由于建立了统一的控制系

图 1 - 6 测图原则示意图

统，各个控制点的坐标和高程是通过网平差处理而得到的，因而各个控制点乃至以各个控制点为测站所作的碎部测量都具有相同的精度，从而有效地防止了误差累积。同时碎部测量又是在各个控制点上独立进行的，这将大大提高碎部测量的机动性和灵活性，尤其对大面积测区的分幅测图，不但为分幅测图作业提供了便利，同时也有效地保证了各相邻图幅的拼接和使用。

"先整体后局部"、"先控制后碎部"的原则同样适用于施工测量。为了将图上设计的建筑物、构筑物放样到实地去，同样应从整体出发，首先建立施工控制网，然后根据控制点和放样数据来测设建筑物、构筑物的细部点。

应当指出，测量工作有"外业"和"内业"之分，利用测量仪器和工具在现场所进行测角、测高、测距等测量工作称为测量外业；对观测数据、资料在室内进行计算、整理和绘图等工作称为测量内业。外业和内业共同决定着测量成果的质量，工作环节上的任何一处失误，都将给后续的一系列工作造成严重影响。因此不论外业或内业工作，都必须坚持"边工作边检核"、"步步工作有检核"的工作原则。同时测量工作又是一项复杂的集体劳动，任何疏忽和麻痹大意都可能导致不合格结果出现，造成部分或整体的返工，所以要求测量人员具有团结协作的工作作风以及严谨细致的工作态度是十分重要和必要的。

思 考 题 与 习 题

一、填空题

1. 对工程建设而言，测量学的内容包括_____和_____两部分。

2. 水准面有无数多个，其中与平均海水面相吻合的水准面称为_____，它是测量工作的_____。

3. 用_____和_____表示地面点在参考椭球面上投影位置的坐标，称为大地坐标。

4. 研究工程建设在规划设计、建筑施工、运营管理各个阶段如何进行测量的理论、技术与方法的学科称为_____ 。

二、判断题

1. 测量学是研究地球的形状和大小以及确定地面点位的科学。( )

2. 水准面的特点是水准面上的任意一点的铅垂线都垂直于该点的曲面。( )

3. 在局部小范围内（以 10km 为半径的区域内）进行测量工作时，可以用水准面代替大地水准面。( )

4. 地面点平面位置须由两个量来确定，即水平距离和水平角。( )

5. 在局部区域内确定点的平面位置，可以采用独立平面直角坐标。( )

6. A、B 两点的高差与 B、A 两点的高差大小相等。( )

7. 地面两点之间的高差与高程的起算基准面无关。( )

8. 在建筑施工中常遇到的某部位的标高，即为某部位的绝对高程。( )

9. 在实际测量工作中，地面点的平面直角坐标和高程一般可以直接测定。( )

三、简答题

1. 测量学的研究对象是什么？它的主要任务是什么？

2. 测量工作在工程建设中的作用是什么？

3. 什么叫测定？什么叫测设？

4. 铅垂线、水准面、大地水准面、水平面、大地体、地球椭球是如何定义的？

5. 测量工作的基准线、基准面是什么？

6. 地面点的位置是怎样表示的？确定地面点位置需要进行哪三项基本测量工作？

7. 测量上的平面直角坐标系和数学中的平面直角坐标系有何区别？

8. 什么叫绝对高程？什么叫相对高程？

9. 对距离测量和角度测量而言，多大范围内的水准面内才允许水平面来代替？

10. 测量工作应遵循什么原则？为什么要遵循这些原则？

第二章 水 准 测 量

【学习内容】

本章主要讲述：水准测量原理，水准测量的仪器和工具，普通水准测量，水准仪的检验和校正，水准测量的主要误差来源及其消减方法，自动安平水准仪、精密水准仪和电子水准仪简介。

【学习要求】

1. 知识点和教学要求

(1) 理解水准测量的基本原理。

(2) 掌握 DS$_3$ 型微倾式水准仪的构造特点以及水准尺和尺垫正确使用方法。

(3) 掌握水准仪的使用及检校方法。

(4) 掌握普通水准测量的外业实施（观测、记录和检核）及内业数据处理（高差闭合差的调整）方法。

(5) 了解水准测量的注意事项。

2. 能力培养要求

(1) 具有正确使用水准仪的能力。

(2) 初步具有水准仪的检校能力。

(3) 具有水准测量的观测、记录、计算和精度评定能力。

测量地面上各点高程的工作，称为高程测量。地面点的高程测量是确定地面点位置的基本工作，这一工作的主要技术方法有水准测量和三角高程测量。此外还有流体静力水准测量、气压高程测量和 GPS 高程测量等。本章主要阐述水准测量。

第一节 水 准 测 量 原 理

一、基本原理

水准测量是利用水准仪所提供的水平视线，并借助水准尺，测定地面两点间的高差，然后根据其中一点的已知高程推算出另一点高程的测量方法。

如图 2-1 所示，已知地面 A 点的高程为 H_A，欲测出 B 点的高程 H_B，可在 A、B 两点上分别竖立水准尺，并在 A、B 两点之间安置水准仪。根据仪器提供的水平视线，在 A 点尺上读数，设为 a；在 B 点尺上读数，设为 b；由图可知 A、B 两点的高差为

$$h_{AB} = a - b \tag{2-1}$$

如果水准测量是由已知点 A 向未知点 B 方向前进的，如图 2-1 中的箭头所示，我们

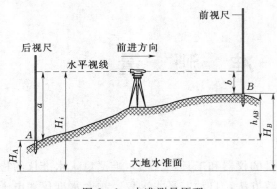

图 2-1　水准测量原理

称 A 点为后视点，A 点尺上读数 a 为后视读数；称 B 点为前视点，B 点尺上读数 b 为前视读数。高差等于后视读数减去前视读数。$a>b$，高差为正，表明前视点高于后视点；$a<b$，高差为负，表明前视点低于后视点。在计算高程时，高差应连同其符号一并运算。高程计算的方法有两种。

1. 高差法

直接由高差计算高程，即

$$H_B = H_A + h_{AB} \qquad (2-2)$$

此法一般在水准路线的高程测量中应用较多。

2. 视线高法

由仪器的视线高程计算高程。从图 2-1 中可看出，A 点的高程加后视读数即得仪器的水平视线高程，即

$$H_i = H_A + a \qquad (2-3)$$

由此得 B 点的高程为

$$H_B = H_i - b \qquad (2-4)$$

在工程测量中，当安置一次仪器要求测出若干个点高程时，此方法应用较广。

二、连续水准测量

当 A、B 两点相距较远或高差较大，仅安置一次仪器不能测得两点的高差，必须分成若干站，逐站安置仪器连续进行观测，如图 2-2 所示。

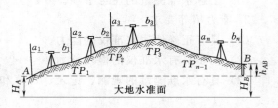

图 2-2　连续水准测量

$$h_1 = a_1 - b_1$$
$$h_2 = a_2 - b_2$$
$$\vdots$$
$$h_n = a_n - b_n$$
$$h_{AB} = \sum h_i = \sum a - \sum b \qquad (2-5)$$
$$H_B = H_A + h_{AB} \qquad (2-6)$$

图 2-2 中，1，2，3，…，n 各立尺点仅起传递高程的作用，本身不需求得高程，这些点称为转点，通常在编号前注以 "TP" 表示。

第二节　水准测量的仪器和工具

水准测量所使用的仪器和工具有：水准仪、水准尺和尺垫三种。

一、DS₃型微倾式水准仪

水准仪的类型很多，在工程测量中，最常用的水准仪有两种：DS₃型微倾式水准仪和自动安平水准仪。本节主要介绍 DS₃ 型微倾式水准仪。

图 2-3 为我国生产的 DS₃ 型微倾式水准仪。它主要由望远镜、水准器和基座三部分构成。"D"和"S"分别为"大地测量"和"水准仪"的汉语拼音的第一个字母，数字"3"表示用这种仪器进行水准测量时，每千米往返测高差中数的偶然中误差为±3mm。下面着重介绍其主要部件的结构与作用。

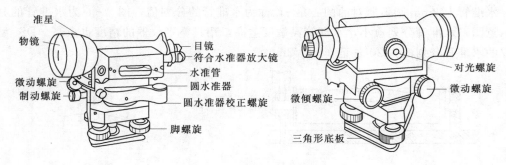

图 2-3 DS₃ 型水准仪

（一）望远镜

图 2-4 是 DS₃ 型水准仪望远镜的构造图，它主要由物镜、目镜、调焦透镜和十字丝分划板所组成。物镜和目镜多采用复合透镜组，十字丝分划板上刻有两条互相垂直的长线，竖直的一条称为竖丝，横的一条称为中丝，竖丝和中丝分别是为了瞄准目标和读取读数用的。在中丝的上下还对称地刻有两条与中丝平行的短横线，是用来测定距离的，称为视距丝。十字丝分划板是由平板玻璃圆片制成的，平板玻璃片装在分划板座上，分划板座固定在望远镜筒上。

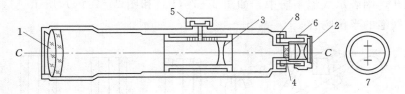

图 2-4 DS₃ 型水准仪望远镜的构造图

1—物镜；2—目镜；3—调焦透镜；4—十字丝分划板；5—物镜调焦螺旋；

6—目镜调焦螺旋；7—十字丝放大像；8—分划板座止头螺丝

十字丝交点与物镜光心的连线，称为视准轴或视线（图 2-4 中 C—C）。水准测量是在视准轴水平时，用十字丝的中丝截取水准尺上的读数。DS₃ 型水准仪望远镜的放大率为30 倍。

（二）水准器

水准器有管水准器和圆水准器两种。管水准器是用来指示视准轴是否水平的装置；圆水准器是用来指示竖轴是否竖直的装置。

1. 管水准器

管水准器又称水准管，是一纵向内壁磨成圆弧形的玻璃管，管内装酒精和乙醚的混合液，加热融封冷却后留有一个气泡（图2-5）。由于气泡较轻，故恒处于管内最高位置。

水准管上一般刻有间隔为2mm的分划线，分划线的中点O，称为水准管零点［图2-5(a)］。通过零点作水准管圆弧的切线LL，称为水准管轴。当水准管的气泡中点与水准管零点重合时，称为气泡居中；这时水准管轴LL处于水平位置。

水准管上2mm圆弧所对的圆心角τ，称为水准管的分划值，图2-6为水准管的分划值示意图，水准管分划愈小，水准管灵敏度愈高，用其整平仪器的精度也愈高。DS_3型水准仪的水准管分划值为$20''$，记作$20''/2mm$。

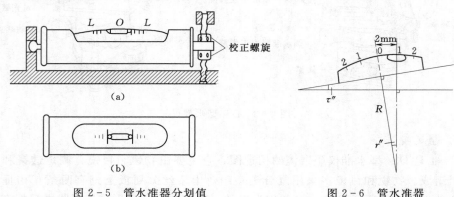

图2-5　管水准器分划值　　　　　　图2-6　管水准器

为了提高水准管气泡居中的精度，微倾式水准仪在水准管的上方安装一组符合棱镜，如图2-7所示。通过符合棱镜的反射作用，使气泡两端的像反映在望远镜旁的符合气泡观察窗中。若气泡两端的半像吻合时，就表示气泡居中，如图2-7（a）所示。若气泡两端的半像错开，则表示气泡不居中，如图2-7（b）和图2-7（c）所示。这时应转动微倾螺旋，使气泡的半像吻合。

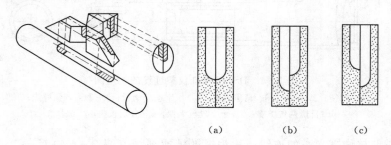

图2-7　管水准器符合棱镜

2. 圆水准器

如同2-8所示，圆水准器顶面的内壁是球面，其中有圆分划圈，圆圈的中心为水准器的零点。通过零点的球面法线为圆水准器轴线，当圆水准器气泡居中时，该轴线处于竖直位置。当气泡不居中时，气泡中心偏移零点2mm，轴线所倾斜的角值，称为圆水准器的分划值，一般为 $10'$，由于它的精度较低，故只用于仪器的概略整平。

（三）基座

基座的作用是支承仪器的上部并与三脚架连接，它主要由轴座、脚螺旋、底板和三角压板构成。

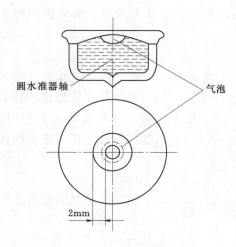

图 2-8　圆水准器

图 2-9　水准尺

二、水准尺

水准尺也称标尺，采用优质木料或铝合金精制而成。尺面漆成黑白（或红白）相间的厘米分划，通常将每分米中的前 5 个厘米分划连成"E"字形，如图 2-9 所示；"E"字底边有明显标志表示分米（包括整米）的位置，为了便于扶尺和保证竖直，水准尺侧面装有扶手和圆水准器。常用的水准尺有塔尺和双面直尺两种。

（1）塔尺。多用于等外水准测量，是一种逐节缩小的组合尺，其长度有 3m 和 5m 两种，用两节或三节套接在一起。尺的底部为零点，尺面上黑白格相间，每格宽度为 1cm，有的为 0.5cm，在米和分米处有数字注记。

（2）双面直尺。多用于三、四等水准测量。其长度为 3m，且两根尺为一对。尺的两面均有刻划，一面为黑白相间，称黑面尺（也称主尺）；另一面为红白相间，称红面尺（也称辅尺），两面的刻划均为 1cm，并在分米处注字。

两根尺的黑面尺尺底均从零开始，而红面尺尺底，一根从 4.687m 开始，另一根从 4.787m 开始。在视线高度不变的情况下，同一根水准尺的红面和黑面读数之差应等于常数 4.687m 或 4.787m，这个常数称为尺常数，用 K 来表示，以此可以检核读数是否正确。

三、尺垫

尺垫是在转点处放置水准尺用的，它用生铁铸成，一般为三角形，中央有一突起的半球体，下方有 3 个支脚，如图 2-10 所示。用时将支脚牢固地插入土中，以防下沉和移动，上方突起的半球形顶点作为竖立水准尺和标志转点之用。

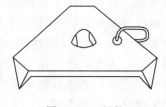

图 2-10　尺垫

第三节　水 准 仪 的 使 用

一、使用水准仪的方法

水准仪的使用包括仪器的安置、粗略整平、照准水准尺、精确整平和读数 5 个操作步骤。

（一）安置水准仪

先支起三脚架，使高度适中，架头大致水平，拧紧架腿固定螺旋。检查架腿是否稳固，脚架伸缩螺旋是否拧紧，然后打开仪器箱取出水准仪，装到架头上，用中心连接螺旋将仪器牢固地连接在三脚架头上。

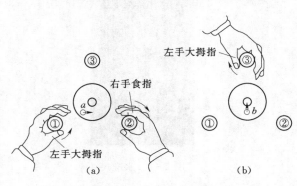

图 2-11　圆水准器的整平

（二）粗略整平

粗略整平是借助圆水准器的气泡居中，使仪器竖轴大致处于铅垂位置，从而使视准轴粗略水平。如图 2-11 所示，气泡未居中而位于 a 处，先按图上箭头所指的方向用两手对向转动脚螺旋①和②，使气泡移到 b 的位置，再转动脚螺旋③，即可使气泡居中。在整平的过程中，气泡移动方向与左手大拇指（或右手食指）运动的方向一致。

（三）照准水准尺

（1）松开制动螺旋，将望远镜对向远方明亮的背景，调节目镜，使十字丝清晰。

（2）利用望远镜镜筒上面的准星，照准水准尺，然后拧紧制动螺旋。

（3）转动物镜调焦螺旋，使水准尺成像清晰。

（4）转动水平微动螺旋，使十字丝的竖丝贴近水准尺中央或边缘。

（5）消除视差。经过物镜调焦后，水准尺影像应落在十字丝平面上；否则，当眼睛在目镜端上、下移动时，将看到十字丝的横丝所对水准尺读数也随之变化，这种现象称为十字丝视差（简称视差），如

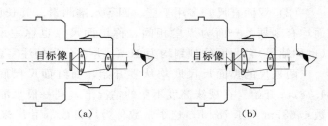

图 2-12　十字丝视差
（a）无视差；（b）有视差

图 2-12 所示。产生视差的原因是标尺影像所在平面没有与十字丝分划板平面重合。视差的存在严重影响读数的正确性，必须予以消除。消除的方法是反复交替调节物镜和目镜，调焦螺旋，直至眼睛上、下移动时读数始终清晰不变为止。

（四）精确整平

将眼睛靠近气泡观察窗，同时缓慢地转动微倾螺旋，当气泡影像吻合并稳定不动时，表明气泡已居中，视线处于水平位置。精确整平时应当注意：若需左半气泡往上，应按顺时针方向转动微倾螺旋；若需左半气泡往下，应按逆时针方向转动微倾螺旋。

（五）读数

精平后，应及时用十字丝的中丝在水准尺上截取读数。首先估读水准尺与中丝重合位置处的毫米数，再看清尺面上所注米数、分米数和厘米数，然后一口气读出全部读数。读完数后，还需再检查气泡是否符合，若不符合再精确整平，重新读数。不管水准仪是正像或是倒像，读数总是由注记小的一端向大的一端读出。如图2-13所示，读数为1.358m。

图2-13 水准尺读数

二、使用水准仪应注意的事项

（1）搬运仪器前，应检查仪器箱是否扣好或锁好，提手或背带是否牢固。

（2）仪器开箱和装箱时要轻拿轻放；从箱内取出仪器时，应先记住仪器和其他附件在箱内安放的位置，以便用完后照原样装箱。

（3）安置仪器时，注意拧紧脚腿螺旋和架头连接螺旋；仪器安置后应有人守护，以免外人扳弄损坏；仪器在使用过程中不得离人，以免发生意外。

（4）操作时用力要均匀轻巧；制动螺旋不要拧得过紧，微动螺旋不能拧到极限。当目标偏在一边用微动螺旋不能调至正中时，应将微动螺旋反松几圈（目标偏移更远），再松开制动螺旋重新照准。

（5）迁移测站时，如果距离较远，可将仪器侧立，右臂夹住脚架，左手托着仪器基座进行搬迁；如果距离较远，应将仪器装箱搬运。

（6）在烈日下或雨天进行观测时，应撑伞遮住仪器，以防曝晒或淋雨。

（7）仪器用完后应清去外表的灰尘和水珠，但切记用手帕擦拭镜头；需要擦拭镜头时，应该用专门的擦镜纸或脱脂棉。

（8）仪器应存放在阴凉、干燥、通风和安全的地方，注意防潮、防霉，防止碰撞或摔跌损伤。

第四节 普通水准测量

我国国家水准测量依精度不同分为一、二、三、四等，一等精度最高，四等最低。不属于国家规定等级的水准测量一般称为普通水准测量（也称等外水准测量）。等级水准测量对所用仪器、工具以及观测、计算方法都有严格要求，但和普通水准测量比较，由于基本原理相同，因此基本工作方法也有许多地方相同。

一、水准点和水准路线的布设形式

（一）水准点

用水准测量方法测定的高程控制点，称为水准点（Bench Mark），简记为BM。为了统一全国的高程系统和满足各种工程建设的需要，由测绘部门在全国各地测定并设置了各种等级的水准点。次级水准点的高程须从已知高程的高级水准点引测确定。

水准点有永久性和临时性两种。国家等级水准点一般用石料或混凝土制成，深埋在地面冻结线以下，顶面嵌入半球形标志，如图 2-14 所示。永久性水准点也可用金属标志埋设在稳定的墙脚上，称为墙上水准点，如图 2-15 所示。建设工地上的永久性水准点一般用混凝土制成。临时性水准点可选择地面上突出的坚硬岩石或房屋勒脚等作为标志，也可用大木桩打入地下，桩顶钉入一半球形铁钉。

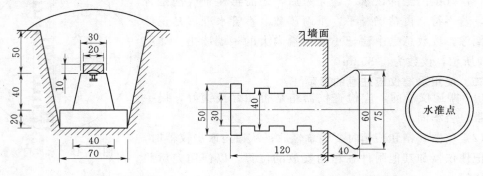

图 2-14　国家等级水准点　　　　图 2-15　墙上水准点

埋设好水准点后，应绘制水准点的点之记图表，即绘制点的位置略图，写明水准点的编号及其与周围建筑物的距离，以便日后寻找与使用。

（二）水准路线布设形式

水准路线是水准测量施测时所经过的路线。水准测量应尽量沿公路、大路等平坦地面布设。坚实的地面，可保障仪器和水准尺的稳定性，平坦地面可减少测站数，以保证测量精度。水准路线上两个相邻水准点之间称为一个测段。

水准路线的布设分单一水准路线和水准网，本节介绍单一水准路线，布设形式有三种。

（1）附合水准路线。由已知点 BM_A 至已知点 BM_B，如图 2-16 所示。

（2）闭合水准路线。由已知点 BM_A 至已知点 BM_A，如图 2-17 所示。

（3）支水准路线。由已知点 BM_1 至某一待定水准点 3，如图 2-18 所示。

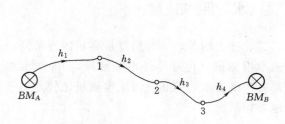

图 2-16　附合水准路线

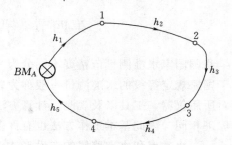

图 2-17　闭合水准路线

二、水准测量的外业工作

（一）外业观测、记录及计算

拟定出水准路线并将水准点埋设完毕，即可进行水准路线的外业观测。如图 2-19 所示，BM_A 点为已知水准点，其高程为 54.226m，欲测定 BM_B 点的高程，其观测步骤如下：

图 2-18　支水准路线

（1）在起始水准点 A 上竖立水准尺，作为后视尺。

（2）在路线上选择合适的地方为测站，安置水准仪，再选合适的地点为转点，踏实尺垫，在尺垫上竖立水准尺作为前视尺。要求仪器到两水准尺的距离大致相等，最大视距不大于 100m。

（3）观测者将水准仪粗略整平，照准后视尺，消除视差，精确整平，用中丝读取后视读数并计入手簿（表 2-1）。

（4）转动水准仪，照准前尺，消除视差，精确整平，用中丝读取前视读数并计入手簿。

（5）前视尺位置不动，变作后视，按（2）、（3）、（4）步骤进行操作，这样依次沿水准路线施测至 B 点为止。

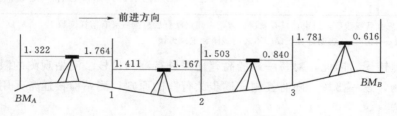

图 2-19　普通水准测量

表 2-1 是根据测段中四个测站的读数进行记录和计算的，推算出测段终点 B 的高程等于 55.856m。

（二）水准测量的检核

在水准测量中，测得的高差总是不可避免地含有误差。为了避免观测错误、提高观测精度，必须对每一测站及水准路线进行检核。

1. 计算检核

为保证高差计算的正确性，应在每页手簿下方进行计算检核，检核的依据是：各测站测得的高差的代数和应等于后视读数之和减去前视读数之和，如表 2-1 中：

$$\sum h = +1.630\text{m}$$

$$\sum a - \sum b = +1.630\text{m}$$

所求两数相等，即 $\sum h = \sum a - \sum b$，说明计算正确无误。

2. 测站检核

各站测得的高差是推算待定点高程的依据，若其中任一测站所测高差有误，则全部测量成果就不能使用。计算检核仅能检查高差的计算是否正确，并不能检核因观测、记录有

表 2 - 1　　　　　　　　　**普通水准测量手簿**

日期：＿＿2009 年 11 月 20 日＿＿　　仪器：＿DS₃1816＿　　观测者：＿汪 平＿

天气：＿＿＿＿＿晴＿＿＿＿＿　　地点：＿鸣翠湖＿　　记录者：＿李 一＿

测　站	测　点	水准尺读数（m）		高差（m）		高程（m）	备　注
		后视	前视	＋	－		
1	BM_A	1.322		0.442		54.226	已知
	TP_1		1.764				
2	TP_1	1.411		0.244			
	TP_2		1.167				
3	TP_2	1.503		0.663			
	TP_3		0.840				
4	TP_4	1.781		1.165		55.856	
	BM_B		0.616				
Σ		6.017	4.387	2.072	0.442		
计算校核		$\sum a - \sum b = 6.017 - 4.387 = +1.630$ $\sum h = 2.072 + (-0.442) = +1.630$ $H_B = H_A + \sum h = 54.226 + 1.630 = 55.856 \text{（m）}$					

注　1. 起始点只有后视读数，结束点只有前视读数，中间点既有后视读数又有前视读数。

　　2. $\sum h = \sum a - \sum b$，只表明计算无误，不表明观测和记录无误。

误导致的高差错误。因此，对每一站的高差还需进行测站检核。测站观测的限差控制应遵循"伴随观测，逐一检核，随时控制，逐步放行"的原则，测站检核通常采用改变仪器高法和双面尺法。

（1）改变仪器高法。在一个测站上测出两点间高差后，重新安置仪器（升高或降低仪器 0.1m 以上）再测一次，两次测得高差之差不超有容许值，则认为测站合格，取两次高差的平均值作为该测站的高差。对一般水准测量（等外水准）两次高差之差的绝对值应小于 6mm，否则应返工重测。

（2）双面尺法。在一个测站上仪器高度不变，观测双面尺黑面与红面的读数，分别计算黑面尺和红面尺读数的高差。其差值在 6mm 以内时，取黑、红面尺高差的平均值作为该测站的高差。

3. 水准路线检核

测站检核只能检查一个测站所测高差是否正确，但对于整个水准路线来说，测量成果是否符合精度要求甚至有错，则不能判定。例如，水准测量在野外作业，受着各种因素的影响，如温度、湿度、风力、大气不规则折光、尺子下沉或倾斜、仪器误差以及观测误差等。这些因素所引起的误差在一个测站上反映可能不明显，这时测站成果虽符合要求，但若干个测站的累积，使整个路线测量成果不一定符合要求。因此，要保证全线观测成果的正确性，还需要对水准路线进行成果检核。

水准路线的种类及其检核方法有以下几种：

（1）附合水准路线。附合水准路线各测段高差的总和 $\sum h_测$ 应等于路线两端水准点的已知高程之差（$H_终-H_始$）。由于测量误差的存在，实际上这两者往往不相等，所存在的差值称为附合水准路线高差闭合差，用 f_h 表示，即

$$f_h=\sum h_测-(H_终-H_始) \tag{2-7}$$

（2）闭合水准路线。闭合水准路线各测段高差的代数和理论值应等于零，即 $\sum h_理=0$，但由于测量误差的存在，往往所观测的高差代数之和 $\sum h_测\neq0$，而存在高差闭合差，即

$$f_h=\sum h_测 \tag{2-8}$$

（3）支水准路线。支水准路线往测与返测的高差绝对值应相等，符号相反。若往返测得高差的代数和不等于零即为闭合差

$$f_h=\sum h_往+\sum h_返 \tag{2-9}$$

对于普通水准测量，高差闭合差的容许值规定为

平地　　　　　　　　$f_{h容}=\pm40\sqrt{L}\text{mm}$ (2-10)

或山地　　　　　　　$f_{h容}=\pm12\sqrt{n}\text{mm}$ (2-11)

式中　L——水准路线的长度，km；

　　　n——测站数。

山地一般指每千米测站数在 15 个以上的地形。若发现高差闭合差超过容许值，说明测量成果不符要求，应查找原因返工重测。

三、水准测量的内业计算

水准测量外业工作结束后，应对所有外业成果进行认真仔细的检查，确定无误后，方可进行水准测量的内业计算工作。水准测量的内业计算包括高差闭合差及容许闭合差的计算、高差闭合差调整和高程推算。闭合和附合水准路线高差闭合差调整的方法相同，调整后经检核无误，用改正后的高差，由起点开始，逐点推算各点高程，推算至终点，并与终点（闭合路线为起点）已知高程相等。

（一）附合水准路线高差闭合差的调整与高程计算

【例 2-1】　图 2-20 为按普通水准测量要求施测某附合水准路线观测成果略图。BM_A 和 BM_B 为已知高程的水准点，图中箭头表示水准测量前进方向，路线上方的数字为测得的两点间的高差（以 m 为单位），路线下方数字为该段路线的长度（以 km 为单位），试计算待定点 1、2、3 点的高程。

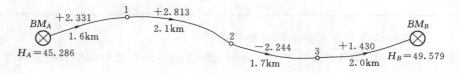

图 2-20　附合水准路线示意图

解：第一步，计算高差闭合差。

$$f_h=\sum h_测-(H_终-H_始)=4.330-4.293=+37\text{（mm）}$$

第二步，计算限差。

$$f_{h容}=\pm40\sqrt{L}=\pm40\sqrt{7.4}=\pm108.8\text{（mm）}$$

因为 $|f_h|<|f_{h容}|$，可进行闭合差分配。

第三步，高差闭合差的调整。

$$V_i=-\frac{f_h}{\sum L}L_i \text{ 按路线长成正比分配}$$
$$\text{或 } V_i=-\frac{f_h}{\sum n}n_i \text{ 按测站数成正比分配} \tag{2-12}$$

（1）计算每 1km 改正数：$V_0=-\frac{f_h}{L}=-5\ (\text{mm/km})$。

（2）计算各段高差改正数：$V_i=V_0L_i$。四舍五入后，使 $\sum V_i=-f_h$。

故有：$V_1=-8\text{mm}$，$V_2=-11\text{mm}$，$V_3=-8\text{mm}$，$V_4=-10\text{mm}$。

第四步，计算各段改正后高差。改正后高差 ＝ 实测高差 ＋ 改正数，即

$$\overline{h_i}=h_i+V_i \tag{2-13}$$

第五步，计算各点高程。用改正后高差，按顺序逐点计算各点的高程，即

$$H_{i+1}=H_i+\overline{h_i} \tag{2-14}$$

$$H_1=H_{BM_A}+\overline{h_1}=45.286+2.323=47.609\ (\text{m})$$
$$H_2=H_1+\overline{h_2}=47.609+2.802=50.411\ (\text{m})$$
$$H_3=H_2+\overline{h_3}=50.411-2.252=48.159\ (\text{m})$$
$$H_{BM_B}=H_3+\overline{h_4}=48.159+1.420=49.579\ (\text{m})$$

表 2-2 为附合水准路线高差闭合差调整与高程计算表。

表 2-2　　　　　　　　附合水准路线高差闭合差调整与高程计算表

点　号	距离（km）	实测高差（m）	改正数（m）	改正后高差（m）	高程（m）	备　注
BM_A	1.6	+2.331	-0.008	+2.323	45.286	已知
1	2.1	+2.813	-0.011	+2.802	47.609	
2	1.7	-2.244	-0.008	-2.252	50.411	
3	2.0	+1.430	-0.010	+1.420	48.159	
BM_B					49.579	已知
$\sum$	7.4	+4.330	-0.037	+4.293		
辅助计算	$f_h=+0.037\text{m},L=7.4\text{km},-f_h/L=-0.005\text{m}$ $f_{h容}=\pm40\sqrt{7.4}\text{mm}=\pm108.8\text{mm}$					

（二）闭合水准路线高差闭合差的调整与高程计算

利用式（2-8）计算高差闭合差，闭合差的容许值、闭合差的调整和高程计算均与附合水准路线相同。

（三）支水准路线往、返较差的计算与调整以及高程计算

支水准路线的较差和较差容许值可分别通过式（2-9）和式（2-10）或式（2-11）求得，但式（2-10）中路线长度 L 和式（2-11）测站数 n 只按单程计算。当 $|f_h|\leqslant|f_{h容}|$ 时，符合精度要求，可进行较差调整。取往测和返测高差绝对值的平均值作为两点的高差值，其符号以往测为准。然后根据起点高程以各测段平均高差推算各待定点的

高程。

四、水准测量的注意事项

（一）观测

（1）观测前应认真按要求检校水准仪和水准尺。

（2）仪器应安置在土质坚实处，并踩实三脚架。

（3）前后视距应尽可能相等。

（4）视线不宜过长，一般不大于 100m。

（5）每次读数前要消除视差，只有当符合水准气泡居中后才能读数。

（6）注意对仪器的保护，做到"人不离仪器"。

（7）只有当一测站记录计算合格后才能搬站，搬站时先检查仪器连接螺旋是否固紧，一手托住仪器，一手握住脚架稳步前进。

（8）观测时必须撑伞，避免烈日照射仪器。

（二）记录

（1）认真记录，边记边回报数字，准确无误地记入记录手簿相应栏中，严禁伪造和转抄。

（2）字体要端正、清楚、不准涂改，不准用橡皮擦，如按规定可以改正时，应在原数字上画线后再在上方重写。

（3）每站应当场计算，检查符合要求后，才能通知观测者搬站。

（三）扶尺

（1）在水准点（包括已知点和待定点）上立尺时，不能放置尺垫。

（2）水准尺应竖直，不能左右偏斜，更不能前后俯仰。

（3）转点应选择土质坚实处，并踩实尺垫。

（4）水准仪搬站时，应注意保护好原前视点尺垫位置不移动。

第五节　水准仪的检验与校正

根据水准测量原理，要求水准仪能提供一条水平视线，那么水准仪的轴线之间应满足一定的几何关系，由于仪器经运输和使用，会使水准仪上某些部件的相对位置发生变化，从而破坏各轴线间应满足的几何条件。为此，在水准测量之前，应对水准仪进行必要的检验。如果不满足条件，并超过了规定要求，则应进行校正。

如图 2-21 所示，水准仪的轴线有视准轴 CC、水准管轴 LL、圆水准器轴 $L'L'$、仪器竖轴 VV。水准仪的轴线之间应满足的几何关系：

（1）圆水准器轴平行于仪器的竖轴，即 $L'L'$ $/\!/VV$。

（2）十字丝横丝垂直于竖轴。

（3）水准管轴平行于视准轴，即 $LL/\!/CC$（主要条件）。

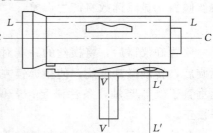

图 2-21　水准仪的几何轴线

水准仪的检验校正工作应按下列顺序进行，以使前面检校项目不受后面检校项目的影响。

一、圆水准器轴平行于仪器的竖轴的检验和校正

圆水准器是用来粗略整平水准仪的，如果圆水准轴 $L'L'$ 与仪器竖轴 VV 不平行，则圆水准器气泡居中时，仪器竖轴不竖直。若竖轴倾斜过大，可能导致转动微倾螺旋到了极限位置仍不能使水准管气泡居中（或超出自动安平水准仪的补偿范围）。因此，把此项校正做好，才能较快地使符合水准气泡居中。

1. 检验

安置好水准仪后，转动脚螺旋使圆水准器的气泡居中，然后将望远镜旋转 180°，如果气泡仍然居中，说明满足此条件，即 $L'L' /\!/ VV$。如果气泡不居中，则需校正。

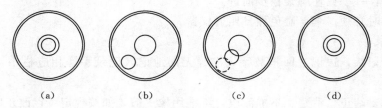

（a）　　　　　（b）　　　　　（c）　　　　　（d）

图 2-22　圆水准器的检验与校正

2. 校正

设望远镜旋转 180° 后，气泡不在中心而在图 2-22（b）位置，这表示这一侧的校正螺丝偏高。校正时，转动脚螺旋使气泡从图 2-22（b）位置朝圆水准器中心方向移动偏离量的 1/2，到图示图 2-22（c）的位置，这时仪器竖轴基本竖直，然后调节三个校正螺丝使气泡居中，如图 2-23 所示。由于校正时一次难以做到准确无误，需反复检验和校正，直至仪器转至任何位置，气泡始终位于中央为止。

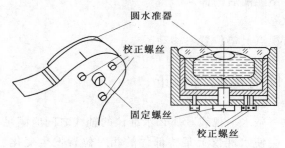

图 2-23　圆水准器校正螺丝

二、十字丝垂直竖轴的检验与校正

水准测量是利用十字丝分划板中的横丝来读数的，当竖轴处于铅垂位置时，而横丝倾斜，显然读数将产生误差。

1. 检验

安置好仪器后，将横丝的一端对准某一固定点状标志 P，如图 2-24 所示，固定制动螺旋后，转动微动螺旋，使望远镜左右移动，若 P 点始终不离开横丝，则说明十字丝横丝垂直于仪器竖轴，条件满足；若偏离横丝，如图 2-24（d）所示，说明横丝不水平，需校正。

此外，由于十字丝纵丝与横丝垂直，因此，可采用挂垂球的方法进行检验，即将仪器整平后，观察十字丝纵丝是否与垂球线重合，如不重合，则需校正。

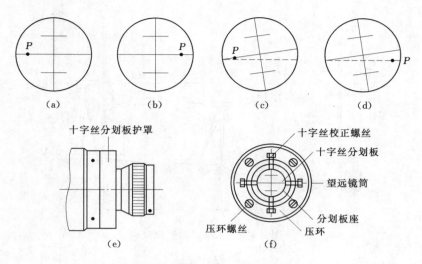

图 2-24 十字丝横丝的检验与校正

2. 校正

旋下目镜十字丝环护罩，可见两种形式：如图 2-24（e）所示，在目镜端镜筒上有 3 颗固定十字丝分划板座的沉头螺丝，校正时松开其中任意 2 颗，轻轻转动分划板座，同法使横丝水平，再将螺丝拧紧。此项检校也需反复进行，直到合格为止。另一种如图 2-24（f）所示，为旋下目镜十字丝环护罩后看到的一种情况，这时松开十字丝分划板座 4 颗固定螺丝，按横丝倾斜的反方向轻轻转动十字丝分划板座，使 P 点到横丝的距离为原偏离距离的 $\frac{1}{2}$，再进行检验，直到使横丝水平，然后拧紧 4 颗螺丝，盖上护盖。

三、水准管轴平行于视准轴的检验和校正

由于水准仪上的水准管与望远镜固连在一起，若水准管轴与望远镜视准轴互相平行，则当水准管气泡居中时，视线也就水平了。因此，水准管轴 LL 与视准轴 CC 互相平行是水准仪构造的主要条件。由于仪器在运输和使用的过程中，这种相互平行的关系被破坏，水准管轴 LL 与视准轴 CC 之间形成一 i 角。检验的目的，就是检验 i 角是否超限。

1. 检验

在较平坦的地面上，选定相距约 80m 的两点 A 和 B，如图 2-25 所示。将水准仪安置于 AB 中点 C 处，用变动仪器高法，连续两次测出 A、B 两点的高差，若两次高差之差不超过 3mm，则取两次高差的平均值 h_1 作为最后结果，由于前视距离相等，i 角对前、后水准读数的影响 Δ 相同，则高差将不受其影响，即得 A、B 两点的正确高差为

$$h_1 = (a_1 - \Delta_1) - (b_1 - \Delta) = a_1 - b_1$$

然后将仪器安置于距 B 点约 3m 的地方，读取 B 点上读数为 b_2，A 点尺上读数为 a_2，又得 A、B 两点的 h_2。若 $h_2 = h_1$，说明水准管轴 LL 与视准轴平行；若 $h_2 \neq h_1$，设 $\Delta h = h_2 - h_1$，说明水准管轴 LL 与视准轴不平行，即存在 i 角。因仪器距 B 点很近，较小的 i 角对读数 b_2 影响很小，可以忽略不计。于是，根据 b_2 和高差 h_1 计算出 A 点尺上水平视线的读数应为

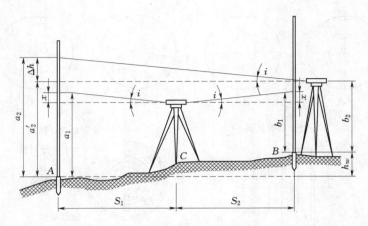

图 2-25　水准管轴的检验

$$a_2' = b_2 + h_1$$

若 $a_2 > a_2'$，说明视线向上倾斜，i 角为正；反之视线向下倾斜，i 角为负。因 $\Delta h = h_2 - h_1$ 或 $\Delta h = a_2 - a_2'$，则 i 角的值为

$$\tan i = \frac{\Delta h}{D_{AB}}$$

$$i = \frac{h_2 - h_1}{D_{AB}} \rho'' \tag{2-15}$$

对于 DS_3 级水准仪，i 值不得超过 $\pm 20''$，否则需要校正。由式（2-15）可得，因为 $D_{AB} \approx 83\text{m}$，则 $\Delta h \approx 8\text{mm}$。因此，可由 Δh 不得大于 8mm，直接进行判断。

2. 校正

转动微倾螺旋使中丝对准读数 a_2'，这时视准轴处于水平状态，但水准管气泡不居中。校正：先用拨针稍微松开水准管一端的左右两个中的任一个螺丝，再用拨针调整水准管一端的上、下两个校正螺丝（图 2-26），使气泡居中。

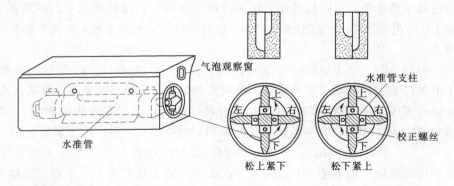

图 2-26　水准管的校正

【例 2-2】　设在图 2-26 中，A、B 两点的正确高差 $h = 0.383\text{m}$，仪器在 B 点约 3m 的地方读得 B 点尺上读数 $b_2 = 1.356$，则 A 点尺上的视线水平时的读数应为

$$a_2' = 1.356 + 0.383 = 1.739 \text{（m）}$$

而在 A 点尺上的实际读数为 1.728m（$\Delta h \geqslant 8$mm）。此时，转动微倾螺旋使十字丝的中丝对准 A 点尺上读数 1.739m 处，再用拨针调整水准管校正螺丝，使气泡居中。

此项检验校正须反复进行，直至达到要求为止。两轴不平行所引起的误差对水准测量成果影响很大，因此，校正时要认真仔细。校正时，应遵守先松后紧的原则，校正要细心，用力不能过猛，所用校正针的粗细要与校正孔的大小相适应，否则容易损坏仪器。校正完毕，应使各校正螺丝与水准管的支柱处于顶紧状态。

由于仪器在运输和使用的过程中，这种相互平行的关系还会发生变化。所以，在每次作业前应进行此项检验和校正。

第六节　水准测量误差来源及其消减方法

水准测量的误差是不可避免的。为了保证测量成果的精度，需要分析研究产生误差的原因，并采取措施消除和减小误差的影响。水准测量误差主要来源于仪器误差、观测误差和外界条件等三个方面的影响。

一、仪器误差

1. 仪器校正不完善的残余误差

水准仪在经过检验校正后，还可能存在一些残余误差，这些残余误差也会对测量成果产生一定的影响。其中主要是水准管轴不平行于视准轴的误差。这种误差大多具有系统性。可在测量过程中采取一定措施予以消除或减小。

消减方法：如前所述，观测时，只要将仪器安置于距前、后视尺等距离处，计算高差时就可消除这项误差。

2. 调焦误差

由于仪器制造工艺不够完善，当转动调焦螺旋调焦时，对光透镜产生非直线移动而改变视线位置，因而产生调焦误差。

消减方法：只要将仪器安置于距前、后视尺等距离处测量，即可避免在前、后视读数间调焦，从而就可避免调焦误差的产生。

3. 水准尺误差

水准尺误差包括水准尺上水准器误差、水准尺刻划误差、尺底磨损和尺身弯曲等误差，都会影响水准测量的精度。

消减方法：经常对水准尺的水准器及尺身进行检验，必要时予以更换。若在观测时使测站数成偶数，使水准尺用于前后视的次数相等，就可以消除或减弱尺底磨损及刻划不准带来的误差。

二、观测误差

1. 整平误差

水准管居中误差一般为水准管分划值 τ'' 的 ± 0.15 倍，即 $\pm 0.15\tau''$。当采用符合水准器时，气泡居中精度可提高一倍，故居中误差为 $\pm 0.075\tau''$，若仪器至水准尺的距离为 D，则在读数上引起的误差为

$$m_{\text{平}} = \frac{0.075\tau''}{\rho''}D \tag{2-16}$$

式中 $\rho'' = 206265$。

由式（2-16）可知，整平误差与水准管分划值及视线长度成正比。若以 DS$_3$ 型水准仪进行等外水准测量，视线长 $D = 100\text{m}$，气泡偏离 1 格（$\tau = 20''/2\text{mm}$）时，$m_{\text{平}} = 0.73\text{mm}$。

消减方法：在晴天观测，必须打伞保护仪器，更要注意保护水准管避免太阳光的照射；必须注意使符合气泡居中，且视线不能太长；后视完毕转向前视，应注意重新转动微倾螺旋，令气泡居中才能读数，但不能转动脚螺旋，否则，将改变仪器高而产生错差。

2. 估读误差

水准尺上的毫米数是估读的，其估读误差与人眼的分辨能力、十字丝的粗细、望远镜放大倍率及视距长度有关。人眼的极限分辨力，通常为 $60''$，即当视角小于 $60''$ 时就不能分辨尺上的两点。若用放大倍率为 V 的望远镜照准尺，则照准精度为 $60''/V$，由此照准水准尺的估读误差为

$$m_{\text{照}} = \frac{60''}{V\rho''}D \tag{2-17}$$

当 $V = 30$，$D = 100\text{mm}$ 时，$m_{\text{照}} = \pm 0.97\text{mm}$。

因此，若望远镜放大倍率较小或视线过长，则尺子成像小，并显得不够清晰，估读误差将增大。

消减方法：对各等级的水准测量，必须按规定使用相应望远镜放大倍率的仪器和不超过视线的极限长度。

3. 视差

产生视差的原因是十字丝平面与水准尺影像不重合，造成眼睛位置不同，便读出不同读数，而产生读数误差。

消减方法：转动目镜调节螺旋使十字丝清晰，再转动物镜对光螺旋使尺像清晰，反复几次，直至十字丝和水准尺成像均清晰，眼睛上下晃动时读数不变。

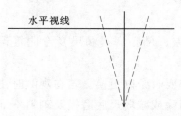

水平视线

图 2-27　水准尺倾斜误差

4. 水准尺竖立不直的误差

水准尺不竖直，总是使尺上读数增大。如图 2-27 所示，若水准尺未竖直立于地面而倾斜时，其读数 b' 或 b'' 都比尺子竖直时的读数 b 要大，而且视线越高，误差越大。例如，当倾角 $\theta = 3°$，读数 $b' = 2\text{m}$ 时，则产生的误差 $\Delta b = b'(1 - \cos\theta) = 2.7\text{mm}$。

消减方法：作业时应力求水准尺竖直，并且尺上读数不能太大，一般应不大于 2.7m。

三、外界条件的影响

1. 仪器升降的误差

由于仪器的自重，引起仪器下沉，使视线降低；或由于土壤的弹性因为观测人员的走动，引起仪器上升，使视线升高，都会产生读数误差。如图 2-28 所示，若后视完毕转向

前视时，仪器下沉了 Δ_1，使前视读数 b_1 小于 Δ_1，即测得的高差 $h_1 = a_1 - b_1$，大了 Δ_1。设在一测站上进行两次测量，第二次先前视再后视，若从前视转向后视过程中仪器又下沉了 Δ_2，则第二次测得的高差 $h_2 = a_2 - b_2$，小了 Δ_2。如果仪器随时间均匀下沉，即 $\Delta_2 \approx \Delta_1$，取两次所测高差的平均值，这项误差就可得到有效的削弱。

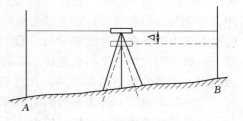

图 2-28　仪器下沉对读数的影响

消减方法：采用"后前前后"的观测程序，即在一测站上水准仪双面水准尺的顺序为：①照准后视标尺黑面读数；②照准前视标尺黑面读数；③照准前视标尺红面读数；④照准后视标尺红面读数。

2. 尺垫升降的误差

与仪器升降情况相类似。如转站时尺垫下沉，如图 2-29 所示，使所测高差增大，如上升则使高差减小。致使前后两站高程传递产生误差。

消减方法：在观测时，选择坚固平坦的地点设置转点，将尺垫踩实，加快观测速度，减少尺垫下沉的影响；采用往返观测的方法，取成果的中数，这项误差也可以得到削弱。

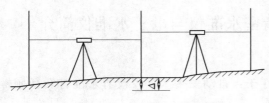

图 2-29　尺垫下沉对读数的影响

3. 温度的影响

温度的变化不仅会引起大气折光的变化，而且当太阳照射水准管时会因水准管本身和管内液体温度的升高，使气泡移动，而影响仪器水平。

消减方法：注意撑伞遮阳，保护仪器。

4. 地球曲率影响

理论上水准测量应根据水准面来求出两点的高差，但水准仪的视线是一条水平直线，由第一章可知，用水平视线代替大地水准面在尺上读数产生的影响是不能忽略的。如图 2-30 所示，由于水准仪提供的是水平视线，因此，后视和前视读数 a 和 b 中分别含有地球曲率误差 Δ_1 和 Δ_2，则 A、B 两点的高差应为 $h_{AB} = (a - \Delta_1) - (b - \Delta_2)$。若将仪器安置于距 A 点和 B 点等距离处，这时 $\Delta_1 = \Delta_2$，则 $h_{AB} = a - b$。

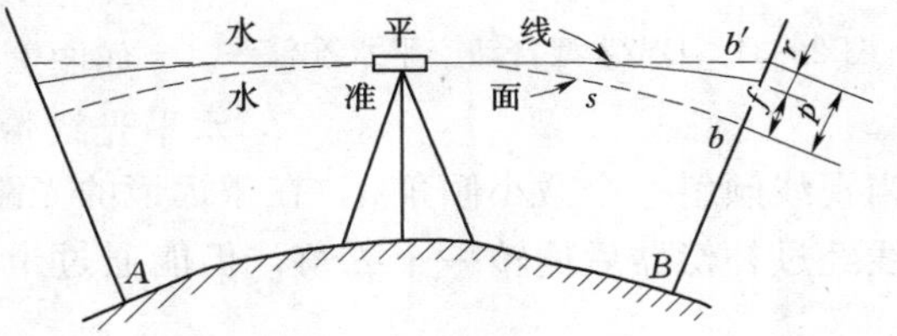

消减方法：将仪器安置于距 A 点和 B 点等距离处，即可消除地球曲率的影响。

图 2-30　地球曲率与大气折光影响

5. 大气折光的影响

大气折光的影响是非常复杂的，根据有关专家研究表明：地面上空气存在密度梯度，光线通过不同密度的媒质时，将会发生折射，而且总是由疏媒质折向密媒质，因而水准仪的视线往往不是一条理想的水平线。一般情况下，大气层的空气密度上疏下密，视线通过大气层时成一向下弯曲的曲线，使尺上读数减小，如图 2－30 所示，它与水平线的差值 r 即为折光差。如在晴天，上午靠近地面的温度较高，致使下面的空气密度比上面稀薄，这时视线成为一条向上弯折的曲线，使尺上读数增大。视线离地面越近，折射也越大。因此，一般规定视线必须高出地面一定高度（例如 0.3m）就是为了减少这种影响。若在平坦地面，地面覆盖物基本相同，而且前后视距离相等，这时前后视读数的折光差方向相同，大小基本相等，折光差的影响即可大部分得到抵消或削弱。当在山地连续上坡或下坡时，前后视线离地面高度相差较大，折光差的影响将增大，而且带有一定的系统性，这时应尽量的缩短视线长度，提高视线高度，以减少大气折光的影响。

消减方法：缩短视线长度，提高视线高度；前后视距离相等。

除了上述各种误差来源外，气候的影响也给水准测量带来误差。如风吹、日晒、温度的变化和地面水分的蒸发等。所以观测时应注意气候带来的影响。为了防止日光曝晒，仪器应撑伞保护。无风的阴天是最理想的观测天气。

第七节　自动安平水准仪、精密水准仪与电子水准仪简介

一、自动安平水准仪

自动安平水准仪与微倾式水准仪的区别在于：自动安平水准仪没有水准管和微倾螺旋，而是在望远镜的光学系统中装置了补偿器。

由于无需精平，这样不仅可以缩短水准测量的观测时间，而且对于施工场地地面的微小震动、松软土地的仪器下沉以及大风吹刮等原因，引起的视线微小倾斜，能迅速自动安平仪器，从而提高了水准测量的观测精度。因此，自动安平水准仪在各种精度等级的水准测量中应用越来越普及，并将逐步取代微倾式水准仪。图 2－31 是 DSZ2 型自动安平水准仪的外形（不含测微器）。现以这种仪器为例介绍其构造原理和使用方法。

1. 自动安平水准仪的原理

图 2－31　DSZ2 型自动安平水准仪

如图 2－32 所示，当视线水平时，水准尺上的 a 点水平光线恰好与十字丝交点所在位置重合，读数正确，当视线倾斜一个微小倾角 α，在望远镜的光路上安置一补偿器，使通过物镜光心的水平光线经过补偿器后偏转一个 β 角，仍能通过十字丝交点，这样十字丝交点上读出的标尺读

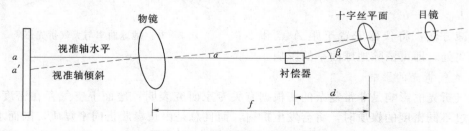

图 2－32　自动安平水准仪的原理

数，即为视线水平时应该读出的标尺读数。

自动安平的原理实质：在仪器视准轴粗平时，补偿装置在自身重力的作用下自动为水准仪提供一条实际的水平观测线，及时获得视线水平时标尺读数。

2. 自动安平水准仪的使用

自动安平水准仪的基本操作与微倾式水准仪大致相同。首先利用脚螺旋使圆水准器气泡居中，然后将望远镜瞄准水准尺，即可直接用十字丝横丝进行读数。为了检查补偿器是否起作用，在目镜下方安装有补偿器控制按钮，观测时，按动按钮，待补偿器稳定后，看尺上读数是否有变化，如尺上读数无变化，则说明补偿器处于正常的工作状态；如果仪器没有按钮装置，可稍微转动一下脚螺旋，如尺上读数没有变化，说明补偿器起作用，否则要进行修理。另外，补偿器中的金属吊丝相当脆弱，使用时要防止剧烈震动，以免损坏。

图 2-33 精密水准仪

二、精密水准仪

1. 精密水准仪

精密水准仪与一般水准仪比较，其特点是能够精密地整平视线和精确地读取读数（图 2-33）。1km 往返平均高差中误差 1mm。为此，在结构上应满足：

（1）水准器具有较高的灵敏度。如 DS_1 型水准仪的管水准器 τ 值为 $10''/2mm$。

（2）望远镜具有良好的光学性能。如 DS_1 型水准仪望远镜的放大倍数为 38 倍，望远镜的有效孔径 47mm，视场亮度较高。十字丝的中丝刻成楔形，能较精确地瞄准水准尺的分划。

（3）具有光学测微器装置。可直接读取水准尺一个分格（1cm 或 0.5cm）的 1/100 单位（0.1mm 或 0.05mm），提高读数精度。

（4）视准轴与水准轴之间的联系相对稳定。精密水准仪均采用钢构件，并且密封起来，受温度变化影响小。

2. 精密水准尺

精密水准仪必须配有精密水准尺。这种尺一般是在木质尺身的槽内，安有一根因瓦合金带。带上标有刻划，数字注在木尺上。精密水准尺须与精密水准仪配套使用（图 2-34）。精密水准尺上的分划注记形式一般有两种：

一种是尺身上刻有左右两排分划，右边为基本分划，左边为辅助分划。基本分划的注记从零开始，辅助分划的注记从某一常数 K 开始，K 称为基辅差。

另一种是尺身上两排均为基本划分，其最小分划为 10mm，但彼此错开 5mm。尺身一侧注记米数，另一种侧注记分米数。尺身标有大、小三角形，小三角形表示半分米处，大三角形表示分

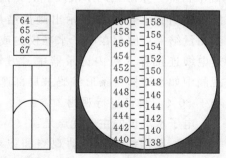

测微尺与管水准
气泡观察窗视场　　望远镜视场

图 2-34 精密水准尺

米的起始线。这种水准尺上的注记数字比实际长度增大了 1 倍，即 5cm 注记为 1dm。因此使用这种水准尺进行测量时，要将观测高差除以 2 才是实际高差。

3. 精密水准仪的操作方法

精密水准仪的操作方法与一般水准仪基本相同，只是读数方法有些差异。在水准仪精平后，十字丝中丝往往不恰好对准水准尺上某一整分划线，这时就要转动测微轮使视线上、下平行移动，十字丝的楔形丝正好夹住某一个整分划线，被夹住的分划线读数为 m、dm、cm。此时视线上下平移的距离则由测微器读数窗中读出 mm。读数时，将整分划值和测微器中的读数合起来。如图 2 - 34 所示，读数为 148.655cm。实际读数为全部读数的 $\frac{1}{2}$。

三、电子水准仪

电子水准仪又称数字水准仪，它是在自动安平水准仪的基础上发展起来的，于 1990 年首先由瑞士威特厂研制成功，标志着大地测量仪器已经完成了从精密光机仪器向光机电测一体化的高技术产品的过渡，具有测量速度快、精度高、读数客观、能减轻作业劳动强度、测量数据便于输入计算机和容易实现水准测量内外业一体化的优点（图 2 - 35）。

1. 电子水准仪的观测精度

电子水准仪的观测精度高，如瑞士徕卡公司开发的 NA2000 型电子水准仪的分辨力为 0.1mm，每千米往返测得高差中数的偶然中误差为 2.0mm；NA3003 型电子水准仪的分辨力为 0.01mm，每千米往返测得高差中数的偶然中误差为 0.4mm。

2. 电子水准仪测量原理简述

目前电子水准仪采用自动电子读数的原理有：相位法、相关法和几何法三种。与电子水准仪配套使用的水准尺为条形编码尺，通常由玻璃纤维或铟钢制成。在电子水准仪中装置有行阵传感器，它可识别水准标尺上的条形编码。电子水准仪摄入条形编码后，经处理器转变为相应的数字，在通过信号转换和数据化，在显示屏上直接显示中丝读数和视距。

不同厂家标尺编码的条码图案不相同，不能互换使用。

3. 电子水准仪的使用

电子水准仪用键盘和安装在侧面的测量键来操作。有两行 LCD 显示器显示给使用者，并显示测量结果和系统的状态。

观测时，电子水准仪在人工完成安置与粗平、瞄准目标（条形编码水准尺）后，按下测量键后约 3～4s 即显示出测量结果。其测量结果可储存在电子水准仪内或通过电缆连接存入机内记录器中。另外，观测中如水准标尺条形编码被局部遮挡小于 30%，仍可进行观测。

电子水准仪的主要优点是：

（1）操作简捷，自动观测和记录，并立即用数字显示测量结果。

（2）整个观测过程在几秒钟内即可完成，从而大大减少观测错误和误差。

图 2 - 35　数字水准仪及条形编码尺

（3）仪器还附有数据处理器及与之配套的软件，从而可将观测结果输入计算机进入后处理，实现测量工作自动化和流水线作业，大大提高功效。

思 考 题 与 习 题

一、选择题

1. 水准仪基本结构由（　　）构成。
 A. 瞄准部、托架和基座　　　B. 望远镜、水准器、基座　　　C. 瞄准部、基座
2. 水准仪的正确轴系应满足（　　）。
 A. 视准轴⊥管水准轴、管水准轴∥竖轴、竖轴∥圆水准轴
 B. 视准轴∥管水准轴、管水准轴⊥竖轴、竖轴∥圆水准轴
 C. 视准轴∥管水准轴、管水准轴∥竖轴、竖轴⊥圆水准轴
3. 自动安平水准测量一测站基本操作（　　）。
 A. 必须做好安置仪器，粗略整平，瞄准标尺，读数记录
 B. 必须做好安置仪器，瞄准标尺，精确整平，读数记录
 C. 必须做好安置仪器，粗略整平，瞄准标尺，精确整平，读数记录
4. 圆水准器轴是圆水准器内壁圆弧零点的（　　）。
 A. 切线　　　　　　　　　B. 法线　　　　　　　　　C. 垂线
5. 水准测量时，为了消除 i 角误差对一测站高差值的影响，可将水准仪置在（　　）处。
 A. 靠近前尺　　　　　　　B. 两尺中间　　　　　　　C. 靠近后尺
6. 高差闭合差的分配原则为（　　）成正比例进行分配。
 A. 与测站数　　　　　　　B. 与高差的大小　　　　　C. 与距离或测站数
7. 附合水准路线高差闭合差的计算公式为（　　）。
 A. $f_h = \sum h_{往} + \sum h_{返}$　　　B. $f_h = \sum h_{测}$　　　C. $f_h = \sum h_{测} - (H_{终} - H_{始})$
8. 水准测量中要求前后视距离相等，其目的是为了消除（　　）的误差影响。
 A. 水准管轴不平行于视准轴
 B. 圆水准轴不平行于仪器竖轴
 C. 十字丝横丝不水平
9. 往返水准路线高差平均值的正负号是以（　　）的符号为准。
 A. 往测高差　　　　　　　B. 返测高差　　　　　　　C. 往返测高差的代数和
10. 转动三个脚螺旋使水准仪圆水准气泡居中的目的是（　　）。
 A. 使仪器竖轴处于铅垂位置　　　B. 提供一条水平视线
 C. 使仪器竖轴平行于圆水准轴

二、简答题

1. 何谓视准轴？何谓水准管轴？在水准测量中，为什么在瞄准水准尺读数之前必须用微倾螺旋使水准管气泡居中？
2. 何谓视差？产生视差的原因是什么？如何消除视差？
3. 什么叫测站？什么叫转点？转点在水准测量中起到什么作用？

4. 设 A 为后视点，B 为前视点，A 点的高程是 20.123m。当后视读数为 1.456m，前视读数为 1.579m 时，问 A、B 两点的高差是多少？B、A 两点的高差又是多少？绘图说明 B 点比 A 点高还是低？B 点的高程是多少？

5. 水准测量时，前、后视距相等可消除哪些误差？

6. 水准测量中的检核有哪几种？如何进行？

7. 根据下面表 2-3 水准测量记录，计算高差和高程，并进行检核。

表 2-3　　　　　　　　　　　水 准 测 量 记 录

| 测 站 | 测 点 | 水准尺读数（m） | | 高差（m） | | 高程 | 备 注 |
		后视	前视	＋	－	（m）	
1	BM_A	2.242				154.226	已知
	TP_1		1.358				
2	TP_1	0.828					
	TP_2		1.135				
3	TP_2	1.654					
	TP_3		1.421				
4	TP_3	0.672					
	BM_B		1.074				
Σ							
计算检核							

三、计算题

1. 图 2-36 是一附合水准路线等外水准测量示意图，A 点、B 点分别为已知高程的水

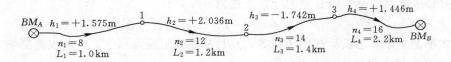

图 2-36　附合水准路线示意图

准点，1、2、3 为待定高程的水准点，h_1、h_2、h_3 和 h_4 为各测段观测高差，n_1、n_2、n_3 和 n_4 为各测段测站数，L_1、L_2、L_3 和 L_4 为各测段长度。现已知 $H_{BM_A} = 65.376\text{m}$，$H_{BM_B} = 68.623\text{m}$，各测段站数、长度及高差均注于图 2-36 中。求 1、2、3 点的高程。

2. 如图 3-37 所示，一闭合水准路线各段高差观测值及其测站数均注于图中，已知水准点 H_{BM1} 的高程为 86.246m，求 1、2、3、4 点的高程。

3. 在 A、B 两点间进行往返水准测量，已知 $H_A = 8.475\text{m}$，$\sum h_{往} = +0.028\text{m}$，$\sum h_{返} = -0.018\text{m}$，$A$、$B$ 间线路长 $L = 3\text{km}$，求 B 点高程。

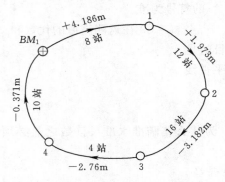

图 2-37　闭合水准路线示意图

第三章 角 度 测 量

【学习内容】

本章主要讲述：角度测量是确定地面点位置的基本测量工作之一，包括水平角测量和竖直角测量。水平角测量用于确定地面点的平面位置，竖直角测量用于间接测定地面点的高程。角度测量的仪器主要是经纬仪，它可以用于测量水平角和竖直角。

【学习要求】

1. 知识点和教学要求

（1）了解 DJ$_6$ 经纬仪的构造、光路系统、读数设备；单平板测微装置的测微原理和读数方法；水平角观测的注意事项；竖直度盘的构造和度盘注记形式；角度测量的误差来源；电子经纬仪的测角原理和使用方法。

（2）理解角度测量原理、测微尺装置的测微原理；竖直角及其指标差计算公式与度盘刻画注记形式的关系；角度测量的误差及减弱和消除方法。

（3）掌握水平角测量、记录、计算；竖直角测量、记录、计算；经纬仪的检验校正；提高角度测量精度的措施和注意事项。

2. 能力培养要求

（1）具有认识经纬仪各部件作用的能力。

（2）初步具有经纬仪的安置、观测、记录计算的能力。

第一节 角 度 测 量 原 理

一、水平角

由一点到两个目标的方向线垂直投影在水平面上所成的角，称为水平角。如图 3-1 所示，由地面点 A 到 B、C 两个目标的方向线 AB 和 AC，在水平面上的投影为 ab 和 ac，其夹角 β 即为水平角，它等于通过 AB 和 AC 的两个竖直面之间所夹的二面角。二面角的棱线 Aa 是一条铅垂线。垂直于 Aa 的任一水平面（如过 A 点的水平面 V）与两竖直面的交线均可用来量度水平角 β。若在任一点 O 水平地放置一个刻度盘，使度盘中心位于 Aa 铅垂线，再用一个既能在竖直面内转动又能绕铅垂线水平转动的望远镜去照准目标 B 和 C，则可将直线 AB 和 AC 投影到度盘上，截得相应的读数 n 和 m，如果度盘刻画的注记形式是按顺时针方向由 0°递增到 360°，则 AB 和 AC 两方向线间的水平角即为

$$\beta = m - n \qquad (3-1)$$

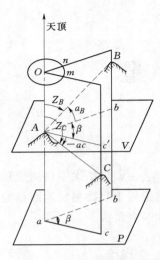

图 3-1　水平角和竖直角
测量原理

二、竖直角

在竖直面内，视线与水平线的夹角，称为竖直角，以 α 表示，如图 3-1 所示。当视线仰倾时，α 取正值；视线俯倾时，α 取负值；视线水平时，$\alpha=0°$。不难理解竖直角的取值范围为 $0°\sim\pm90°$。

视线与铅垂线天顶方向之间的夹角，称为天顶距，如图 3-1 中的 Z 所示。天顶距的取值范围为 $0°\sim180°$。

竖直角 α 和天顶距 Z 之间的关系式为

$$\alpha=90°-Z \tag{3-2}$$

竖直角和天顶距只需测得其中一个即可，测量工作中一般观测竖直角。为了测得竖直角，必须安置一个可随望远镜一起转动的竖直度盘，使竖盘的零刻线与望远镜视准轴在竖直度盘上的水平投影重合，通过竖直度中心的水平线或铅垂线来指示读数。

第二节　DJ_6 型光学经纬仪及使用

一、基本构造

工程上常用的光学经纬仪有 DJ_2 和 DJ_6 等几种类型。D、J 分别为"大地测量"和"经纬仪"汉语拼音的第一个字母；数字 2、6 等表示该类仪器一测回方向值的精度（秒数）。图 3-2 是南京华东光学仪器厂生产的 DJ_6 型光学经纬仪，它由照准部、水平度盘和

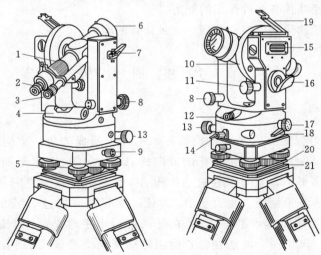

图 3-2　华光 DJ_6 型光学经纬仪

1—对光螺旋 ；2—目镜；3—读数显微镜；4—照准部水准管；5—螺旋管；6—望远镜物镜；7—望远镜制动螺旋；
8—望远镜微动螺旋；9—中心锁紧螺旋；10—竖直度盘；11—竖盘指标水准管微动螺旋；12—光学对中器目镜；
13—水平微动螺旋；14—水平制动螺旋；15—竖盘指标水准管；16—反光镜；17—度盘变换手轮；
18—保险手柄；19—竖盘指标水准管反光镜；20—托板；21—底板

基座三部分组成。各部件名称如图 3-2 所示。图 3-3 是经纬仪器三个主要部分的分装图和光路系统示意图。

1. 照准部

照准部是指水平度盘以上能绕竖轴旋转的部分，包括望远镜、竖直度盘、光学对中器、水准管、光路系统、读数显微镜等，都安装在底部带竖轴（内轴）的 U 形支架上。其中望远镜、竖盘和水平轴（横轴）固连一体，组装于支架上。望远镜绕横轴上下旋转时，竖盘随着转动，并由望远镜制动螺旋和微动螺旋控制。竖盘是一个圆周上刻有度数分划线的光学玻璃圆盘，用来量度竖直角。紧挨竖盘有一个指标水准管和指标水准管微动螺旋，在观测竖直角时用来保证读数指标的正确位置。望远镜旁有一个读数显微镜，用来读取竖盘和水平度盘读数。望远镜绕竖轴左右转动时，由水平制动螺旋和水平微动螺旋控制。照准部的光学对中器和水准管用来安置仪器，以使水平度盘中心位于测站铅垂线上并使度盘平面处于水平位置。

2. 水平度盘

水平度盘是由光学玻璃制成的刻有度数分划线的圆盘，按顺时针方向由 0° 注记至 360°，用以量度水平角。水平度盘有一个空心轴，空心轴插入度盘的外轴中，外轴再插入基座的套轴内。在空心轴容纳内轴的插口上有许多细小滚珠，以保证照准部能灵活转动而不致影响水平度盘。水平度盘本身可以根据测角需要，用度盘变换手轮改变读数位置。

3. 基座

基座起支撑仪器上部以及使仪器与三脚架连接的作用，主要由轴座、脚螺旋和底板组成。仪器的照准部连同水平度盘一起插入轴座后，用轴座固定螺旋（又称中心锁紧螺旋）固紧；轴座固定螺旋切勿松动，以免仪器上部与基座脱离而摔坏。

仪器装到三脚架上时，须将三脚架头上的中心连接螺旋旋入基座底板，使之固紧。采用光学对中器的经纬仪，其连接螺旋是空心的；连接螺旋下端大都具有挂钩或像灯头一样的插口，以备悬挂垂球之用。

基座脚螺旋用来整平仪器。但对于采用光学对中器的经纬仪来说，脚螺旋整平作用范围很小，主要用它将基座平面整成与三脚架架头大致平行。

二、测微装置与读数方法

DJ₆ 型经纬仪水平度盘的直径一般只有 93.4mm，周长 293.4mm，竖盘更小。度盘分划值（即相邻两分划线间所对应的圆心角）一般只

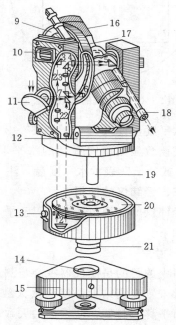

图 3-3　华光 DJ₆ 型光学经纬仪
部件及分微尺读数光路图
1~8—读数光路系统棱镜；9—竖直度盘；
10—竖盘指标水准管；11—反光镜；
12—照准部水准管；13—度盘变
换手轮；14—套轴；15—基座；
16—望远镜；17—竖直度盘护盖；
18—读数显微镜；19—内轴；
20—水平度盘；21—外轴

刻至1°或30′，但测角精度要求达到6″，于是必须借助光学测微装置。DJ₆型光学经纬仪目前最常用的装置是分微尺。下面介绍分微尺装置及读数方法。

　　分微尺装置的光路如图3-3所示：外来光线由反光镜11折射后分两路进入仪器内部，其中一路光线经过棱镜1转折90°向下，穿过水平度盘无刻线部分，又经棱镜2折回向上重新穿过水平度盘有刻线部分，带着度盘的分划影像，经过透镜组22第一次放大，再经棱镜3转折成像于读数场镜4的分微尺上。另一路光线先穿过竖盘的无刻线部分，经棱镜6折回重新穿过竖盘的有刻线部分，带着竖盘的分划影像经棱镜7转折向上，经过透镜组23第一次放大，再经棱镜8转折成像于读数场镜4的分微尺上。读数场镜又称读数窗。两路光线都穿过读数窗，各自带着度盘分划和分微尺的影像穿过空心横轴经过棱镜5折射至读数显微镜18，由读数显微镜可以看到经过再次放大的水平度盘和竖盘分划影像以及分微尺（图3-4）；而分微尺只被读数显微镜放大一次。度盘上相差1°的两条分划线之间的影像宽度恰好等于分微尺上60小格的宽度，所以分微尺上一小格就代表1′，估读0.1格即为6″。分微尺的注记由0～60，每10格标注一下，简略地注记成由0～6。分微尺零线所指的度盘影像位置，就是应该读数的位置；实际读数时，只需要注意哪根度盘分划线位于0与6之间，读取这根分划线的度数和它所指的分微尺上的读数即得应有的读数。如图3-4所示，水平度盘读数为215°07.5′=215°07′30″；竖直度盘为78°48.3′=78°48′18″。

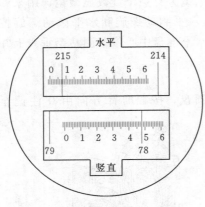

图3-4　分微尺的读数方法

　　在读数显微镜内看到的水平度盘和竖盘影像一般注有汉字加以区别，也有的以注"AZ"或"一"表示水平度盘，注"V"或"⊥"符号表示竖盘。

三、经纬仪的使用

　　经纬仪的使用包括对中、整平、调焦和照准、读数及置数等基本操作。现将操作方法介绍如下。

　　1. 对中

　　对中的目的是使仪器中心与测站点标志中心位于同一铅垂线上。具体做法是：首先将三脚架安置在测站上，使架头大致水平且高度适中，再挂上垂球初步对中。如果相差太大，可平移三脚架，使垂球尖大致对准测站点标志，将三脚架的脚尖踩入土中。然后将仪器从仪器箱中取出，用连接螺旋将仪器装在三脚架上。此时若垂球尖偏离测站点标志中心，可稍旋松连接螺旋，两手扶住仪器基座，在架头上平移仪器，使垂球尖精确对准标志中心，最后旋紧连接螺旋。对中误差一般不应大于3mm。

　　对中亦可采用光学对中器进行。由于光学对中器的视轴与仪器竖轴平行，因此，只有在仪器整平后视轴才处于铅垂位置。对中时，可先用垂球大致对中，概略整平仪器后取下垂球，再调节对中器的目镜，松开仪器与三脚架间的连接螺旋，两手扶住仪器基座，在架头上平移仪器，使分划板上小圆圈中心与测站点重合，固定中心连接螺旋。平移仪器，整平可能受到影响，需要重新整平，整平后光学对中器的分划圆中心可能会偏离测站点，需要重新对中。因此，这两项工作需要反复进行，直到对中和整平都满足要求为止。

2. 整平

整平的目的是使仪器竖轴竖直和水平度盘处于水平位置。如图 3-5（a）所示，整平时，先转动仪器的照准部，使照准部水准管平行于任意一对脚螺旋的连线，然后用两手同时以相反方向转动该两脚螺旋，使水准管气泡居中，注意气泡移动方向与左手大拇指移动方向一致；再将照准部转动 90°，如图 3-5（b）所示，使水准管垂直于原两脚螺旋的连线，转动另一脚螺旋，使水准管气泡居中。如此重复进行，直到在这两个方向气泡都居中为止。居中误差一般不得大于一格。

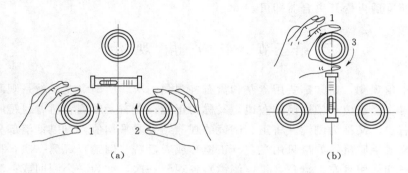

图 3-5　用脚螺旋整平方法

3. 调焦和照准

照准就是使望远镜十字丝交点精确照准目标。照准前先松开望远镜制动螺旋与照准部制动螺旋，将望远镜朝向天空或明亮背景，进行目镜对光，使十字丝清晰；然后利用望远镜上的照门和准星粗略照准目标，使在望远镜内能够看到物象，再拧紧照准部及望远镜制动螺旋；转动物镜对光螺旋，使目标清晰，并消除视差；转动照准部和望远镜微动螺旋，精确照准目标；测水平角时，应使十字丝竖丝精确地照准目标，并尽量照准目标的底部，如图 3-6 所示。测竖直角时，应使十字丝的横丝（中丝）精确照准目标，如图 3-7 所示。

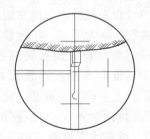
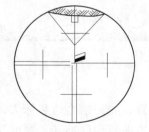

图 3-6　水平角观测照准方法图　　　图 3-7　竖直角观测照准方法

4. 读数

调节反光镜及读数显微镜目镜，使度盘与测微尺影像清晰，亮度适中，然后按前述的读数方法读数。

5. 置数

置数是指照准某一方向的目标后，使水平度盘的读数等于给定或需要的数值。在观测水平角时，常使起始方向的水平度盘读数为零或其他数值，如果使其为零时，就称为置零或对零。置数方法在角度测量和施工放样中应用广泛。由于度盘变换方式的不同，置数方法也不相同。对于采用度盘变换手轮的仪器，应先照准目标，然后打开变换手轮护盖，转动变换手轮进行置数，最后关闭护盖。对于采用复测扳手进行度盘离合的仪器，应先置好数，再去照准目标。例如，要使照准目标时的水平度盘读数置为 $90°01'30''$，应先松开离合器（即将复测扳手向上扳到位）和水平度盘制动螺旋，一边转动照准部，一边观察水平度盘读数，当读数接近 $90°$ 时，固紧水平制动螺旋，利用水平微动螺旋使度盘的读数为 $90°01'30''$，然后扣紧离合器（即复测扳手向下板到位），松开水平制动螺旋，旋转照准部照准目标，照准后再松开离合器即可。

第三节　水平角观测

进行水平角观测，通常都要用盘左和盘右各观测一次。所谓盘左，就是观测者对着望远镜的目镜时，竖盘位于望远镜的左边，又称为正镜；盘右是观测者对着目镜时，竖盘位于望远镜的右边，又称为倒镜。将正、倒镜的观测结果取平均值，可以抵消部分仪器误差的影响，提高成果质量。如果只用盘左（正镜）或者盘右（倒镜）观测一次，称为半个测回或半测回；如果用盘左、盘右（正、倒镜）各观测一次，称为一个测回或一测回。

下面介绍测回法观测水平角的操作步骤和记录计算方法。

一、测回法的观测程序

以正、倒镜分别观测两个方向之间水平角的方法，称为测回法。这种测角方法只适用

图 3-8　测回法观测水平角

于观测两个方向之间的单个角度。如图 3-8 所示，设要观测 $\angle AOB$ 的角值，先将经纬仪安置在角的顶点 O 上，进行对中、整平，并在 A、B 两点树立标杆或测钎作为照准标志，然后即可进行测角。一测回的操作程序如下：

（1）盘左位置，照准左边目标 A，对水平度盘置数，略大于 $0°$，将读数 $a_左$ 记入手簿。

（2）顺时针方向旋转照准部，照准右边目标 B，读取水平度盘读数 $b_左$，记入手簿。由此算得上半测回的角值：$\beta_左 = b_左 - a_左$。

（3）盘右位置，先照准右边目标 B，读取水平度盘读数 $b_右$，记入手簿。

（4）逆时针方向转动照准部，照准左边目标 A，读取水平度盘读数 $a_右$，记入手簿。由此算得下半测回的角值：$\beta_右 = b_右 - a_右$。

二、测回法记录、计算

对于 DJ_6 型经纬仪，上、下两个半测回所测的水平角之差不应超过 $\pm36''$。符合规定要求时，取其平均值作为一测回的观测结果。

为了提高测角精度，同时为削弱度盘分划误差的影响，对角度往往需要观测几个测回，各测回的观测方法相同，但起始方向（如图 3-8 中的 A 方向）置数不同。设需要观

测的测回数为 n，则各测回起始方向的置数应按 $180°/n$ 递增。但应注意，不论观测多少个测回，第一测回的置数均应当为 $0°$。各测回观测角值互差不应超过 $\pm 24''$，符合要求时，取各测回平均值作为最后结果（表 3-1）。

表 3-1			测 回 法 观 测 手 簿									测站：O	
测回	竖盘位置	目标	水平度盘读数			半测回角值			一测回角值			各测回平均值		备注
			(° ′ ″)			(° ′ ″)			(° ′ ″)			(° ′ ″)		
第一测回	左	A	0	02	30									
		B	105	20	48	105	18	18						
	右	A	180	02	42				105	18	24			
		B	285	21	12	105	18	30						
第二测回	左	A	90	03	06							105	18 20	
		B	195	21	36	105	18	30						
	右	A	270	02	54				105	18	15			
		B	15	20	54	105	18	00						

第四节 竖直角观测

一、竖盘读数系统

光学经纬仪的竖盘读数系统如图 3-9 所示，竖盘 8 固定在横轴上与望远镜一起转动。竖盘上 $0°$ 和 $180°$ 的对径分划线与望远镜视准轴在竖盘上的正射投影重合。竖盘分划线通过一系列棱镜和透镜组成的光具组 10，与分微尺一起成像于读数窗内。光具组和竖盘指标水准管 7 固定在一个微动支架上，并使其指标水准管 1 垂直于光具组的光轴 4。光轴相当于竖盘的读数指标；观测时，就根据光轴照准的位置进行读数。当调节指标水准管的微动螺旋 5 使其气泡居中时，光具组的光轴则处于竖直的位置。竖直度盘也是由光学玻璃制成，其度盘刻画按 $0°\sim360°$ 注记，其形式有顺时针和逆时针方向注记两种。不论何种注记形式，当视准轴水平、竖盘指标水准管气泡居中时，竖盘读数应为 $90°$ 或 $90°$ 的整倍数。

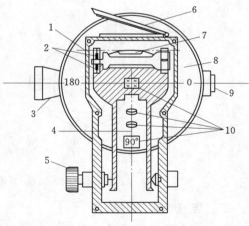

图 3-9 竖盘读数系统
1—指标水准管；2—水准管校正螺丝；3—望远镜；
4—光具组光轴；5—指标水准管微动螺旋；
6—指标水准管反光镜；7—指标水准管；
8—竖盘；9—目镜；
10—光具组的透镜和棱镜

二、竖直角计算公式

竖直角的计算公式可以按下述方法确定：将望远镜放在大致水平的位置，观察视线水平时的读数（$90°$ 或 $90°$ 的整倍数），然后逐渐使望远镜仰视高处，观测竖盘读数是增加还

是减少。若读数增加，则竖直角的计算公式为

$$\alpha = 瞄准目标时的读数 - 视线水平时的读数$$

若读数减少，则

$$\alpha = 视线水平时的读数 - 瞄准目标时的读数$$

图 3-10 为常用的 DJ_6 型光学经纬仪的竖盘注记形式。设盘左时照准目标的读数为 L，盘右时照准目标的读数为 R。由图 3-10 中可知，盘左位置，视线水平时竖盘读数为 $90°$，当望远镜逐渐仰起时，读数逐渐减少；盘右位置，视线水平时竖盘读数为 $270°$，当望远镜逐渐仰起时，读数逐渐增加。于是竖直角计算公式可写成

盘左 $\qquad\qquad\qquad\qquad \alpha_L = 90° - L \qquad\qquad\qquad\qquad\qquad (3-3)$

盘右 $\qquad\qquad\qquad\qquad \alpha_R = R - 270° \qquad\qquad\qquad\qquad\qquad (3-4)$

平均竖角值为

$$\alpha = (\alpha_L + \alpha_R)/2 = (R - L - 180°)/2 \qquad\qquad (3-5)$$

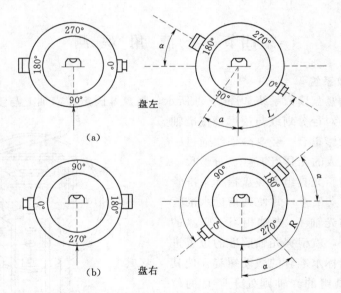

图 3-10 DJ_6 型光学经纬仪竖盘注记形式

三、竖直角观测方法

在测站上安置经纬仪，首先按上述方法确定竖直角的计算公式，然后进行竖直角观测。一个测回的观测程序如下：

（1）以正镜中丝照准目标，调节指标水准管微动螺旋使气泡居中，读数、记录，即为上半测回。

（2）以倒镜中丝照准目标，调节指标水准管微动螺旋使气泡居中，读数、记录，即为下半测回。

竖直角观测手簿见表 3-3。观测完毕后，先根据预先确定的竖直角计算公式计算出

盘左、盘右半测回竖直角值，记入表中相应栏目中。表3-2中所用竖直角的计算公式分别为式（3-3）、式（3-4）及式（3-5）。

表 3-2　　　　　　　　　　　　　　**竖 直 角 观 测 手 簿**

测 站	目 标	竖盘位置	竖盘读数	半测回竖直角	指标差	一测回竖直角	备 注
1	2	3	4	5	6	7	8
0	B	左	93° 33′ 24″	−3° 33′ 24″	−18″	−3°33′42″	
		右	266° 26′ 00″	−3° 34′ 00″			
	A	左	85° 34′ 00″	+4° 26′ 00″	−6″	+4°25′54″	
		右	274° 25′ 48″	+4° 25′ 48″			

与水平角观测相类似，为了提高观测结果的精度，竖直角也可以作多个测回的观测。对于 DJ₆ 级经纬仪，同一方向各个测回观测的竖直角值之差不应超过±24″。

在上述竖直角观测中，每次读数之前都必须转动竖盘指标水准管微动螺旋，使水准管气泡居中，指标处于正确位置，才能读数，否则读数就不正确。这样，操作费事，影响工效，有时甚至因遗忘了这一操作而发生错误。为了克服这个缺点，近年来有些工厂生产的经纬仪，其竖盘指标采用自动补偿装置代替，即使仪器稍有倾斜，竖盘指标也自动居于正确位置，可以随时读数，从而提高了竖直角观测的速度和精度。这种自动补偿装置的原理与自动安平水准仪补偿器基本相同。

四、竖盘指标差

在竖直角的计算中，认为当视准轴水平、竖盘指标水准管气泡居中时，竖盘读数是个定值，即 90° 的整倍数。但实际上这个条件往往不能满足，如图3-11所示，竖盘指标不是指在 90° 或 270° 上，它与 90° 或 270° 的差值 x 角，即为竖盘指标差（竖盘指标偏离正确位置的差值称为竖盘指标差）。

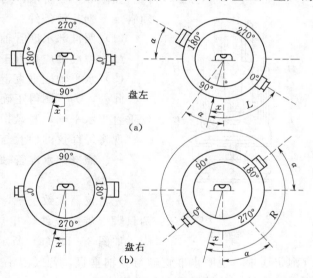

图 3-11　竖盘指标差

图 3-11（a）为盘左位置，由于存在指标差，当望远镜照准目标时，读数大了一个 x 值，正确的竖直角为

$$\alpha = 90° - (L - x) = \alpha_L + x \qquad (3-6)$$

同样，在盘右位置用望远镜照准同一目标，读数仍然大了一个 x 值，则正确的竖直角值为

$$\alpha = (R - x) - 270° = \alpha_R - x \qquad (3-7)$$

式（3-6）和式（3-7）取平均值，得

$$\alpha = \frac{1}{2}(R - L - 180°) = \frac{1}{2}(\alpha_L + \alpha_R)$$

由此可知，在测量竖直角时，用盘左、盘右观测取平均值的办法可以消除竖盘指标差的影响。

将式（3-6）与式（3-7）相减得

$$x = \frac{1}{2}[(L + R) - 360°] = \frac{1}{2}(\alpha_R - \alpha_L) \qquad (3-8)$$

式（3-8）即为竖盘指标差的计算公式。

竖直角观测中，同一仪器观测各个方向的指标差应当相等，若不等则由于照准、整平和读数存在误差所致。其中最大指标差和最小指标差之差称为指标差的变动范围（或称指标差互差），对于 DJ$_6$ 级仪器，应不超过 $\pm 24''$。

第五节　经纬仪的检验与校正

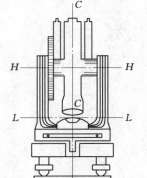

图 3-12　经纬仪的主要轴线

在水平角测量中，要求经纬仪整平后，望远镜上下转动时视准轴应在同一个竖直面内。如图 3-12 所示，要达到上述要求，经纬仪各轴线之间必须满足下列几何条件：

（1）照准部水准管轴应垂直于仪器竖轴（$LL \perp VV$）。

（2）视准轴应垂直于水平轴（$CC \perp HH$）。

（3）水平轴应垂直于竖轴（$HH \perp VV$）。

此外，为了测得正确的水平角和竖直角值，要求十字丝竖丝垂直于水平轴，竖盘指标处于正确位置。

现将经纬仪的检验与校正方法按先后顺序分述如下。

一、照准部水准管轴垂直于仪器竖轴的检验与校正

1. 检验

先将仪器大致整平，转动照准部，使其水准管平行于任意两只脚螺旋的连线。相对转动这两只脚螺旋使水准管气泡居中。如图 3-13（a）所示，然后将照准部转动 180°，如水准管气泡仍居中，说明水准管轴与竖轴垂直，若气泡不再居中，如图 3-13（b）所示，则说明水准管轴与竖轴不垂直，需要校正。

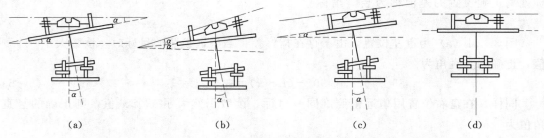

| （a） | （b） | （c） | （d） |

图 3-13　照准部水准管的检校原理

2. 校正

校正针拨动水准管一端的校正螺丝使气泡向中央退回偏离格数的一半，这时水准管轴与竖轴垂直，如图 3-13（c）所示，然后相对转动这两只脚螺旋，使水准管气泡居中，这时水准管轴水平，竖轴处于竖直位置，如图 3-13（d）所示。此项检验校正要反复进行，直到气泡偏离零点不大于半格为止。

二、十字丝纵丝垂直于水平轴的检验与校正

1. 检验

整平仪器，用十字丝交点精确照准大约与仪器同高的明显目标点 A，如图 3-14 所示，然后制动照准部与望远镜，转动望远镜微动螺旋，使望远镜绕水平轴上、下微动，若目标点不离开纵丝，如图 3-14（a）所示，则说明条件满足。否则需要校正，如图 3-14（b）所示。

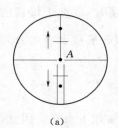

（a）　　　　　　（b）

图 3-14　十字丝纵丝检验

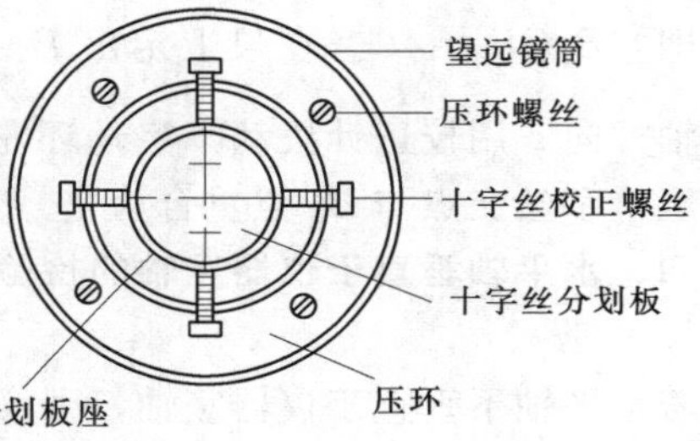

图 3-15　目镜座固定螺丝和十字丝校正螺丝

（图 3-15 标注：望远镜筒、压环螺丝、十字丝校正螺丝、十字丝分划板、压环、分划板座）

2. 校正

旋下十字丝目镜分划板护盖，松开与目镜筒相连的四个压环螺丝，如图 3-15 所示，转动目镜筒，使目标点 A 落在十字丝纵丝上为止。校正好后，将压环螺丝拧紧，旋上护盖。

三、视准轴垂直于水平轴的检验和校正

1. 检验

视准轴不垂直于水平轴所偏离的角值 C 称为视准轴误差。C 角是由于十字丝交点位置不正确而产生的。具有视准轴误差的望远镜绕水平轴旋转时，视准轴所形成的轨迹不是平面，而是一个圆锥面。这样观测同一竖直面内不同高度的点，水平度盘的读数将不相同，从而产生测角误差。检验方法如下：

（1）选择一平坦场地，如图 3-16 所示，在 A、B 两点（相距约 100m）的中点 O 安置仪器，在 A 点设立照准标志，在 B 点横放一根水准尺或毫米分划尺，使其尽可能与视线 OB 垂直。标志与水准尺的高度大致与仪器同高。

（2）盘左位置照准 A 点，固定照准部，然后纵转望远镜成盘右位置，在 B 尺上读数，得 B_1，如图 3-16（a）所示。

（3）盘右位置再照准 A 点，固定照准部，纵转望远镜成盘左位置，再在 B 尺上读数，得 B_2，如图 3-16（b）所示。

如果 B_1 与 B_2 两个读数相同，说明条件满足，否则，需要校正。

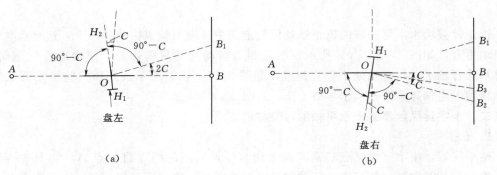

图 3-16　视准轴误差的检校

2. 校正

如图 3-16（b）所示，B_1 与 B_2 两读数之差至仪器中心所夹的角度是视准轴误差的 4 倍，即 $\angle B_1OB_2 = 4C$。在尺上定出 B_3 点，使 $B_2B_3 = \frac{1}{4}B_1B_2$；此时，$OB_3$ 垂直于仪器的水平轴方向。用校正针拨动十字丝环左、右两个校正螺丝（图 3-15），平移十字丝分划板，至十字丝交点与 B_3 点重合为止。

四、水平轴垂直于仪器竖轴的检验与校正

1. 检验

若水平轴不垂直于仪器竖轴，则仪器整平后竖轴虽已竖直，水平轴并不水平，因此，视准轴绕倾斜的水平轴旋转所形成的轨迹是一个倾斜面。当照准同一竖直面内高度不同的目标点时，水平度盘的读数亦不相同，同样产生测角误差。检验方法如下：

如图 3-17 所示，在离墙壁约 20～30m 处安置经纬仪，盘左位置用十字丝交点照准墙上高处一点 P（倾角约 30°），固定照准部，放平望远镜在墙上标定一点 A；再用盘右位置同样照准 P 点，再放平望远镜，在墙上标出另一点 B。若 A、B 两点重合，说明水平轴是水平的，水平轴垂直于竖轴；若 A、B 两点不重合，则水平轴倾斜，需要校正。

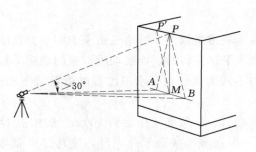

图 3-17　横轴误差的检校

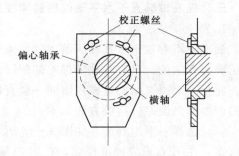

图 3-18　横轴支承偏心环

2. 校正

先在墙上取 AB 连线的中点 M，转动水平微动螺旋，使十字丝交点照准 M 点，转动望远镜，仰视 P 点，这时十字丝交点必然偏离 P 点，设为 P' 点。校正时，拨动望远镜支架一侧的校正螺丝，使水平轴一端升高或降低，直至十字丝交点切准 P 点为止。升降支架时，应根据水平轴轴承的结构来校正。DJ_6 级光学经纬仪采用偏心轴承，如图 3-18 所示。校正时，松开校正螺丝，转动偏心轴承（环），即可升高或降低水平轴的一端，使水平轴水平。

此项校正难度较大，通常由专业仪器检修人员进行。一般来讲，仪器在制造时此项条件是保证的，故通常情况下无需检校。

五、指标差的检验与校正

1. 检验

整平仪器，用盘左、盘右观测同一目标，使竖盘指标水准管气泡居中，分别读取竖盘读数 L 和 R，计算竖盘指标差 x，若 x 值超过 $1'$ 时，应进行校正。

2. 校正

先计算出盘右（或盘左）时的竖盘正确读数 $R_0=R-x$（或 $L_0=L-x$）。仪器仍保持照准原目标，然后转动竖盘指标水准管微动螺旋，使指标对准正确读数 R_0（或 L_0），此时指标水准管气泡不再居中，用校正针拨动水准管一端的上、下校正螺丝，使气泡居中。

此项检校也应反复进行，直至指标差小于规定的限差为止。

第六节　水平角测量误差来源分析

一、仪器误差

仪器误差主要包括两个方面：一是仪器制造和加工不完善引起的误差，如度盘分划不均匀，水平度盘偏心等；二是仪器检校不完善引起的误差，如视准轴不垂直于水平轴、水平轴不垂直于竖轴、照准部水准管轴不垂直于竖轴等。这些误差可以用适当的观测方法来加以消除或减弱。例如采用盘左和盘右两个盘位观测取平均值的方法，可以消除视准轴不垂直于水平轴，水平轴不垂直于竖轴以及水平度盘偏心等误差的影响等；采用变换度盘位置观测取平均值的方法可减弱水平度盘刻画不均匀误差的影响等。仪器竖轴倾斜引起的误差，无法用观测方法来消除，因此，在视线倾斜过大的地区观测水平角，要特别注意仪器的整平。

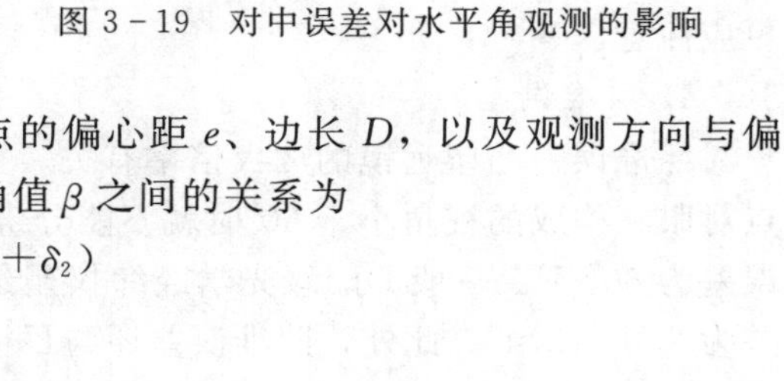

二、观测误差

1. 对中误差

如图 3-19 所示，O 为测站点，O' 为仪器

图 3-19　对中误差对水平角观测的影响

中心，仪器对中误差对水平角的影响，与测站点的偏心距 e、边长 D，以及观测方向与偏心方向的夹角 θ 有关。观测的角值 β' 与正确的角值 β 之间的关系为

$$\beta=\beta'+(\delta_1+\delta_2)$$

因 δ_1 和 δ_2 很小，故

$$\delta_1=\frac{\rho''}{D_1}e\sin\theta$$

$$\delta_2=\frac{\rho''}{D}e\sin(\beta'-\theta)$$

故仪器对中误差对水平角的影响为

$$\delta=\delta_1+\delta_2=\rho''e\left[\frac{\sin\theta}{D_1}+\frac{\sin(\beta'-\theta)}{D_2}\right] \tag{3-9}$$

当 $\beta'=180°$，$\theta=90°$时，δ 最大。设 $D_1=D_2=100$m，$e=3$mm，代入式（3-9）得

$$\delta=12.4''$$

由式（3-9）可见，仪器对中误差对水平角的影响与偏心距成正比，与测站点到目标的距离 D 成反比，e 愈大，距离愈短，误差 δ 也愈大。因此，当角边较短，观测角 β 接近于 $180°$时，应特别注意仪器的对中。

2. 整平误差

整平误差引起的竖轴倾斜误差，在同一测站竖轴倾斜的方向不变，它对水平角观测的影响与观测目标的倾角有关，倾角愈大，影响也愈大。竖轴倾斜误差不能通过盘左、盘右的观测方法加以消除。因此，必须注意仪器照准部水准管轴与竖轴垂直的检校，在观测中注意整平，尤其在山丘区观测水平角更应注意这一点。一般规定，在观测过程中，水准管气泡偏离中央不应超过一格。

3. 目标偏心误差

水平角观测时，常用标杆立于目标点上作为照准标志，当标杆倾斜或没有立在目标点的中心时，将产生目标偏心差，如图 3-20 所示。

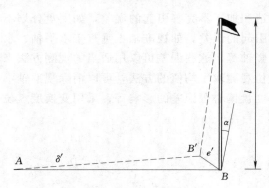

设 l 为标杆长度，α 为标杆与铅垂线的夹角，目标的偏心距 $e'=l\sin\alpha$。目标偏心与测站偏心对水平角观测的影响相似。当偏心方向与观测方向垂直时，其目标偏心对水平角产生的误差为

$$\delta'=\frac{e'}{D}\rho=\frac{l\sin\alpha}{D}\rho'' \tag{3-10}$$

设标杆长为 2m，标杆倾斜 $\alpha=15'$，边长 $D=100$m，代入式（3-10）得：$\delta'=18''$。

图 3-20   目标偏心引起的测角误差

由式（3-10）可见，边长愈短，目标偏心误差对水平角观测的影响也愈大。因此，在水平角观测中，除注意把标杆立直外，还应尽量照准标杆的底部，尤其当边长较短时，更应注意。

4. 照准误差

照准误差与望远镜的放大倍率有关。正常人眼睛的最小分辨角为 $60''$，当所观察的两点对眼睛构成的视角小于 $60''$时就不能分辨。通过放大率为 V 的望远镜照准目标时，照准误差为 $60''/V$。一般 DJ_6 级光学经纬仪望远镜的放大倍率为 $25\sim30$ 倍，则最大的照准误差为 $2.0''\sim2.4''$。此外，照准误差还与目标的亮度及视差的消除程度有关。

5. 读数误差

读数误差主要取决于仪器的读数设备。对于 DJ_6 型光学经纬仪，用分微尺读数，一般估读误差不超过分微尺上最小分划的 $\frac{1}{10}$，即不超过 $6''$。如果反光镜进光情况不佳，读数

显微镜调焦不好，以及观测者的操作不熟练，则估读误差可能超过 6″。

三、外界条件的影响

外界条件的影响很多，如大风影响仪器的稳定，地面的辐射热会引起物象的跳动，观测时光线不足影响照准精度，温度变化引起仪器轴线间关系的变动等。因此，要选择有利的观测时间和避开不利的观测条件，使这些外界条件的影响降低到较小的程度。

第七节 DJ$_2$ 型光学经纬仪与电子经纬仪

一、DJ$_2$ 型光学经纬仪的基本构造和读数方法

DJ$_2$ 型经纬仪是一种精度较高的经纬仪，常用于精密工程测量和控制测量中。图 3-21 为苏州光学仪器厂生产的 DJ$_2$ 型光学经纬仪，其外貌和基本结构与 DJ$_6$ 型经纬仪基本相同，区别主要表现在读数装置和读数方法上。DJ$_2$ 型光学经纬仪是利用度盘 180° 对径分划线影像的重合法（相对于 180° 对径方向两个指标读数取平均值），来确定一个方向的正确读数。它可以消除度盘偏心差的影响。该类型仪器采用移动光楔作为测微装置。移动光楔测微器的原理是光线通过光楔时，光线会产生偏转，而在光楔移动后，由于光线的偏转点改变了而偏转角不变，因此，通过光楔的光线就产生了平行位移，以实现其测微的目的。

DJ$_2$ 型光学经纬仪是在光路上设置了两个光楔组（每组包括一个固定光楔和一个活动光楔），入射光线通过一系列的光学零件，将度盘 180° 对径两端的度盘分划影像通过各自的光楔组同时反映在读数显微镜中，形成被一横线隔开的正字像（简称正像）和倒字像

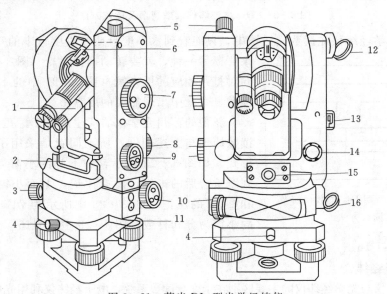

图 3-21 苏光 DJ$_2$ 型光学经纬仪

1—读数显微镜；2—照准部水准管；3—照准部制动螺旋；4—座轴固定螺旋；5—望远镜制动螺旋；
6—光学瞄准器；7—测微手轮；8—望远镜微动螺旋；9—换像手轮；10—照准部微动螺旋；
11—水平度盘变换手轮；12—竖盘照明镜；13—竖盘指标水准管观察镜；
14—竖盘指示水准管微动螺旋；15—光学对中器；16—水平度盘照明镜

（简称倒像），如图 3-21 所示。图中，大窗为度盘的影像，每隔 1° 注一数字，度盘分划值为 20'。小窗为测微尺的影像，左边注记数字从 0 到 10 以分为单位，右边注记数字以 10″ 为单位，最小分划值为 1″，估读到 0.1″。当转动测微轮使测微尺由 0' 移动到 10' 时，度盘正倒像的分划线向相反方向各移动半格（相当于 10'）。

　　读数时，先转动测微轮，使正、倒像的度盘分划线精确重合，然后找出邻近的正、倒像相差 180° 的两条整度分划线，并注意正像应在左侧，倒像在右侧，正像整度数分划线的数字就是度盘的度数；再数出整度正像分划线与对径的整度倒像分划线间的格数，乘以度盘分划值的 $\frac{1}{2}$（因正、倒像相对移动），即得度盘上应读取的 10' 数；不足 10' 的分数和秒数，应从左边小窗中的测微尺上读取。三个读数相加，即为度盘上的完整读数。例如，图 3-22（a）所示度盘读数为 174°02'00″，图 3-22（b）所示度盘读数为 91°17'16″。

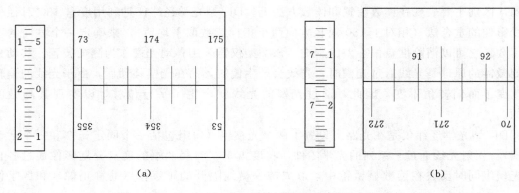

(a)　　　　　　　　　　　　　　　　　　　　(b)

图 3-22　DJ₂ 型经纬仪读数视窗及读数方法

DJ₂ 级光学经纬仪在读数显微镜中，只能看到水平度盘或竖直度盘中的一种影像。如果要读另一种，就要转动换像手轮（图 3-21 中的 9），同时打开相应的反光镜（图 3-21 中的 12 或 16），使读数显微镜中出现需要的度盘影像。

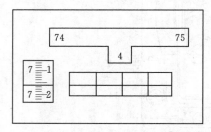

图 3-23　新型 DJ₂ 读数视窗及
读数方法

　　新型的苏州光学仪器厂生产的 DJ₂ 型光学经纬仪，读数原理与上述相同，所不同者是采用了数字化读数形式。如图 3-23 所示，右下侧的小窗为度盘对径分划线重合后的影像，没有注记，上面小窗为度盘读数和整 10' 的注记（图 3-23 中所示为 74°40'），左下侧的小窗为分和秒数（图 3-23 中为 7'16″）。则度盘的整个读数为 74°47'16″。

二、电子经纬仪

　　电子经纬仪与光学经纬仪的主要区别在于度盘读数系统，电子经纬仪利用光电转换原理和微处理原理对编码度盘自动进行读数，显示于屏幕，并可进行观测数据的自动记录和传输。

　　图 3-24 所示为 DJD₂-PG 型（DJ₂ 级）电子经纬仪的外形及外部构件名称。其有下列一些不同于光学经纬仪的性能。

1. 操作面板和显示屏

经纬仪的照准部有双面的操作面板和显示屏，便于盘左、盘右观测时进行仪器操作和度盘读数。显示屏位于面板上部，同时显示水平度盘读数和垂直度盘读数。面板下部有一排操作按钮，包括电源开关。

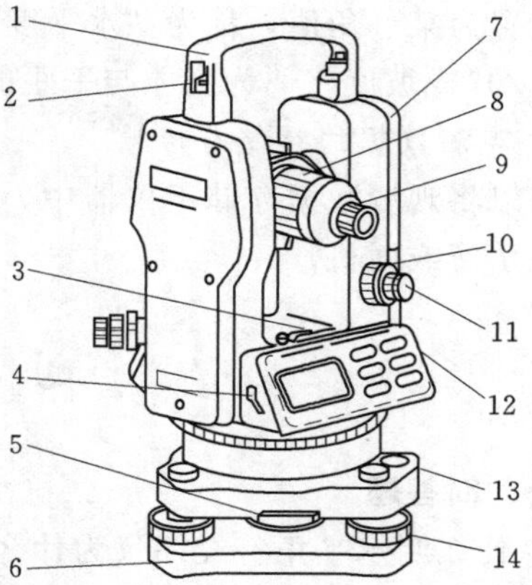

2. 度盘读数显示

显示屏同时显示水平度盘读数和垂直度盘读数，如图 3－25 所示，"V"为垂直度盘读数，"H_R"为水平度盘读数（H_R 水平度盘读数左旋增大，H_L 水平度盘读数右旋增大），最小读数可以选择为 1″或 5″；可以进行角度的单位（360°/400g）的转换等；其右下角有电池的容量显示。

3. 度盘读数设置

在瞄准某一方向的目标后，可以将水平度盘读数设置为 0°00′00″，称为"置零"；也

图 3－24　DJD₂—PG 型电子经纬仪
1—提把；2—提把螺丝；3—长水准器；4—通信接口（用于 EDM）；5—基座固定钮；6—三角座；7—电池盒；8—调焦手轮；9—目镜；10—垂直固定螺旋；11—垂直微动螺旋；12—RS-232C 通信接口；13—圆水准器；14—脚螺旋

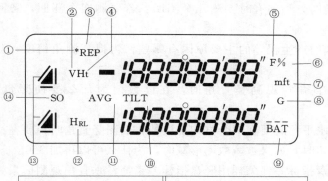

符号		内容	符号		内容
①	✳	测距仪工作状态	⑫	H_{RL}	水平角状态
②	V	垂直角		H_R	水平角右旋递增
③	REP	复测角测量状态		H_L	水平角左旋递增
④	Ht	复测角测量总值		H	复测角度平均值
⑤	F	第二功能选择	⑬	◢	距离/坐标状态
⑥	%	垂直坡度百分比		◣	平距
⑦	mft	距离单位		◥	高差
	m	米		◢	斜距
	ft	英尺		⟋⎮	北向坐标 N(x)
⑧	G	400 格显示单位		⎮	Z 坐标（高差）
⑨	BAT	电池电量指示		⟍⎮	东向坐标 E(y)
⑩	TILT	倾斜衬偿功能	⑭	SO	放样测量
⑪	AVG	复测角平均数			

图 3－25　DJD₂—PG 型电子经纬仪操作面板

可以设置为某一角值，称为"水平度盘定向"；垂直度盘读数可以设置为垂直角（V）、天顶距（Z）或坡度（‰为高差与平距的百分比）。

4. 观测数据的存储与传输

可以将观测数据存储于仪器中，并通过数据接口（RS－232C）将储存数据传输至电子记录手簿或微机。

思 考 题 与 习 题

一、简答题

1. 什么叫水平角？经纬仪为什么能测出水平角？

2. 仪器对中和整平的目的是什么？试述光学经纬仪对中、整平和照准的操作步骤。

3. 经纬仪有哪几部分组成？并说明各部分的功能？

4. 光学经纬仪如何进行读数？

5. 分述用复测扳手和度盘变换手轮进行置数的方法。

6. 试述测回法测角的操作步骤。

7. 观测水平角时，什么情况下采用测回法？什么情况下采用方向观测法？

8. 观测水平角时，为何有时要测几个测回？若要测四个测回，各测回起始方向的读数应置为多少？

9. 观测水平角时产生误差的主要原因有哪些？为提高测角精度，测角时要注意哪些事项？

10. 什么叫竖直角？观测竖直角时，在读数前为什么要使竖盘指标水准管气泡居中？

11. 为什么测水平角时要在两个方向上读数，而测竖直角时只要在一个方向上读数？

12. 计算水平角时，如果被减数不够减时，为什么可以再加 $360°$？

13. 什么是竖盘指标差？怎样用竖盘指标差来衡量垂直角观测成果是否合格？

14. 用盘左、盘右读数取平均值的方法，能消除哪些仪器误差对水平角的影响？能否消除仪器竖轴倾斜引起的测角误差？

15. 怎样确定竖直角的计算公式？

16. 经纬仪有哪些主要轴线？各轴线之间应满足什么条件？为什么要满足这些条件？这些条件如不满足，如何进行检验与校正？

17. 检验视准轴垂直于水平轴时，为什么选定的目标应尽量与仪器同高？检验水平轴垂直于竖轴时，为什么目标点要选得高些，而在墙上投点时又要把望远镜放平？

18. 怎样进行竖盘指标差的检验与校正？

二、计算题

1. 完成表 3－3 中测回法观测水平角的计算。

2. 完成表 3－4 中竖直角观测的计算。

3. 如图 3－26 所示，因仪器对中误差使仪器中心 O' 偏离测站标志中心 O，试根据图中给出的数据，计算由于对中误差引起的水平角测量误差。

表 3 - 3　　　　　　　　　　　　**测回法观测手簿**　　　　　　　　　　　　测站：O

测回	竖盘位置	目标	水平度盘读数 (° ′ ″)	平测回角值 (° ′ ″)	一测回角值 (° ′ ″)	各测回平均值 (° ′ ″)	备注
第一测回	左	1	0　00　06				
		2	88　48　54				
	右	1	180　00　36				
		2	268　49　06				
第二测回	左	1	90　00　12				
		2	178　49　06				
	右	1	270　00　30				
		2	358　49　12				

表 3 - 4　　　　　　　　　　　　**竖直角观测记录**

测站	目标	竖盘位置	竖直读数 (° ′ ″)	平测回竖直角 (° ′ ″)	指标差 (° ′ ″)	一测回竖直角 (° ′ ″)	备注
O	1	左	82　18　18				
		右	277　42　00				
	2	左	95　32　48				
		右	264　27　30				

备注栏图示：270°　180°　0°　90°

4. 在图 3 - 27 中，B 为测站点，A、C 为照准点。在观测水平角 $\angle ABC$ 时，照准 C 点标杆顶部，由于标杆倾斜，在 BC 的垂直方向上杆顶偏离 C 点的距离为 20mm。若 BC 长为 100m，问目标偏心引起的水平角误差有多大？

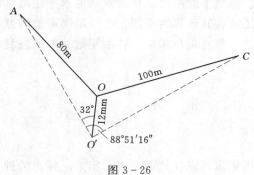

图 3 - 26　　　　　　　　　　　　图 3 - 27

第四章 距 离 测 量

【学习内容】

本章主要讲述：钢尺丈量的方法、视距测量的方法，全站仪距离测量，直线定向，坐标正反算。

【学习要求】

1. 知识点和教学要求

(1) 掌握钢尺丈量的方法。

(2) 掌握视距测量的方法。

(3) 了解全站仪的构造、掌握全站仪距离测量的方法。

(4) 理解方位角和象限角的概念，掌握方位角的推算方法。

(5) 掌握坐标正反算。

2. 能力培养要求

(1) 具有一定的距离测量、记录、计算和精度评定能力。

(2) 具有方位角推算和磁方位角观测的能力。

(3) 具有坐标正、反算的能力。

距离是确定地面点位置的基本要素之一。测量上的距离是指两点间的水平距离（简称平距）。若测得的是倾斜距离（简称斜距），还须将其改算为平距。水平距离测量的方法很多，按所用测距工具的不同，测量距离的方法一般有钢尺量距、视距测量、电磁波测距和 GPS 测距等。

第一节 钢 尺 量 距

一、地面点的标志

测量地面上两点间的水平距离时，首先用标志把点在地面上表示出来，标志的种类根据测量的要求和使用时间来确定。点的标志可分为临时性标志和永久性标志两种。临时性标志可采用木桩打入地中，桩顶略高于地面，并在桩顶钉一小钉或画一个十字表示点的位置。永久性标志可用石桩或混凝土桩，在桩顶刻十字或在混凝土桩顶埋入刻有十字的钢柱以表示点位。

二、丈量工具

通常使用的量距工具为钢尺、皮尺，还有测钎、标杆、弹簧秤和温度计等辅助工具。钢尺如图 4-1 所示，由条状薄钢条制成，有手柄式和皮盒式两种。长度有 20m、

30m、50m 几种。尺的最小刻划为 1cm 或 5mm 或 1mm。按尺的零点位置可分为端点尺和刻线尺两种。端点尺适用于从建筑物墙边开始丈量。端点尺是从尺的拉环端点开始，刻线尺是从尺上刻的一条竖线作为起点，如图 4-2 所示。使用钢尺时必须注意钢尺的零点位置，以免发生错误。

图 4-1　钢尺和皮尺

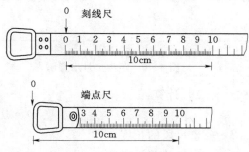

图 4-2　刻线尺和端点尺

标杆又称花杆，长为 2m 或 3m，用木杆或空心钢管制成，杆上按 20cm 间隔涂上红白漆，杆底为锥形铁脚，用于显示目标和直线定线，如图 4-3 所示。

测钎用粗钢丝制成，如图 4-4 所示，长为 30cm 或 40cm，上部弯一个小圈，可套入环内，在丈量时用它来标定尺端点位置和计算所量过的整尺段数。

垂球是由金属制成的，似圆锥形，上端系有细线，是对点的工具。有时为了克服地面起伏的障碍，垂球常挂在标杆架上使用。

弹簧秤和温度计用在精密量距中，控制拉力和测定地面温度，如图 4-5 所示。

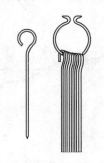
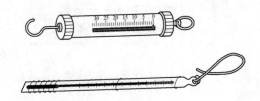

图 4-3　花杆　　　　图 4-4　测钎　　　　图 4-5　弹簧秤和温度计

三、丈量方法

（一）一般丈量方法

1. 在平坦地面上丈量

要丈量平坦地面上 A、B 两点间的距离，其操作过程是：先在标定好的 A、B 两点立标杆，进行定线，如图 4-6 所示，然后进行丈量。丈量时后尺手拿尺的零端，前尺手拿尺的末端，后尺手把零点对准 A 点，前尺手把尺边近靠定线测钎，两人同时拉紧尺子，当尺拉稳后，前尺手对准尺的终点刻划将一测钎竖直插在地面上。这样就量完了第一尺段。

用同样的方法，继续向前量第二，第三，……，第 N 尺段。量完每一尺段时，后尺

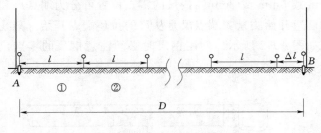

图 4-6　距离丈量示意图

手必须将插在地面上的测钎拔出收好，用来计算量过的整尺段数。最后量不足一整尺段的距离，如图 4-6 所示。当丈量到 B 点时，由前尺手用尺上某整刻划线对准终点 B，后尺手在尺的零端读数至 mm，量出零尺段长度 Δl。

上述过程称为往测，往测的距离用式（4-1）计算：

$$D=nl+\Delta l \tag{4-1}$$

式中　l——整尺段的长度；

　　　n——丈量的整尺段数；

　　　Δl——零尺段长度。

接着再调转尺头用以上方法，从 B 至 A 进行返测，直至 A 点为止。然后再依据式（4-1）计算出返测的距离。往返各丈量一次称为一测回，在符合精度要求时，取往返距离的平均值作为丈量结果。

2. 在倾斜地面上丈量

当地面稍有倾斜时，可把尺一端抬高，使尺子处于水平，就能按整尺段依次水平丈量，如图 4-7（a）所示，分段量取水平距离，最后计算总长。若地面倾斜较大，则使尺子一端靠高地点桩顶，对准端点位置，尺子另一端用垂球线紧靠尺子的某分划，将尺拉紧且水平。放开垂球线，使它自由下坠，垂球尖端位置，即为低点桩顶。然后量出两点的水平距离，如图 4-7（b）所示。

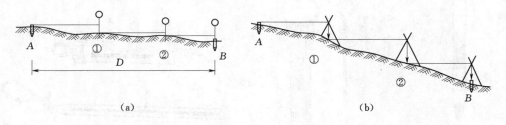

（a）　　　　　　　　　　　　　　（b）

图 4-7　平坦地区与倾斜地面丈量示意图
（a）缓坡丈量；（b）陡坡丈量

在倾斜地面上丈量，仍需往返进行，在符合精度要求时，取其平均值作为丈量结果。

（二）精密丈量方法

1. 定线

欲精密丈量地面上 AB 两点间的距离，首先清除直线上的障碍物，然后安置经纬仪于 A 点上，瞄准 B 点，用经纬仪进行定线。在此视线上依次定出比钢尺一整尺略短的 A1、A12、A23 等尺段。在各尺段端点打下木桩，在木桩上划一条线或钉钉子，使其与 AB 方向重合，作为丈量的标志，如图 4-8 所示。

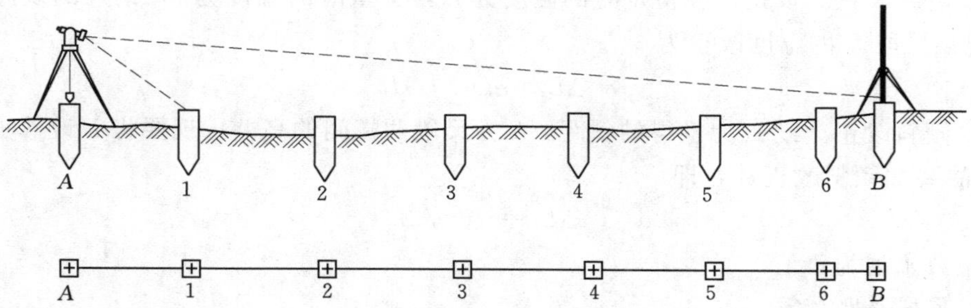

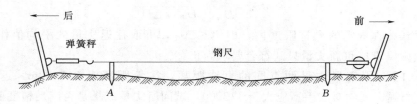

图 4-8 经纬仪定线

2. 量距

用检定过的钢尺丈量相邻两木桩之间的距离。丈量组一般由 5 人组成，2 人拉尺，2 人读数，1 人指挥兼记录和读温度。丈量时，拉伸钢尺置于相邻两木桩顶上，并使钢尺有刻划线一侧贴切十字线。后尺手将弹簧秤挂在尺的零端，以便施加钢尺检定时的标准拉力（30m 钢尺，标准拉力为 10kg），如图 4-9 所示。两端的读尺员同时根据十字交点读取读数，估读到 0.1mm，记入手簿。每尺段要移动钢尺位置丈量 3 次，3 次测得的结果的"较差"视不同要求而定，一般不得超过 2mm，否则要重量。如在限差以内，则取 3 次结果的平均值，作为此尺段的观测成果。每量一尺段都要读记温度一次，估读到 0.5℃。

图 4-9 精密丈量

按上述由直线起点丈量到终点是为往测，往测完毕后立即返测，每条直线所需丈量的次数视量边的精度要求而定。

3. 测量桩顶高程

上述所量的距离，是相邻桩顶间的倾斜距离，为了改算成水平距离，要用水准测量方法测出各桩顶的高程，以便进行倾斜改正。水准测量宜在量距前或量距后往、返观测一次，进行检核。相邻两桩顶往、返所测高差之差，一般不得超过 ±10mm；如在限差以内，取其平均值作为观测成果。

4. 尺段长度的计算

精密量距中，每一尺段长需进行尺长改正、温度改正及倾斜改正，求出改正后的尺段长度。计算各改正数如下：

（1）尺长改正。钢尺在标准拉力、标准温度下的检定长度 L'，与钢尺的名义长度 L_0 往往不一致，其差 $\Delta L = L' - L_0$，即为整尺段的尺长改正。任一尺段 L 的尺长改正数为

$$\Delta L_d = (L' - L_0)L/L_0 \qquad (4-2)$$

（2）温度改正。设钢尺在检定时的温度为 t_0，丈量时的温度为 t，钢尺的线膨胀系数为 α，则某尺段 L 的温度改正为

$$\Delta L_t = \alpha(t - t_0)L \qquad (4-3)$$

（3）倾斜改正。设 L 为量得的斜距，h 为尺段两端间的高差，现要将 L 改算成水平距离 D'，故要加倾斜改正数，即

$$\Delta L_h = -h^2/2L \qquad (4-4)$$

倾斜改正数永远为负值。

（4）尺段平距计算。

$$D' = L + \Delta L_d + \Delta L_t + \Delta L_h \qquad (4-5)$$

（5）总长计算。

$$D = \sum D'$$

四、丈量成果处理与精度评定

为了避免错误和判断丈量结果的可靠性，并提高丈量精度，距离丈量要求往返丈量。用往返丈量的较差 ΔD 与平均距离 $D_平$ 之比来衡量它的精度，此比值用分子为 1 的分数形式来表示，称为相对误差 K，即

$$\Delta D = D_往 - D_返 \qquad (4-6)$$

$$D_平 = \frac{1}{2}(D_往 + D_返) \qquad (4-7)$$

$$K = \frac{\Delta D}{D_平} = \frac{1}{D_平 / |\Delta D|} \qquad (4-8)$$

如相对误差在规定的允许限度内，即 $K \leqslant K_允$，可取往返丈量的平均值作为丈量成果。如果超限，则应重新丈量只到符合要求为止。

【例 4-1】　用钢尺丈量两点间的直线距离，往量距离为 217.30m，返量距离为 217.38m，今规定其相对误差不应大于 1/2000，试问所丈量成果是否满足精度要求？

解：　$$D_平 = \frac{1}{2}(D_往 + D_返) = \frac{1}{2} \times (217.30 + 217.38) = 217.34 \text{（m）}$$

$$\Delta D = D_往 - D_返 = 217.30 - 217.38 = -0.08 \text{（m）}$$

$$K = \frac{1}{D_平 / |\Delta D|} = \frac{1}{217.34 / |-0.08|} \doteq \frac{1}{2700}$$

因为　　　　　　　　　　$$K < K_允 = \frac{1}{2000}$$

所以所丈量成果满足精度要求。

五、距离丈量的注意事项

1. 影响量距成果的主要因素

（1）尺身不平。尺为拉平即尺中间下垂，使得读数增大。尽量使用较短的钢尺（如 30m 的钢尺）。

（2）定线不直。定线不直使丈量沿折线进行，其影响和尺身不水平的误差一样，在起伏较大的山区或直线较长或精度要求较高时应用经纬仪定线。

（3）拉力不均。钢尺的标准拉力多是 100N，故一般丈量中只要保持拉力均匀即可。

（4）对点和投点不准。丈量时用测钎在地面上标志尺端点位置，若前、后尺手配合不好，插钎不直，很容易造成 3～5mm 误差。如在倾斜地区丈量，用垂球投点，误差可能更大。在丈量中应尽力做到对点准确，配合协调，尺要拉平，测钎应直立，投点要准。

（5）丈量中常出现的错误。主要有认错尺的零点和注字，例如 6 误认为 9；记错整尺段数；读数时，由于精力集中于小数而对分米、米有所疏忽，把数字读错或读颠倒；记录员听错、记错等。为防止错误就要认真校核，提高操作水平，加强工作责任心。

2. 注意事项

（1）丈量距离会遇到地面平坦、起伏或倾斜等各种不同的地形情况，但不论何种情况，丈量距离有 3 个基本要求："直、平、准"。直，就是要量两点间的直线长度，不是折线或曲线长度，为此定线要直，尺要拉直；平，就是要量两点间的水平距离，要求尺身水平，如果量取斜距也要改算成水平距离；准，就是对点、投点、计算要准，丈量结果不能有错误，并符合精度要求。

（2）丈量时，前后尺手要配合好，尺身要置水平，尺要拉紧，用力要均匀，投点要稳，对点要准，尺稳定时再读数。

（3）钢尺在拉出和收卷时，要避免钢尺打卷。在丈量时，不要在地上拖拉钢尺，更不要扭折，防止行人踩和车压，以免折断。

（4）尺子用过后，要用软布擦干净后，涂以防锈油，再卷入盒中。

第二节　视　距　测　量

视距测量是利用测量仪器望远镜中的视距丝并配合视距尺，根据几何光学及三角学原理，同时测定两点间的水平距离和高差的一种方法。此法操作简单，速度快，不受地形起伏的限制，但测距精度较低，一般相对误差可达 1/200，故常用于地形测图。

一、视距测量原理

1. 视线水平时的距离与高差公式

如图 4-10 所示，欲测定 A，B 两点间的水平距离 D 及高差 h，可在 A 点安置经纬仪，B 点立视距尺，设望远镜视线水平，瞄准 B 点视距尺，此时视线与视距尺垂直。若尺上 M，N 点成像在十字丝分划板上的两根视距丝 m，n 处，则尺上 MN 的长度可由上、下视距丝读数之差求得。上、下丝读数之差称为视距间隔或尺间隔。

图 4-10 中 l 为视距间隔，P 为上、下视距丝的间距，f 为物镜焦距，δ 为物镜至仪器中心的距离。

由相似三角形 $m'n'F$ 与 MNF 可得

$$\frac{d}{f}=\frac{l}{P}, \; d=\frac{f}{P}l$$

由图看出
$$D=d+f+\delta$$

则 A，B 两点间的水平距离为

$$D=\frac{f}{P}l+f+\delta$$

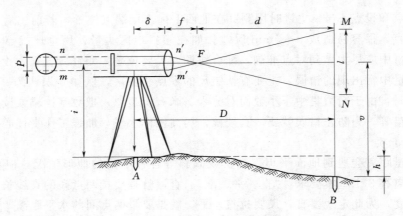

图 4-10　视线水平时的视距测量

令
$$\frac{f}{P}=K, \ f+\delta=C$$

则
$$D=Kl+C \tag{4-9}$$

式中　l——视距间隔；

　　　　P——视距丝间隔；

　　　　f——物镜焦距；

　　　　δ——物镜至仪器中心的距离；

　K、C——视距乘常数和视距加常数。现代常用的内对光望远镜的视距常数，设计时已
使 $K=100$，C 接近于零，所以式（4-9）可改写为

$$D=Kl \tag{4-10}$$

同时，由图 4-10 可以看出 A，B 的高差

$$h=i-v \tag{4-11}$$

式中　i——仪器高，即桩顶到仪器横轴中心的高度；

　　　　v——瞄准高，即十字丝中丝在尺上的读数。

2. 视线倾斜时的视距测量

在地面起伏较大的地区进行视
距测量时，必须使视线倾斜才能读
取视距间隔，如图 4-11 所示。由
于视线不垂直于视距尺，故不能直
接应用上述公式。如果能将视距间
隔 MN 换算为与视线垂直的视距间
隔 $M'N'$，这样就可按公式 $L=Kl'$
$=Kl\cos\alpha$ 计算倾斜距离 L，再根据
L 和竖直角 α 算出水平距离 D 及高
差 h。因此解决这个问题的关键在
于求出 MN 与 $M'N'$ 之间的关系。

图中 φ 角很小，约为 $34'$，故

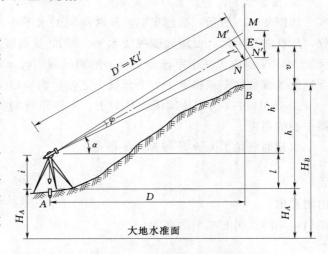

图 4-11　视线倾斜时的视距测量

可把 $\angle GM'M$ 和 $\angle GN'N$ 近似地视为直角，而 $\angle M'GM = \angle N'GN = \alpha$，因此由图可看出 MN 与 $M'N'$ 的关系如下：

$$M'N' = M'G + GN' = MG\cos\alpha + GN\cos\alpha = (MG + GN)\cos\alpha = MN\cos\alpha$$

设 $M'N'$ 为 l' 则

$$l' = l\cos\alpha$$

根据式(4－10)得倾斜距离

$$D' = Kl' = Kl\cos\alpha$$

所以 A, B 的水平距离为

$$D = L\cos\alpha = Kl\cos^2\alpha \tag{4－12}$$

由图中看出，A, B 间的高差 h 为

$$h = h' + i - v$$

式中　h'——初算高差。可按下式计算

$$h' = L\sin\alpha = Kl\cos\alpha\sin\alpha = \frac{1}{2}Kl\sin2\alpha$$

所以 A, B 间的高差

$$h = \frac{1}{2}kl\sin2\alpha + i - v \tag{4－13}$$

根据式(4－12)计算出 A, B 间的水平距离 D 后，高差 h 也可按式(4－14)计算：

$$h = D\tan\alpha + i - v \tag{4－14}$$

在实际工作中，应尽可能使瞄准高 v 等于仪器高 i，以简化高差 h 的计算。

若采用观测天顶距来计算平距和高差，则采用下列公式：

$$D = Kl\sin^2\alpha \tag{4－15}$$

$$h = \frac{1}{2}Kl\sin^2\alpha + i - v \tag{4－16}$$

二、视距测量的观测和计算

视距测量的观测和计算按以下步骤进行：

(1) 在测站 A 安置经纬仪，量取仪器高 i，在目标点 B 竖立视距尺。

(2) 以盘左转动望远镜照准标尺，使中丝截标尺上与仪器高 i 相等的读数或某一整数 S，分别读取下、上、中三丝读数，并以下丝读数减去上丝读数得视距间隔 l。

(3) 旋转指标水准管微动螺旋，使指标水准管气泡居中，读取竖盘读数，并按盘左竖角公式计算竖角 α。

(4) 将观测值记入手簿（表 4－1），再按式（4－13）和式（4－14）计算水平距离、高差，并根据测站高程计算出测点的地面高程。

表 4 - 1　　　　　　　　　　　　　　　　**视 距 测 量 手 簿**

测站 _A_　　测站高程25.17m　　仪器高 _i_ 1.45m　　仪器 DJ_6

点号	上丝读数（m）/下丝读数（m）	视距间隔 _l_（m）	中丝读数 _S_（m）	竖直角（°　′　″）	水平距离 _D_（m）	高差 _h_（m）	高程 _H_（m）
1	2.237 / 0.663	1.574	1.450	+2 18 48	157.14	+6.35	31.52
2	2.445 / 1.555	0.890	2.000	−5 17 36	88.24	−8.73	16.44

三、视距测量误差及注意事项

1. 视距测量的误差

（1）读数误差用视距丝在视距尺上读数的误差，与尺子最小分划的宽度、水平距离的远近和望远镜放大倍率等因素有关，因此读数误差的大小，视使用的仪器，作业条件而定。

（2）垂直折光影响是由于光线通过不同密度的空气层到达望远镜的，越接近地面的光线受折光影响越显著。经验证明，当视线接近地面在视距尺上读数时，垂直折光引起的误差较大，并且这种误差与距离的平方成比例地增加。

（3）视距尺倾斜误差的影响与竖直角有关，尺身倾斜对视距精度的影响很大。

2. 注意事项

（1）为减少垂直折光的影响，观测时应尽可能使视线离地面1m以上。

（2）作业时，要将视距尺竖直，并尽量采用带有水准器的视距尺。

（3）要严格测定视距常数，扩值应在 100±0.1 之内，否则应加以改正。

（4）视距尺一般应是厘米刻划的整体尺。如果使用塔尺应注意检查各节尺的接头是否准确。

（5）要在成像稳定的情况下进行观测。

第三节　全站仪及距离测量

一、全站仪测距基本原理

全站仪，即全站型电子速测仪。它是随着计算机和电子测距技术的发展，近代电子科技与光学经纬仪结合的新一代既能测角又能测距的仪器，它是在电子经纬仪的基础上增加了电子测距的功能，使得仪器不仅能够测角，还能测距，并且测量的距离长、时间短、精度高。全站型电子速测仪是由电子测角、电子测距、电子计算和数据存储单元等组成的三维坐标测量系统，测量结果能自动显示，并能与外围设备交换信息的多功能测量仪器。由于全站型电子速测仪较完善地实现了测量和处理过程的电子化和一体化，所以人们也通常称之为全站型电子速测仪或称全站仪。

全站仪电磁波测距按测程来分，有短程（小于3km）、中程（3～15km）和远程（大于15km）之分。按测距精度来分，有Ⅰ级（5mm）、Ⅱ级（5～10mm）和Ⅲ级（大于10mm）。按载波来分，采用微波段的电磁波作为载波的称为微波测距仪；采用光波作为裁波的称为光电测距仪。光电测距仪所使用的光源有激光光源和红外光源（普通光源已淘汰），采用红外线波段作为载波的称为红外测距仪。由于红外测距仪是以砷化稼（GaAs）发光二极管所发的荧光作为载波源，发出的红外线的强度能随注入电信号的强度而变化，因此它兼有载波源和调制器的双重功能。GaAs 发光二极管体积小、亮度高、功耗小、寿命长、且能连续发光，所以红外测距仪获得了更为迅速的发展。

欲测定 A、B 两点间的距离 D，安置仪器于 A 点，安置反射镜于 B 点。仪器发射的光束由 A 至 B，经反射镜反射后又返回到仪器。设光速 c 为已知，如果光束在待测距离 D 上往返传播的时间已知为 Δt。则距离 D 可由式（4-17）求出，即

$$D = \frac{1}{2}ct \qquad (4-17)$$

$$c = c_0/n$$

式中 c_0——真空中的光速值，其值为 299792458m/s；

n——大气折射率，它与测距仪所用光源的波长，测线上的气温 t，气压 P 和湿度 e 有关。测定距离的精度，主要取决于测定时间 Δt 的精度，例如要求保证 ± 1cm 的测距精度，时间测定要求准确到 6.7×10^{-11}s，这是难以做到的。因此，大多采用间接测定法来测定。间接测定的方法有下列两种。

1. 脉冲式测距

由测距仪的发射系统发出光脉冲，经被测目标反射后，再由测距仪的接收系统接收，测出这一光脉冲往返所需时间间隔的钟脉冲的个数以求得距离 D。由于计数器的频率一般为 300MHz（300×106Hz），测距精度为 0.5m，精度较低。

2. 相位式测距

由测距仪的发射系统发出一种连续的调制光波，测出该调制光波在测线上往返传播所产生的相位移，以测定距离 D。在砷化稼（GaAs）发光二极管上加了频率为 f 的交变电压（即注入交变电流）后，它发出的光强就随注入的交变电流呈正弦变化，这种光称为调制光。测距仪发出的调制光在待测距离上传播，经反射镜反射后被接收器接收，然后用相位计将发射信号与接受信号进行相位比较，计算出调制光在待测距离往、返传播所引起的相位移 ϕ。

相位法测距相当于用"光尺"代替钢尺量距，而 $\lambda/2$ 为光尺长度。相位式测距仪中，相位计只能测出相位差的尾数 ΔN，测不出整周期数 N，因此对大于光尺的距离无法测定。为了扩大测程，应选择较长的光尺。为了解决扩大测程与保证精度的矛盾，短程测距仪上一般采用两个调制频率，即两种光尺。例如：长光尺（称为粗尺）$f_1 = 150$kHz，$\lambda_1/2 = 1000$m，用于扩大测程，测定百米、十米和米；短光尺（称为精尺）$f_2 = 15$MHz，$\lambda_2/2 = 10$m，用于保证精度，测定米、分米、厘米和毫米。

二、南方全站仪 NTS—350 简介

南方全站仪 NTS—350 具备丰富的测量程序，同时具有数据存储功能、参数设置功能，功能全面，适用于各种专业测量和工程测量。

1. 南方全站仪 NTS—350 仪器构造及部件名称

南方全站仪 NTS—350 仪器构造如图 4-12 所示，部件名称如图 4-13 所示。

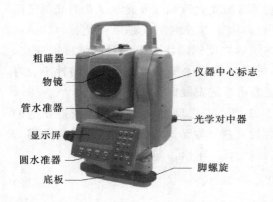

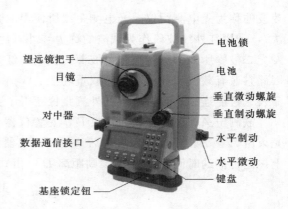

图 4-12　南方全站仪 NTS—350 仪器构造　　　图 4-13　南方全站仪 NTS—350 部件名称

2. 反射棱镜

反射棱镜如图 4-14 所示。全站仪在进行测量距离等作业时，须在目标处放置反射棱镜。反射棱镜有单（三）棱镜组，可通过基座连接器将棱镜组连接在基座上安置到三脚架上，也可直接安置在对中杆上。棱镜组由用户根据作业需要自行配置。

　　　　（a）　　　　　　　　　　（b）　　　　　　　　　　　（c）

图 4-14　反射棱镜

（a）单棱镜组；（b）三棱镜组；（c）单杆棱镜及支架

3. 键盘功能与操作键

键盘功能与操作键如图 4-15 和表 4-2 所示。

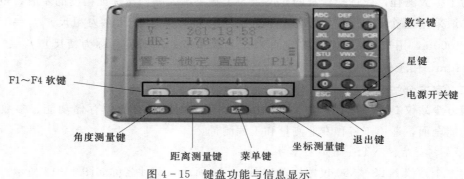

图 4-15　键盘功能与信息显示

表 4-2　　　　　　　　　　　　操作键名称及功能表

按　键	名　称	功　能
ANG	角度测量键	进入角度测量模式（上移键）
◢	距离测量键	进入距离测量模式（下移键）
◣	坐标测量键	进入坐标测量模式（左移键）
MENU	菜单键	进入菜单模式（右移键）
ESC	退出键	返回上一级状态或返回测量模式
POWER	电源开关键	电源开关
F1～F4	软键（功能键）	对应于显示的软键信息
0～9	数字键	输入数字和字母、小数点、负号
★	星键	进入星键模式

4. 显示符号的含义

显示符号的内容见表 4-3。

表 4-3　　　　　　　　　　　　显示符号内容表

显示符号	内　容	显示符号	内　容
V%	垂直角（坡度显示）	E	东向坐标
HR	水平角（右角）	Z	高程
HL	水平角（左角）	*	EDM（电子测距）正在进行
HD	水平距离	m	以米为单位
VD	高差	ft	以英尺为单位
SD	倾斜	fi	以英尺与英寸为单位
N	北向坐标		

5. 功能键

功能键如图 4-16 所示。

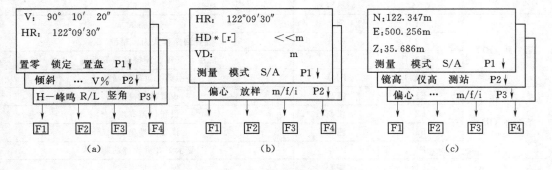

图 4-16　主要功能键页面

(a) 角度测量模式；(b) 距离测量模式；(c) 坐标测量模式

（1）角度测量分页软键及功能（表 4-4）。

表 4 - 4 角度测量分页软键及功能表

页 数	软 键	显示符号	功 能
第 1 页（P1）	F1	置零	水平角置为 0°0′0″
	F2	锁定	水平角读数锁定
	F3	置盘	通过键盘输入数字设置水平角
	F4	P1↓	显示第 2 页软键功能
第 2 页（P2）	F1	倾斜	设置倾斜改正开或关，若选择开则显示倾斜改正
	F2	……	……
	F3	V%	垂直角与百分比坡度的切换
	F4	P2↓	显示第 3 页软键功能
第 3 页（P3）	F1	H—蜂鸣	仪器转动至水平角 0°、90°、180°、270°，是否蜂鸣的设置
	F2	R/L	R/L 水平角右/左计数方向的转换
	F3	竖角	垂直角显示格式（高度角/天顶距）的切换
	F4	P3↓	显示第 1 页软键功能

（2）距离测量分页软键及功能（表 4 - 5）。

表 4 - 5 距离测量分页软键及功能表

页 数	软 键	显示符号	功 能
第 1 页（P1）	F1	测量	启动距离测量
	F2	模式	设置测距模式为：精测/跟踪/……
	F3	S/A	温度、气压、棱镜常数等设置
	F4	P1↓	显示第 2 页软键功能
第 2 页（P2）	F1	偏心	偏心测量模式
	F2	放样	距离放样模式
	F3	m/f/i	距离单位的设置 米/英尺/英寸
	F4	P2↓	显示第 1 页软键功能

（3）坐标测量分页软键及功能（表 4 - 6）。

表 4 - 6 坐标测量分页软键及功能表

页 数	软 键	显示符号	功 能
第 1 页（P1）	F1	测量	启动测量
	F2	模式	设置测距模式为：精测/跟踪
	F3	S/A	温度、气压、棱镜常数等设置
	F4	P1↓	显示第 2 页软键功能
第 2 页（P2）	F1	镜高	设置棱镜高度
	F2	仪高	设置仪器高度
	F3	测站	设置测站坐标
	F4	P2↓	显示第 3 页软键功能
第 3 页（P3）	F1	偏心	偏心测量模式
	F2	……	……
	F3	m/f/i	距离单位的设置 米/英尺/英寸
	F4	P3↓	显示第 1 页软键功能

6. 初始设置

（1）温度、气压、棱镜常数等设置（表 4 - 7）。预先测得测站周围的温度和气压，例如：温度＋25℃，气压 1017.5hPa。

表 4 - 7 温 度、气 压 设 置 表

步 骤	操 作	操 作 过 程	显 示
第 1 步	◩	确认进入距离测量模式第 1 页屏幕	HR：170°30′20″ HD：235.343m VD：36.551m 测量模式　S/A　P1↓
第 2 步	按键 F3	按 F3（S/A）键，模式变为参数设置，显示棱镜常数改正（PSM），大气改正值（PPM）和反射光的强度（信号）	音响模式设置 PSM：0.0，PPM：2.0 信号：［｜｜｜｜｜］ 棱镜　PPM　T－P …
第 3 步	按键 F3	按键 F3 执行［T—P］	温度和气压设置 温度：—＞15.0℃ 气压：1013.2hPa 输入 …… 回车
第 4 步	按键 F1 输入温度， 按键 F4 输入气压	按键 F1 执行［输入］，输入温度与气压； 按键 F4 执行［回车］，确认输入	温度和气压设置 温度：—＞25.0℃ 气压：1017.5hPa 输入 …… 回车
备注	温度输入范围：—30～＋60℃（步长 0.1℃）或 —22～＋140°F（步长 0.1°F），气压输入范围：560～1066hPa（步长 0.1hPa）或 420～800mmHg（步长 0.1，mmHg）或 16.5～31.5inHg（步长 0.1 inHg），如果根据输入的温度和气压算出的大气改正值超过±999.9ppm 范围，则操作过程自动返回到第 4 步，重新输入数据		

（2）设置大气改正。全站仪发射红外光的光速随大气的温度和压力而改变，本仪器一旦设置了大气改正值，即可自动对测距结果实施大气改正。

改正公式如下：（计算单位：m）

F1（精 测）＝29968039Hz；

F1（跟踪测）＝296713Hz；

F1（跟踪测）＝302707Hz；

发射光波长：$\lambda＝0.830\mu m$。

NTS 系列全站仪标准气象条件（即仪器气象改正值为 0 时的气象条件）：

气压：1013hPa；

温度：20℃。

大气改正的计算：

$$\Delta S＝273.8－0.2900P/（1＋0.00366T）（ppm）$$

式中　ΔS——改正系数，ppm；

　　　P——气压，hPa，若使用的气压单位是 mmHg 时，按：1hPa ＝ 0.75mmHg 进行换算；

　　　T——温度，℃。

（3）大气折光和地球曲率改正。仪器在进行平距测量和高差测量时，可对大气折光和地球曲率的影响进行自动改正。大气折光和地球曲率的改正依下面所列的公式计算：

经改正后的平距为

$$D＝S[\cos\alpha＋S\sin\alpha\,\cos\alpha(K-2)/2Re]$$

经改正后的高差为

$$H＝S\,[\sin\alpha＋S\cos\alpha\,\cos\alpha(1-K)/2Re]$$

式中　K——大气折光系数，$K＝0.14$。

若不进行大气折光和地球曲率改正，则计算平距和高差的公式为

$$D＝S\cos\alpha$$
$$H＝S\sin\alpha$$

注：本仪器的大气折光系数出厂时已设置为 $K＝0.14$，K 值有 0.14 和 0.2 可选，也可选择关闭。

（4）设置反射棱镜常数。南方全站的棱镜常数的出厂设置为－30，若使用棱镜常数不是－30 的配套棱镜，则必须设置相应的棱镜常数。一旦设置了棱镜常数，则关机后该常数仍被保存。

7. 距离测量

在进行距离测量前通常需要确认大气改正的设置和棱镜常数的设置，再进行距离测量。

（1）大气改正的设置。通过输入温度和气压全站仪可自动求得改正值。

（2）棱镜常数的设置。国产棱镜的棱镜常数大多为－30mm，设置棱镜改正为－30mm，如使用其他常数的棱镜，则在使用之前应先设置一个相应的常数。

确认处于测距模式的步骤见表 4－8。

表 4－8　　　　　　　　　　　　测距模式设定过程表

步　骤	操　作	操 作 过 程	显　示
第 1 步	照准	照准棱镜中心	V：90°10′20″ HR：170°30′20″ H—蜂鸣　R/L　竖角 P3↓
第 2 步	◹	按 ◹ 键，距离测量开始 ＊(1)，＊(2)	HR：170°30′20″ HD＊〔r〕<<　m VD：m 测量　模式 S/A P1↓

续表

步　骤	操　作	操　作　过　程	显　示
第3步	◢	显示测量的距离*（3）～*（5），再次按 ◢ 键，显示变为水平角（HR）、垂直角（V）和斜距（SD）	V：90°10′20″ HR：170°30′20″ SD＊241.551m 测量　模式　S/A　P1↓

* （1）当光电测距（EDM）正在工作时，"＊"标志就会出现在显示窗；

* （2）将模式从精测转换到跟踪；

* （3）距离的单位表示为："m（米）"或"ft（英尺）"、"fi（英寸）"，并随着蜂鸣声在每次距离数据更新时出现；

* （4）如果测量结果受到大气抖动的影响，仪器可以自动重复测量工作；

* （5）要从距离测量模式返回正常的角度测量模式，可按 ANG 键；

* （6）对于距离测量，初始模式可以选择显示顺序（HR，HD，VD）或（V，HR，SD）

　　照准目标棱镜中心，按测距键，距离测量开始，测距完成时显示斜距、平距、高差。全站仪的测距模式有精测模式、跟踪模式、粗测模式三种。精测模式是最常用的测距模式，测量时间约 2.5s，最小显示单位 1mm；跟踪模式，常用于跟踪移动目标或放样时连续测距，最小显示一般为 1cm，每次测距时间约 0.3s；粗测模式，测量时间约 0.7s，最小显示单位 1cm 或 1mm。在距离测量或坐标测量时，可按测距模式（MODE）键选择不同的测距模式。应注意，有些型号的全站仪在距离测量时不能设定仪器高和棱镜高，显示的高差值是全站仪横轴中心与棱镜中心的高差。

　　8. 全站仪的其他操作与使用

　　不同型号的全站仪，其具体操作方法会有较大的差异。下面简要介绍全站仪的基本操作与使用方法。

　　（1）水平角测量。

　　1）按角度测量键，使全站仪处于角度测量模式，照准第一个目标 A。

　　2）设置 A 方向的水平度盘读数为 0°00′00″。

　　3）照准第二个目标 B，此时显示的水平度盘读数即为两方向间的水平夹角。（全站仪除了置数方法和经纬仪不同外，可以把全站仪当做经纬仪使用，全站仪在测角时一定注意，角度的左旋增大或右旋增大。）

　　（2）坐标测量。

　　1）设定测站点的三维坐标。

　　2）设定后视点的坐标或设定后视方向的水平度盘读数为其方位角。当设定后视点的坐标时，全站仪会自动计算后视方向的方位角，并设定后视方向的水平度盘读数为其方位角。

　　3）设置棱镜常数。

　　4）设置大气改正值或气温、气压值。

　　5）量仪器高、棱镜高并输入全站仪。

　　6）照准目标棱镜，按坐标测量键，全站仪开始测距并计算显示测点的三维坐标。

三、全站仪测距的精度问题

测距精度，一般是指经过加常数 K、乘常数 R 改正后的观测值的精度。虽然加常数和乘常数分别属于固定误差和比例误差，但不是测距精度的表征，而是需要在观测值中加以改正的系统误差，故从某种意义上来说，与标称误差中的 A 和 B 是有区别的。因为测距的综合精度指标，一般以下式表示：

$$M_D = \pm(A + B \times 10^{-6}D)$$

每台仪器出厂前就给定了 A 和 B 之值，再行检验的目的，一方面是通过检验看某台仪器是否符合出厂的精度标准（标称精度）；另一方面是看仪器是否还有一定的潜在精度可挖。这与加常数 K、乘常数 R 的检验目的是不一样的。前者是为了检验仪器质量，后者是为了改正观测成果，决不能用检定精度的指标 A 与 B 去改正观测成果。

四、光电测距的注意事项

（1）气象条件对光电测距影响较大，有微风的阴天是观测的良好时机。

（2）测线应尽量离开地面障碍物 1.3m 以上，避免通过发热体和较宽水面的上空。

（3）测线应避开强电磁场干扰的地方，例如测线不宜接近变压器、高压线等。

（4）镜站的后面不应有反光镜和其他强光源等背景的干扰。

（5）要严防阳光及其他强光直射接收物镜，避免光线经镜头聚焦进入机内，将部分元件烧坏，阳光下作业应撑伞保护仪器。

第四节　直　线　定　向

确定直线方向与标准方向之间的关系称为直线定向。要确定直线的方向，首先要选定一个标准方向作为直线定向的依据，然后测出这条直线方向与标准方向之间的水平角，则直线的方向便可确定。在测量工作中以真子午线、磁子午线和坐标纵轴方向为标准方向。

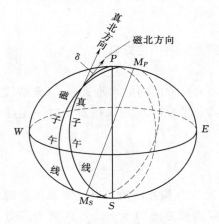

图 4-17　三北方向

一、标准方向

真子午线方向：通过地面上某点指向地球南北极的方向，称为该点的真子午线方向，它是用天文测量的方法测定的，如图 4-17 所示。

磁子午线方向：地面上某点当磁针静止时所指的方向，称为该点的磁子午线方向（图 4-17）。磁子午线方向可用罗盘仪测定。由于地球的磁南、北极与地球的南、北极是不重合的，其夹角称为磁偏角，以 δ 表示。当磁子午线北端偏于真子午线方向以东时，称为东偏；当磁子午线北端偏于真子午线方向以西时，称为西偏；在测量中以东偏为正，西偏为负，如图 4-18 所示。磁偏角在不同地点有不同的角值和偏向，我国磁偏角的变化范围大约在 6°（西北地区）～-10°（东北地区）。

坐标纵轴线方向：又称轴子午线方向，就是大地坐标系中纵坐标的方向。由于地面上各点子午线都是指向地球的南北极，所以不同地点的子午线方向不是互相平行的，这就给计算工作带来不便，因此在普通测量中一般均采用纵坐标轴方向作为标准方向，这样测区内地面各点的标准方向就都是互相平行的。在局部地区，也可采用假定的临时坐标纵轴方向，作为直线定向的标准方向。

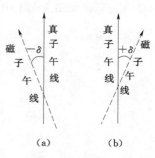

图 4-18 磁偏角

地面上各点真子午线方向与高斯—克格平面直角坐标系坐标纵线之间的夹角称为子午线收敛角，用 r 表示。坐标纵线北偏向真子午线以东，称为东偏，规定 r 为"＋"；反之，称为西偏，规定 r 为"－"。地面各点子午线收敛角大小随点的位置的不同而不同，由赤道向南北方向逐渐增大。

综上所述，不论任何子午线方向，都是指向北（或南）的，由于我国位于北半球，所以常把北方向作为标准方向。

二、直线方向的表示法

（一）方位角

由标准方向的北端开始，顺时针方向测到某一直线的水平夹角，称为该直线的方位角。方位角的取值范围是 $0°\sim360°$，如图 4-19 所示。

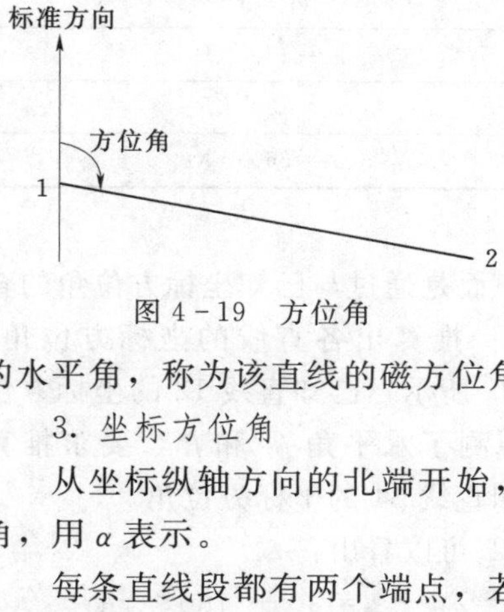

根据标准方向线不同，方位角可分为：

1. 真方位角

从真子午线方向的北端开始，顺时针量到直某线的水平角，称为该直线的真方位角，一般用 A 表示。

2. 磁方位角

从磁子午线方向的北端开始，顺时针量到某直线的水平角，称为该直线的磁方位角，用 A_m 表示。

图 4-19 方位角

3. 坐标方位角

从坐标纵轴方向的北端开始，顺时针量到某直线的水平角，称为该直线的坐标方位角，用 α 表示。

每条直线段都有两个端点，若直线段从起点 1 到终点 2 为直线的前进方向，则在起点 1 处的坐标方位角 α_{12} 为正方位角，在终点 2 处的坐标方位角 α_{21} 为反方位角。从图 4-20 中可看出同一直线段的正、反坐标方位角相差 180°，即

$$\alpha_{12}=\alpha_{21}\pm180° \qquad (4-17)$$

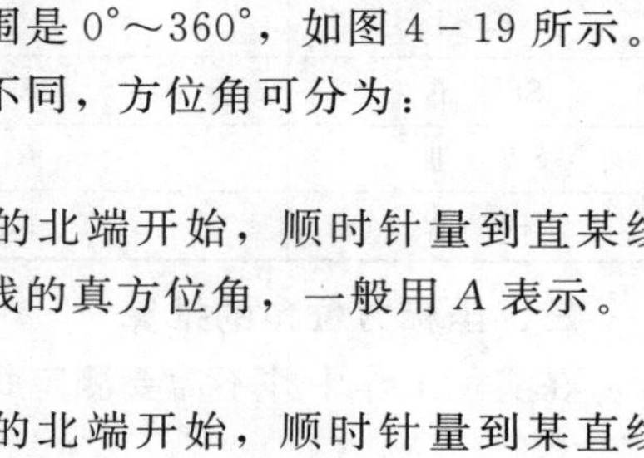

（二）象限角

由纵坐标轴方向的北端或南端，顺时针或逆时针量到直线所夹的锐角，称为该直线的象限角，用 R 表示，其值在 $0°\sim90°$。

象限角不但要表示角度的大小，而且还要注记该直线位于第几象限。Ⅰ～Ⅳ象限，分别用北东、南东、南西

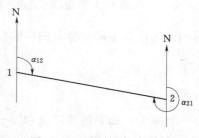

图 4-20 正反坐标方位角

和北西表示。如图 4-21 中 O4 在第四象限，角度为 45°，则该象限角表示北西 45°（NW45°）

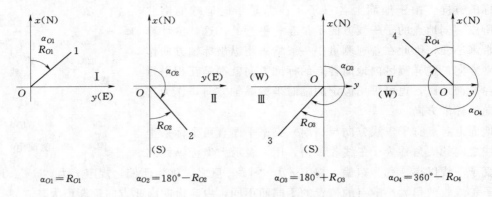

$$\alpha_{O1} = R_{O1} \qquad \alpha_{O2} = 180° - R_{O2} \qquad \alpha_{O3} = 180° + R_{O3} \qquad \alpha_{O4} = 360° - R_{O4}$$

图 4-21   坐标方位角与象限角的换算关系

（三）坐标方位角和象限角的换算关系

由图 4-21 可以看出，坐标方位角与象限角的换算关系（表 4-9）。

表 4-9   坐标方位角与象限角的换算关系

直线定向	由坐标方位角推算象限角	由象限角推算坐标方位角
NE Ⅰ	$R_1 = \alpha_1$	$\alpha_1 = R_1$
SE Ⅱ	$R_1 = 180° - \alpha_2$	$\alpha_2 = 180° - R_2$
SW Ⅲ	$R_3 = \alpha_3 - 180°$	$\alpha_3 = 180° + R_3$
NW Ⅳ	$R_4 = 360° - \alpha_4$	$\alpha_4 = 360° - R_4$

三、坐标方位角的推算

在实际工作中并不需要测定每条直线的坐标方位角，而是通过与已知坐标方位角的直线连测后，推算出各直线的坐标方位角。

如图 4-22 所示，已知直线 12 的坐标方位角 α_{12}，观测了水平角 β_2 和 β_3，要求推算直线 23 和直线 34 的坐标方位角。

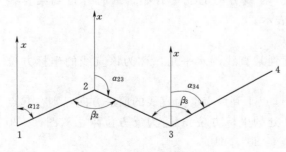

图 4-22   坐标方位角推算

由图 4-22 可以看出：

$$\alpha_{23} = \alpha_{21} - \beta_2 = \alpha_{12} + 180° - \beta_2$$

$$\alpha_{34} = \alpha_{32} + \beta_3 = \alpha_{23} + 180° + \beta_3$$

因 β_2 在推算路线前进方向的右侧，该转折角称为右角；β_3 在左侧，称为左角。从而可归纳出推算坐标方位角的一般公式为：

$$\alpha_{前} = \alpha_{后} + \beta_{左} \pm 180° \qquad\qquad (4-18)$$

$$\alpha_{前} = \alpha_{后} - \beta_{右} \pm 180° \qquad\qquad (4-19)$$

计算中，如果前两项的和大于 180，应减去 180°；如果前两项的和小于 180，应加上 180°。如果 $\alpha_{前}$ 计算结果大于 360°，应减去 360°；如果 $\alpha_{前}$ 计算结果小于 0，则加上 360°。

四、罗盘仪的构造与使用

（一）罗盘仪的构造

罗盘仪是利用磁针确定直线方向的一种仪器，通常用于独立测区的近似定向，以及林区线路的勘测定向。图 4 - 23 为 DQL—1 型罗盘仪构造图，它主要由望远镜、罗盘盒、基座三部分组成。

望远镜是瞄准部件，由物镜、十字丝、目镜所组成。使用时转动目镜看清十字丝，用望远镜照准目标，转动物镜对光螺旋使目标影像清晰，并以十字丝交点对准该目标。望远镜一侧装置有竖直度盘，可测量目标点的竖直角。

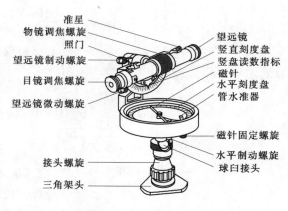

图 4 - 23　罗盘仪构造图

罗盘盒如图 4 - 24 所示，盒内磁针安在度盘中心顶针上，自由转动，为减少顶针的磨损，不用时用磁针制动螺旋将磁针托起，固定在玻璃盖上。刻度盘的最小分划为 $30'$，每隔 $10°$ 有一注记，按逆时针方向由 $0° \sim 360°$，盘内注有 N（北）、S（南）、E（东）、W（西），盒内有两个水准器用来使该度盘水平。基座是球状结构，安在三脚架上，松开球状接头螺旋，转动罗盘盒使水准气泡居中，再旋紧球状接头螺旋，此时度盘就处于水平位置。

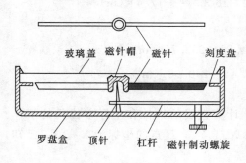

图 4 - 24　罗盘盒

磁针的两端由于受到地球两个磁极引力的影响，并且考虑到我国位于北半球，所以磁针北端要向下倾斜，为了使磁针水平，常在磁针南端加上几圈铜丝，以达到平衡的目的。

（二）罗盘仪的使用

将罗盘仪置于直线一端点，进行对中整平，照准直线另一端点后，放松磁针制动磁针。待磁针静止后，磁针在刻度盘上所指的读数即为该直线的磁方位角。其读数方法是：当望远镜的物镜在刻度圈 $0°$ 上方时，应按磁针北端读数。

使用罗盘仪时，周围不能有任何铁器，以免影响磁针位置的正确性。在铁路附近和高压电塔下以及雷雨天观测时，磁针的读数将会受到很大影响，应该注意避免。测量结束时，必须旋紧磁针制动螺旋，避免顶针磨损，以保护磁针的灵活性。

第五节　坐标正反算

一、坐标正算

坐标正算，就是根据直线的边长、坐标方位角和一个端点的坐标，计算直线另一个端点的坐标的工作。如图 4 - 25 所示，设直线 AB 的边长 D_{AB}、方位角 α_{AB} 和一个端点 A 的

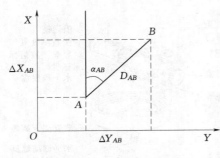

图 4-25 坐标正反算

坐标 X_A、Y_A 为已知。图 4-25 中，ΔX_{AB}、ΔY_{AB} 称为坐标增量，也就是直线两端点 A、B 的坐标值之差。根据三角函数，可写出坐标增量的计算公式为

$$\Delta X_{AB} = D_{AB}\cos\alpha_{AB} \qquad (4-20)$$

$$\Delta Y_{AB} = D_{AB}\sin\alpha_{AB} \qquad (4-21)$$

则 B 点的坐标值为

$$X_B = X_A + \Delta X_{AB}$$

$$Y_B = Y_A + \Delta Y_{AB}$$

【例 4-2】 已知直线 AB 的边长为 86.66m，坐标方位角为 $11°36'36''$，其中一个端点 A 的坐标为 (168.86，223.54)，求直线另一个端点 B 的坐标。

解：先代入公式，求出直线 A 的坐标增量：

$$\Delta X_{AB} = D_{AB} \times \cos\alpha_{AB} = 86.66 \times \cos 11°36'36'' = +84.89 \text{（m）}$$

$$\Delta Y_{AB} = D_{AB} \times \sin\alpha_{AB} = 86.66 \times \sin 11°36'36'' = +17.44 \text{（m）}$$

然后代入公式，求出直线另一端点 1 的坐标：

$$X_B = X_A + \Delta X_{AB} = 168.86 + 84.89 = 253.75 \text{（m）}$$

$$Y_B = Y_A + \Delta Y_{AB} = 223.54 + 17.44 = 240.98 \text{（m）}$$

二、坐标反算

坐标反算，就是根据直线的两个端点的坐标，计算直线的边长和坐标方位角的工作。如图 4-25 所示，设直线 AB 的两个端点 A 的坐标 X_A、Y_A，B 点的坐标为 X_B、Y_B 已知，坐标增量 ΔX_{AB}、ΔY_{AB} 为

$$\Delta X_{AB} = X_B - X_A \qquad (4-22)$$

$$\Delta Y_{AB} = Y_B - Y_A \qquad (4-23)$$

则直线的边长 D_{AB} 和方位角 α_{AB} 为

$$D_{AB} = \sqrt{\Delta X_{AB}^2 + \Delta Y_{AB}^2} \qquad (4-24)$$

$$\alpha_{AB} = \arctan\frac{Y_B - Y_A}{X_B - X_A} = \arctan\frac{\Delta Y_{AB}}{\Delta X_{AB}} \qquad (4-25)$$

由于反正切函数的值有负值，而方位角的范围是 $0°\sim360°$，因此要根据坐标增量的符号判定方位角所处的象限，对计算值进行调整，规则如下：

当 $\Delta X_{AB} > 0$，$\Delta Y_{AB} > 0$ 时，α_{AB} 处于第 I 象限，所求方位角 $\alpha_{AB} = \alpha'_{AB}$。

当 $\Delta X_{AB} < 0$，$\Delta Y_{AB} > 0$ 时，α_{AB} 处于第 II 象限，所求方位角 $\alpha_{AB} = 180° - \alpha'_{AB}$。

当 $\Delta X_{AB} < 0$，$\Delta Y_{AB} < 0$ 时，α_{AB} 处于第 III 象限，所求方位角 $\alpha_{AB} = 180° + \alpha'_{AB}$。

当 $\Delta X_{AB} > 0$，$\Delta Y_{AB} < 0$ 时，α_{AB} 处于第 IV 象限，所求方位角 $\alpha_{AB} = 360° + \alpha'_{AB}$。

【例 4-3】 已知 C 的坐标为 (25，48)，D 的坐标为 (85，65)，求直线 CD 的方位角和两点间的距离。

解：先求 C、D 的坐标增量：

$$\Delta X_{CD} = X_D - X_C = 85 - 25 = +60 \ (\text{m})$$

$$\Delta Y_{CD} = Y_D - Y_C = 65 - 48 = +17 \ (\text{m})$$

然后代入公式：

$$D_{AB} = \sqrt{\Delta X_{AB}^2 + \Delta Y_{AB}^2} = \sqrt{60^2 + 17^2} = 62.362$$

$$\alpha'_{AB} = \arctan \frac{\Delta Y_{AB}}{\Delta X_{AB}} = \arctan \frac{17}{60} = 15°49'09''$$

$\Delta X_{AB} > 0$，$\Delta Y_{AB} > 0$ 时，α_{AB} 处于第 I 象限，所求方位角 $\alpha_{AB} = \alpha'_{AB} = 15°49'09''$。

思 考 题 与 习 题

一、名词解释

1. 直线定线；2. 距离较差的相对误差；3. 真子午线；4. 磁子午线；5. 方位角；6. 象限角。

二、填空题

1. 钢尺丈量距离须做尺长改正，这是由于钢尺的 _____ 与钢尺的 _____ 不相等而引起的距离改正。当钢尺的实际长度变长时，丈量距离的结果要比实际距离 _____。

2. 丈量距离的精度，一般是采用 _____ 来衡量，这是因为 _____。

3. 钢尺丈量时的距离的温度改正数的符号与 _____ 有关，而倾斜改正数的符号与两点间高差的正负 _____。

4. 电磁波测距的三种基本方法是：_____；_____；_____。

5. 光电测距仪按测程可分为：①短程测距仪，测程为 _____ km 以内；②中程测距仪，测程为 _____ 至 _____ km；③远程测距仪，测程为 _____ km 以上。

6. 直线定向所用的标准方向，主要有 _____，_____，_____。

7. 方位罗盘刻度盘的注记是按 _____ 方向增加，度数由 _____ 到 _____，0°刻划在望远镜的 _____ 端下。象限罗盘的刻度盘注记是由 _____ 到 _____，N 字注在望远镜的 _____ 端下，E、W 两字注记与 _____ 相反。

三、判断题

1. 某钢尺经检定，其实际长度比名义长度长 0.01m，现用此钢尺丈量 10 个尺段距离，如不考虑其他因素，丈量结果将比实际距离长了 0.1m。   （　　　）

2. 脉冲式光电测距仪与相位式光电测距仪的主要区别在于，前者是通过直接测定光脉冲在测线上往返传播的时间来求得距离，而后者是通过测量调制光在测线上往返传播所

产生的相位移来求出距离，前者精度要低于后者。　　　　　　　　　　　　（　　）

3. 视距测量作业要求检验视距常数 K，如果 K 不等于 100，其较差超过 1/1000，则需对测量成果加改正或按检定后的实际 K 值进行计算。　　　　　　　　　　（　　）

4. 一条直线的正反坐标方位角永远相差 $180°$，这是因为作为坐标方位角的标准方向线是始终平行的。　　　　　　　　　　　　　　　　　　　　　　　　　（　　）

5. 如果考虑到磁偏角的影响，正反方位角之差不等于 $180°$。　　　　　（　　）

6. 磁方位角等于真方位角加磁偏角。　　　　　　　　　　　　　　　　（　　）

四、选择题

1. 斜坡上丈量距离要加倾斜改正，其改正数符号（　　　）。

A. 恒为负　　　　　　　　　　　　B. 恒为正

C. 上坡为正，下坡为负　　　　　　D. 根据高差符号来决定

2. 由于直线定线不准确，造成丈量偏离直线方向，其结果使距离（　　　）。

A. 偏大　　　　　　　　　　　　　B. 偏小

C. 无一定的规律　　　　　　　　　D. 忽大忽小相互抵消，结果无影响

3. 相位式光电测距仪的测距公式中的所谓"光尺"是指（　　　）。

A. f　　　　B. $f/2$　　　　C. λ　　　　D. $\lambda/2$

4. 某钢尺名义长 30m，经检定实际长度为 29.995m，用此钢尺丈量 10 段，其结果是（　　　）。

A. 使距离长了 0.05m　　　　　　B. 使距离短了 0.05m

C. 使距离长了 0.5m　　　　　　　D. 使距离短了 0.5m

5. 子午线收敛角的定义为（　　　）。

A. 过地面点真子午线方向与磁子午线方向之夹角

B. 过地面点磁子午线方向与坐标纵轴方向之夹角

C. 过地面点真子午线方向与坐标纵轴方向之夹角

五、简答题

1. 如何正确使用钢尺与皮尺？

2. 简述钢尺精密量距的方法？

3. 钢尺的名义长度和实际长度为何不相等？钢尺检定的目的是什么？尺长改正数的正负号说明什么问题？

4. 简述钢尺一般量距和精密量距的主要不同之处？

5. 视距测量的精度主要受哪些因素的影响？观测中应特别注意哪些问题？

6. 简述相位法光电测距的原理。

7. 何谓直线定向和直线的坐标方位角？同一直线的正、反坐标方位角有何关系？

六、计算题

1. 检定 30m 钢尺的实际长度为 30.0025m，检定时的温度 t 为 $20℃$，用该钢尺丈量某段距离为 120.016m，丈量时的温度 t 为 $28℃$，已知钢尺的膨胀系数 α 为 $1.25×10^{-5}$，求该纲尺的尺长方程式和该段的实际距离为多少？

2. 用 30m 钢尺丈量 A、B 两点间的距离，由 A 量至 B，后测手处有 7 根测钎，量最

后一段后地上插一根测钎，它与 B 点的距离为 20.37m，求 A、B 两点间的距离为多少？若 A、B 间往返丈量距离允许相对误差为 1：2000，问往返丈量时允许距离校差为多少？

　　3. 已知四边形内角为 $\beta_1 = 94°$，$\beta_2 = 89°$，$\beta_3 = 91°$，$\beta_4 = 86°$，现已知 $\alpha_{12} = 31°$，试求其他各边的方位角，并换算为象限角。

第五章 测量误差的基础知识

【学习内容】

本章主要讲述：测量误差产生的原因，系统误差和偶然误差，偶然误差的特性，衡量精度的标准，误差传播定律，等精度直接观测平差。

【学习要求】

1. 知识点和教学要求

(1) 理解测量误差的来源及产生的原因。

(2) 掌握系统误差和偶然误差的特点及其处理方法。

(3) 理解精度评定的指标（中误差、相对误差、容许误差）的概念。

(4) 了解误差传播定律及其应用。

2. 能力培养要求

(1) 具有用误差的评定标准分析观测误差的能力。

(2) 具有用误差理论消减系统误差和偶然误差的能力。

第一节 测量误差概述

测量工作中，尽管观测者按照规定的操作要求认真进行观测，但在同一量的各观测值之间，或在各观测值与其理论值之间仍存在差异。例如，对同一段距离重复丈量若干次，量得的长度经常不完全相等；对某一三角形的 3 个内角进行观测，其和不等于 180°；水准测量闭合路线的高差总和往往不等于零，这些都说明观测值中不可避免地有误差存在。

研究观测误差的来源及其规律，采取各种措施消除或减小其误差影响，求得最可靠值以及正确评价测量成果的精度，是测量工作者的一项主要任务。

一、测量误差的定义

真值是观测对象客观存在的量，如三角形内角和为 180°。每次对其观测所得的数值，称为观测值。设观测对象的真值为 X，观测值为 L_i（$i=1, 2, \cdots, n$），则观测值与真值之差，称为真误差，其定义式为

$$\Delta_i = L_i - X \quad (i=1,2,\cdots,n) \tag{5-1}$$

二、测量误差的来源

测量误差的主要来源有以下三个方面。

1. 仪器和工具

由于仪器构造不完善和精密度的限制，仪器本身的这些误差和工具的制造也存在一定的误差，必然使观测结果受到一定的影响；另外测量所用的仪器，尽管事先经过了检验校

正，但还存在残余误差没有完全消除，同样使观测结果受到一定的影响。

2. 观测者

在观测的过程中，由于人感官能力的限制，虽然观测者认真仔细，但在仪器的安置、照准、读数都会产生一定的误差。当然观测者技术水平的高低和工作态度的好坏，也会使观测成果的质量受到不同的影响。

3. 外界条件

观测时所处的外界条件发生变化，如温度、湿度、风力、明亮度、大气折光和地球曲率等，它们对观测结果都会产生直接影响。

因此，测量所用仪器、观测者以及观测时所处的外界条件等三方面的因素是引起测量误差的主要来源，通常称为观测条件。同时，也是产生测量误差的主要原因。显然，观测条件的好坏与观测成果的质量密切相关。

三、测量误差的分类

测量误差按其性质可分为系统误差和偶然误差两大类。

1. 系统误差

在相同的观测条件下做一系列的观测，如果观测误差在大小、符号上表现出一致性，即按一定的规律变化或保持为常数，这种误差称为系统误差。产生系统误差的原因很多，主要是由于使用的仪器不够完善及外界条件所引起的。例如，用 50m 的钢尺量距时，其实际长度比标准尺（50m）略长或略短 ΔL，则用这把钢尺量出的距离 D，含有 $\Delta LD/30$ 的误差，它的大小和正负号是一定的，具有单向性，量的距离越长，尺段数越多，误差就愈大，具有累积性。因此，必须尽可能地消减系统误差的影响。

消除系统误差的影响，一般在观测前，采取有效的预防措施，如对仪器设备进行必要的检验与校正，并选择有利的观测条件等；观测时，可以采用适当的观测方法，如水准测量中采用前、后视距相等的方法，可以消除 i 角的影响；观测后，可以采用改正的方法，对观测结果进行必要的计算改正，如钢尺量距中的尺长、温度改正等。

2. 偶然误差

在相同的观测条件下作一系列的观测，如果误差的大小和符号在表面上看来，没有任何规律，即误差的大小不等，符号不同，这种误差称为偶然误差。

偶然误差的产生，往往是观测条件中不稳定和难于严格控制的多种随机因素引起的，因此，每次观测前不能预知误差出现的符号和大小，即误差呈现出偶然性。例如，用望远镜瞄准目标时，由于观测者眼睛的分辨能力和望远镜的放大倍数有一定限度，观测时光线强弱的影响，致使瞄准目标不能绝对正确，可能偏左一些，也可能偏右一些。纯属偶然性，数学上称随机性，所以偶然误差也称随机误差。

在测量过程中，除了上述两类性质的误差外，有时会由于观测者在工作中粗心大意发生错误，称为粗差，如测错、读错、记错等。凡含有粗差的观测值应舍去不用，并需要重测。为了杜绝错误，除加强作业人员的责任心，提高技术水平外，还应采取必要检核、验算措施，防止和及时发现粗差。一般是在测量工作中，进行多于需要的观测，称为多余观测。例如，测量一平面三角形的内角，只需要测得其中的任意两个，即可确定其形状，但实际上也测出第三个角，以便检核内角和。三个内角观测值之和不等于理论值 180° 就产生了不符值，从而判断观测结果的正确性。

系统误差和偶然误差是观测误差的两个方面，在观测过程中总是同时产生的。如果观测值中的粗差被剔除，系统误差被消除或削弱到最小限度，观测值中仅含偶然误差，或是偶然误差占主导地位时，该观测值称为带有偶然误差的观测值。

第二节   偶然误差的特性

偶然误差产生的原因纯系随机性的，只有通过大量观测才能揭示其内在的规律，这种规律具有重要的实用价值。现通过一个实例来阐述偶然误差的统计规律。

在相同的观测条件下，对 217 个三角形独立地观测了其 3 个内角，每个三角形内角之和应等于它的真值 180°，由于观测值存在误差而往往不相等。根据式（5-1）可计算各三角形内角和真误差（在测量工作中称为三角形闭合差）为

$$\Delta_i = (L_1 + L_2 + L_3)_i - 180° \quad (i = 1, 2, \cdots, n) \tag{5-2}$$

式中 $(L_1 + L_2 + L_3)_i$ ——i 个三角形内角观测值之和。

现取误差区间的间隔 $d\Delta = 3''$，将这一组误差按其正负号与误差值的大小排列。出现在基本区间误差的个数称为频数，用 K 表示，频数除以误差的总个数 n 得 K/n，称误差在该区间的频率。统计结果列于表 5-1 中，此表称为误差频率分布表。

表 5-1   误 差 频 率 分 布 表

误差区间 $d\Delta(3'')$	$-\Delta$			$+\Delta$		
	K	K/n	$(K/n)/d\Delta$	K	K/n	$(K/n)/d\Delta$
0～3	30	0.138	0.046	29	0.134	0.045
3～6	21	0.097	0.032	20	0.092	0.031
6～9	15	0.069	0.023	18	0.083	0.028
9～12	14	0.065	0.022	16	0.073	0.024
12～15	12	0.055	0.018	10	0.046	0.015
15～18	8	0.037	0.012	8	0.037	0.012
18～21	5	0.023	0.008	6	0.028	0.009
21～24	2	0.009	0.003	2	0.009	0.003
24～27	1	0.005	0.002	0	0	0
27 以上	0	0	0	0	0	0
Σ	108	0.498	0.144	109	0.502	0.167

由表 5-1 中可以看出大小误差和出现的个数之间有一定规律性，若以误差大小为横坐标，各区间的频率除以区间的间隔值（此处间隔值为 3''）为纵坐标绘成直方形图，如图 5-1 所示。图 5-1 中长方条面积代表误差出现在该区间的频率。这种图通常称直方图，它形象地表示了误差的分布情况。如果各区间无限缩小，则可以想到，图中各长方形顶边所形成的折线将变成光滑的曲线，如图 5-2 所示。

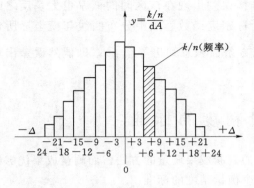

图 5-1 直方图 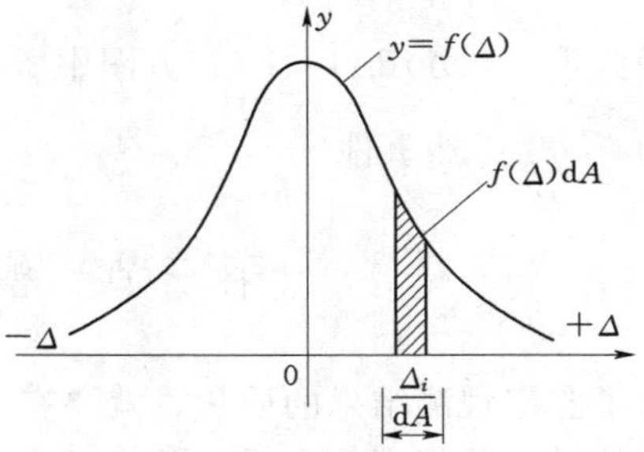   图 5-2 误差分布曲线

通过上面的实例，可以概括偶然误差的特性如下。

1. 有限性

在一定条件下的有限观测值中，其误差的绝对值不会超过一定的界限，或者说超过一定限值的误差，其出现的概率为零。

2. 密集性

绝对值较小的误差比误差绝对值较大的误差出现的次数多，或者说，小误差出现的概率大，大误差出现的概率小。

3. 对称性

绝对值相等的正误差与负误差出现的次数大致相等，或者说，它们出现的概率相等。

4. 抵偿性

由对称性可知，当观测次数无限增多时，其算术平均值趋近于零，即

$$\lim_{n \to \infty} \frac{\Delta_1 + \Delta_2 + \cdots + \Delta_n}{n} = \lim_{n \to \infty} \frac{[\Delta]}{n} = 0 \tag{5-3}$$

式中 $[\Delta]$——误差总和。

换言之，偶然误差的理论均值为零。凡有抵偿性的误差，原则上都可按偶然误差处理。

如果继续观测更多的三角形，即增加误差的个数，当 $n \to \infty$ 时，各误差出现的频率也就趋近于一个完全确定的值，这个数值就是误差出现在各区间的概率。此时如将误差区间无限缩小，那么图 5-1 中各长方条顶边所形成的折线将成为一条光滑的连续曲线，如图 5-2 所示，这条曲线称为误差分布曲线，也称正态分布曲线。曲线上任一点的纵坐标 y 均为横坐标 Δ 的函数，其函数形式为

$$y = f(\Delta) = \frac{1}{\sqrt{2\pi}\sigma} e^{-\frac{\Delta^2}{2\sigma^2}} \tag{5-4}$$

式中 e——自然对数的底，e＝2.7183；

σ——观测值的标准差；

σ^2——方差。

图 5-2 中小长方条的面积 $f(\Delta)d\Delta$，代表误差出现在该区间的概率，即

$$p = f(\Delta)d\Delta \tag{5-5}$$

由式（5-5）可知，当函数 $f(\Delta)$ 较大时，误差出现在该区间的概率也大，反之则较小。因此，称函数 $f(\Delta)$ 为概率密度函数，简称密度函数。图中分布曲线与横坐标所包围的面积为 $\int_{-\infty}^{+\infty} f(\Delta) \mathrm{d}\Delta = 1$（直方图中所有长方条面积总和也等于1），即偶然误差出现的概率为1，是必然事件。

第三节　衡量精度的标准

为了鉴定观测结果的质量，就要有正确的判断成果质量的方法，而测量成果优劣的主要标志就是指其精度的高低。因此必须有一个衡量精度的标准。

精度是指一组观测值误差分布的密集或离散的程度，即离散度的大小。而误差分布的离散度大小，可以用标准差 σ 的数值来量度。

衡量精度的标准有多种，这里仅介绍几种常用的精度指标。

一、中误差

中误差即为观测误差的标准差 σ，则其定义为

$$\sigma^2 = \lim_{n \to \infty} \frac{[\Delta\Delta]}{n} \tag{5-6}$$

用式（5-6）求 σ 值要求观测数 n 趋近无穷大，但实际上是不现实的。在实际测量工作中，观测数总是有限的，为了评定精度，一般采用下述公式：

$$m = \pm \sqrt{\frac{[\Delta\Delta]}{n}} \tag{5-7}$$

$$[\Delta\Delta] = \Delta_1^2 + \Delta_2^2 + \cdots + \Delta_n^2 \tag{5-8}$$

式中　m——中误差；

n——观测值总数。

比较式（5-6）与式（5-7）可以看出，标准差 σ 与中误差 m 的不同在于观测个数的区别。标准差为理论上的观测精度指标，而中误差则是观测数 n 为有限时的观测精度指标。所以，中误差实际上是标准差的近似值，统计学上称为估值，随着 n 的增加，m 将趋近 σ。

必须指出，在相同的观测条件下进行的一组观测，测得的每一个值都为同精度观测值，也称为等精度观测值。中误差愈小，即表示该组观测中，绝对值较小的误差愈多，则该组观测值的精度愈高。但是同精度观测值的真误差彼此并不相等，有的差异还比较大，这是由于真误差具有偶然误差的性质。

【例 5-1】　设有甲、乙两组观测值，对一个三角形的内角和各进行了5次观测，其真误差分别为

甲组：$+4''$、$-3''$、$+1''$、$-2''$、$-3''$

乙组：$+5''$、$-3''$、0、$+2''$、$+1''$

则两组观测值的中误差分别为

$$m_{甲} = \sqrt{\frac{16+9+1+4+9}{5}} = \pm 2.8''$$

$$m_乙 = \sqrt{\frac{25+25+0+4+1}{5}} = \pm 3.3''$$

由此可以看出，甲组观测值比乙组观测值的精度高，因为乙组观测值中有较大误差，用平方能反映较大误差的影响，因此，测量工作中采用中误差作为衡量精度的标准。

应该再次指出，中误差 m 是表示一组观测值的精度。例如，$m_甲$ 是表示甲组观测值中每一个观测值的精度，而不能用每次观测所得的真误差（$+4''$、$-3''$、$1''$、$-2''$、$-3''$）与中误差（$\pm 2.8''$）相比较，来说明一组中哪一次观测值的精度高或低。

二、相对误差

测量工作中，有时只用中误差还不能完全表达测量成果的精度高低。例如，分别丈量了 600m 及 60m 两段距离，其中误差均为 $\pm 30mm$，并不能认为两者的测量精度是相同的。为此，通常采用中误差或真误差与观测值之比，并将分子化为 1 的无名数 $\frac{1}{N}$ 表示测量精度，称为相对中误差或相对误差。例如上述两段距离的相对中误差分别为 $\frac{0.03}{600} = \frac{1}{20000}$，后者则为 $\frac{0.03}{60} = \frac{1}{2000}$，前者分母大比值小，丈量精度高。

相对误差不用于评定测角精度，因为角度观测的误差与角度大小无关。

三、允许误差——极限误差

由偶然误差的特性（有限性）可知，在一定的观测条件下，误差的绝对值不会超过一定的限值。误差理论和大量统计证明：绝对值大于 2 倍中误差的偶然误差出现的机会为 4.5%，大于 3 倍中误差的偶然误差出现的机会仅为 0.3%，已经是概率接近于零的小概率事件，或者说实际上的不可能事件。因此，为确保观测成果的质量，在测量工作中通常规定以 3 倍中误差作为偶然误差的极限值，称为极限误差或容许误差，即

$$\Delta_允(\Delta_限)=3m \text{ 或 } \Delta_允(\Delta_限)=2m \tag{5-9}$$

如果实际工作要求较严格，有时也采用 2 倍中误差作为容许误差。超过上述限差的观测值，应舍去不用，或返工重测。

容许误差是生产中规定的一个消去粗差的标准。

第四节 误差传播定律

在测量工作中，有些未知量往往不能直接测得，而是由某些直接观测值通过一定的函数关系间接计算而得，例如水准测量中，测站的高差是由前、后视读数求得的，即 $h=a-b$。式中高差 h 是直接观测值 a、b 的函数。由于观测值 a、b 客观存在的误差，必然使得 h 也受其影响而产生误差。这种因观测值包含有误差，使得观测值的函数也产生误差的现象，称为误差传播。那么阐述观测值中误差与其函数中误差之间关系的定律，称为误差传播定律。

以下分别以线性与非线性两种函数形式进行讨论。

一、线性函数

设有线性函数

$$Z = K_1 x_1 \pm K_2 x_2 \tag{5-10}$$

式中　x_1、x_2——独立观测值,其中误差分别为 m_1、m_2;

　　　K_1、K_2——常数。

设函数 Z 的中误差为 m_Z,下面来推导中误差 m_Z 与 m_1、m_2 的关系。

若 x_1 和 x_2 的真误差为 Δx_1 和 Δx_2,则函数 Z 必有真误差 ΔZ,即

$$Z + \Delta Z = K_1 (x_1 + \Delta x_1) \pm K_2 (x_2 + \Delta x_2) \tag{5-11}$$

式 (5-11) 减式 (5-10) 得真误差的关系式为

$$\Delta Z_1 = K_1 \Delta x_1 \pm K_2 \Delta x_2 \tag{5-12}$$

设对 x_1 及 x_2 各观测了 n 次,则有

$$\left.\begin{aligned}
\Delta Z_1 &= K_1 (\Delta x_1)_1 \pm K_2 (\Delta x_2)_1 \\
\Delta Z_2 &= K_1 (\Delta x_1)_2 \pm K_2 (\Delta x_2)_2 \\
&\ \ \vdots \\
\Delta Z_n &= K_1 (\Delta x_1)_n \pm K_2 (\Delta x_2)_n
\end{aligned}\right\} \tag{5-13}$$

对 (5-13) 式两边平方求和,并除以 n,则得

$$\frac{[\Delta Z^2]}{n} = \frac{K_1^2 [\Delta x_1^2]}{n} + \frac{K_1^2 [\Delta x_2^2]}{n} \pm 2 \frac{K_1 K_2 [\Delta x_1 \Delta x_2]}{n} \tag{5-14}$$

由于 Δx_1、Δx_2 均为独立观测值的偶然误差。因此,乘积 $\Delta x_1 \Delta x_2$ 也必然呈现偶然性,根据偶然误差的第四特性,有

$$\lim_{n \to \infty} \frac{K_1 K_2 [\Delta x_1 \Delta x_2]}{n} = 0$$

根据中误差的定义,得中误差的关系为

$$m_Z^2 = K_1^2 m_1^2 + K_2^2 m_2^2 \tag{5-15}$$

线性函数的一般形式为

$$Z = K_1 x_1 \pm K_2 x_2 \pm \cdots \pm K_n x_n \tag{5-16}$$

推广之,可得线性函数中误差的关系式为

$$m_Z^2 = K_1^2 m_1^2 + K_2^2 m_2^2 + \cdots + K_n^n m_n^n \tag{5-17}$$

故观测值线性函数的中误差,等于各常数与相应观测值中误差之乘积的平方和。但也存在以下两种特殊情况:

(1) 和差函数 $Z = x_1 \pm x_2$,其中误差关系为

$$m_Z^2 = m_1^2 + m_2^2 \ \text{或} \ m_Z = \pm \sqrt{m_1^2 + m_2^2} \tag{5-18}$$

若 $m_1 = m_2 = m$,则

$$m_Z^2 = 2m^2 \ \text{或} \ m_Z = \pm\sqrt{2} m \tag{5-19}$$

当各观测值 x 彼此独立且

$$Z = \pm x_1 \pm x_2 \pm \cdots \pm x_n$$

则

$$m_Z = \pm \sqrt{m_1^2 + m_2^2 + \cdots + m_n^2} \tag{5-20}$$

若　$m_1 = m_2 = \cdots = m_n = m$ 时,则

$$m_Z = \pm m \sqrt{n} \tag{5-21}$$

即 n 个同精度独立观测值代数和的中误差，等于观测值中误差的 $\sqrt{n}$ 倍。

（2）倍函数 $Z=Kx$，则

$$m_Z=Km_x \tag{5-22}$$

【例 5-2】 有一矩形，两条边的测量长度为 $a=50.00\text{m}\pm0.04\text{m}$，$b=40.00\text{m}\pm0.03\text{m}$，试求矩形的周长 p 及其中误差 m_p。

解：矩形的周长为

$$p=2a+2b=(2\times50.00)+(2\times40.00)=180.00\text{（m）}$$

由式（5-15）得

$$m_p=\pm\sqrt{(2m_a)^2+(2m_b)^2}=\pm\sqrt{(2\times0.04)^2+(2\times0.03)^2}=0.10\text{（m）}$$

最后结果一般写成： $\qquad p=180.00\text{m}\pm0.10\text{m}$

【例 5-3】 在 1：1000 比例尺地形图上，量得 A、B 两点间的距离 $d=132.5\text{mm}$，其中误差 m_d 为 $\pm0.1\text{mm}$，求 A、B 间的实际长度 D 及其中误差 m_D。

解：A、B 间的实际长度与图上量得长度之间是倍数函数关系，即

$$D=Kd=1000\times132.5\text{mm}=132.5\text{（m）}$$

$$m_D=Km_d=1000\times0.1\text{mm}=0.1\text{（m）}$$

最后结果为

$$D=132.5\text{m}\pm0.1\text{m}$$

【例 5-4】 自水准点 BM_1 向水准点 BM_2 进行水准测量，设各段所测高差分别为

$$h_1=+4.758\text{m}\pm5\text{mm}$$

$$h_2=+5.415\text{m}\pm4\text{mm}$$

$$h_3=-2.452\text{m}\pm3\text{mm}$$

求 BM_1、BM_2 两点间的高差及其中误差。

解：BM_1、BM_2 之间的高差

$$h=h_1+h_2+h_3=+7.721\text{（m）}$$

高差中误差为

$$m_h=\pm\sqrt{m_1^2+m_2^2+m_3^2}=\pm\sqrt{5^2+4^2+3^2}$$

$$=\pm7.1\text{（mm）}$$

【例 5-5】 对某量同精度观测了 n 次，观测值为 L_1，L_2，$\cdots$，L_n，其中误差为 m，试求其算术平均值 L 的中误差 M。

解： $\qquad L=\dfrac{1}{n}(L_1+L_2+\cdots+L_n)$

按照线性函数的误差传播定律，则有

$$M^2=\frac{1}{n^2}m^2+\frac{1}{n^2}m^2+\cdots+\frac{1}{n^2}m^2=\frac{1}{n}m^2$$

即

$$M=\frac{m}{\sqrt{n}}$$

上式说明，算术平均值的中误差为观测值中误差的 $\dfrac{1}{\sqrt{n}}$。因此，增加观测次数可以提高算术平均值的精度。

注意：根据函数 $M=\dfrac{m}{\sqrt{n}}$ 可知，如果设观测值的中误差 $m=1$ 时，算术平均值的中误差 M 与观测次数 n 增加到 10 以后，算术平均值精度的提高效果就不再明显了。所以，不能单以增加观测次数来提高测量成果的精度，还应该注意提高观测值的测量精度。

【例 5 - 6】 设同精度测得某三角形的 3 个内角 α、β、γ，其测角中误差均为 m。三角形闭合差为 $\omega=a+\beta+\gamma-180°$，则改正后的内角 $\alpha'=\alpha-\dfrac{\omega}{3}$，求三角形闭合差 ω 及改正后内角 α' 的中误差 m_{ω} 与 m_a。

解： 因为三内角均为独立等精度观测值，闭合差与三内角的函数关系式为和差函数，则有

$$m_{\omega}^2=m_a^2+m_{\beta}^2+m_{\gamma}^2=3m^2$$

所以

$$m_{\omega}=\pm\sqrt{3}\,m$$

求 α' 的中误差时，因为 $\omega=\alpha+\beta+\gamma-180°$，则式 $\alpha'=\alpha-\dfrac{\omega}{3}$ 中的 α 与 ω 并非独立观测值，不能直接套用公式，为此应消去 ω，得 α' 与独立观测（三内角）的函数关系式为

$$\alpha'=\alpha-\frac{1}{3}(\alpha+\beta+\gamma-180°)=\frac{2}{3}\alpha-\frac{1}{3}\beta-\frac{1}{3}\gamma+60°$$

由此得

$$m_{a'}^2=\left(\frac{2}{3}m_\alpha\right)^2+\left(\frac{1}{3}m_\beta\right)^2+\left(\frac{1}{3}m_\gamma\right)^2=\frac{2}{3}m^2$$

$$m_a'=\pm\sqrt{\frac{2}{3}}\,m$$

二、非线性函数

非线性函数即一般函数，其形式为

$$Z=f\ (x_1,\ x_2,\ \cdots,\ x_n) \tag{5-23}$$

式中 x_1，x_2，$\cdots$，x_n 为直接观测值，其中误差分别为 m_1，m_2，$\cdots$，m_n，函数 Z 的中误差为 m_Z。若 x_1，x_2，$\cdots$，x_n 包含有真误差 Δx_1，Δx_2，$\cdots$，Δx_n，则函数 Z 也将产生真误差 ΔZ，即

$$Z+\Delta Z=f(x_1+\Delta x_1,x_2+\Delta x_2,\cdots,x_n+\Delta x_n) \tag{5-24}$$

由于 Δx_1，Δx_2，$\cdots$，Δx_n 很小，则式（5 - 24）可用泰勒级数展开成线性函数的形式，并取其一次项，得

$$Z+\Delta Z=f(x_1,x_2,\cdots,x_n)+\frac{\partial f}{\partial x_1}\Delta x_1+\frac{\partial f}{\partial x_2}\Delta x_2+\cdots+\frac{\partial f}{\partial x_n}\Delta x_n \tag{5-25}$$

式（5 - 25）减式（5 - 23）得

$$\Delta Z=\frac{\partial f}{\partial x_1}\Delta x_1+\frac{\partial f}{\partial x_2}\Delta x_2+\cdots+\frac{\partial f}{\partial x_n}\Delta x_n \tag{5-26}$$

另一种方法是直接对非线性函数式（5 - 23）取全微分，得

$$dZ=\frac{\partial f}{\partial x_1}dx_1+\frac{\partial f}{\partial x_2}dx_2+\cdots+\frac{\partial f}{\partial x_n}dx_n \tag{5-27}$$

因为真误差均很小，用真误差 ΔZ，Δx_1，Δx_2，$\cdots$，Δx_n 代替式（5-27）中的 $\mathrm{d}Z$，$\mathrm{d}x_1$，$\mathrm{d}x_2$，$\cdots$，$\mathrm{d}x_n$，得真误差关系式

$$\Delta Z=\frac{\partial f}{\partial x_1}\Delta x_1+\frac{\partial f}{\partial x_2}\Delta x_2+\cdots+\frac{\partial f}{\partial x_n}\Delta x_n \qquad \text{（同式 5-26）}$$

式中 $\dfrac{\partial f}{\partial x_i}(i=1,2,\cdots,n)$——函数对各变量所取的偏导数，以观测值代入，所得的值为常数。

因此，式（5-26）是线性函数的真误差关系式，仿式（5-15），得函数 Z 的中误差式为

$$m_Z^2=\left(\frac{\partial f}{\partial x_1}\right)^2 m_1^2+\left(\frac{\partial f}{\partial x_2}\right)^2 m_2^2+\cdots+\left(\frac{\partial f}{\partial x_n}\right)^2 m_n^2 \qquad (5-28)$$

【例 5-7】　直线 AB 的长度 $D=129.055\mathrm{m}\pm0.003\mathrm{m}$，方位 $\alpha=60°29'12''\pm5''$，求直线端点 B 的点位中误差。

解：坐标增量的函数式为

$$\Delta x=D\cos\alpha$$
$$\Delta y=D\sin\alpha$$

设 $m_{\Delta x}$、$m_{\Delta y}$、m_D、m_α 分别为 Δx、Δy、D 及 α 的中误差，将上两式对 D 及 α 求偏导数，得

$$\frac{\partial(\Delta x)}{\partial D}=\cos\alpha;\quad \frac{\partial(\Delta x)}{\partial\alpha}=-D\sin\alpha$$

$$\frac{\partial(\Delta y)}{\partial D}=\sin\alpha;\quad \frac{\partial(\Delta y)}{\partial\alpha}=D\cos\alpha$$

由式（5-28），得

$$m_{\Delta x}^2=\cos_\alpha^2 m_D^2+(-D\sin\alpha)^2\left(\frac{m_\alpha}{\rho''}\right)^2$$

$$m_{\Delta y}^2=\sin_\alpha^2 m_D^2+(D\cos\alpha)^2\left(\frac{m_\alpha}{\rho''}\right)^2$$

则 B 点的点位中误差为

$$m_B^2=m_{\Delta x}^2+m_{\Delta y}^2=m_D^2+\left(D\frac{m_\alpha}{\rho''}\right)^2$$

$$m_B=\pm\sqrt{m_D^2+\left(D\frac{m_\alpha}{\rho''}\right)^2}$$

将 $m_D=\pm3\mathrm{mm}$，$m_\alpha=\pm5''$，$\rho''=206265''$，$D=129.055\mathrm{mm}$ 代入上式得 $m_B=\pm4\mathrm{mm}$。

由此可以看出，应用误差传播定律求观测值函数的中误差时，不但和观测值的精度有关，而且与函数本身也有关。

现在，可以根据误差传播定律的推导过程，以及上述举例，总结出应用误差传播定律的步骤如下：

（1）列函数式。根据所提问题中函数与自变量（直接观测值）的关系写出

$$Z=f(x_1,x_2,\cdots,x_n)$$

（2）求真误差关系式。将函数式进行全微分，即得

$$\Delta Z = \frac{\partial f}{\partial x_1}\Delta x_1 + \frac{\partial f}{\partial x_2}\Delta x_2 + \cdots + \frac{\partial f}{\partial x_n}\Delta x_n$$

在由真误差关系式转换为中误差关系式之前，必须检查式中各变量的误差之间是否相互独立，不包含共同的误差。如有不独立情况，则应通过误差代换、同类项合并或移项等方法处理，使所求量的误差表达成独立误差的函数，并注意单位的统一，然后才能应用误差传播定律，将其转换成中误差关系式。

（3）换成中误差关系式。就是将真误差 Δx_i 代以相应的中误差 m_i，然后将式中的各项各自平方，且在式子右边用"＋"号连接所得的结果，即可得出公式

$$m_Z^2 = \left(\frac{\partial f}{\partial x_1}\right)^2 m_1^2 + \left(\frac{\partial f}{\partial x_2}\right)^2 m_2^2 + \cdots + \left(\frac{\partial f}{\partial x_n}\right)^2 m_n^2$$

第五节 等精度观测的平差

在相同的观测条件（人员、仪器设备、观测时的外界条件）下进行的观测，称为等精度观测。在不同的观测条件下进入的观测，称为不等精度观测。若对某一量进行多次观测时，只有等精度观测，才可根据偶然误差的特性取其算术平均值作为最终观测结果。若非等精度观测，则不然。

一、算术平均值

设在相同的观测条件下某量进行了 n 次等精度观测，其观测值为 L_1，L_2，$\cdots$，L_n。该量的真值设为 X，观测值的真误差则为

$$\Delta_i = L_i - X (i = 1, 2, \cdots, n) \tag{5-29}$$

将式（5-29）求和后除以 n，得

$$\frac{[\Delta]}{n} = \frac{[L]}{n} - X$$

当 $n \to \infty$ 时，根据偶然误差的第四特性，有

$$X = \lim_{n \to \infty} \frac{[L]}{n} = \frac{L_1 + L_2 + \cdots + L_n}{n} \tag{5-30}$$

此时观测值的算术平均值为该量的真值，但在实际工作中 n 总是有限的。因此，算术平均值只是接近于真值，是比任何观测值都可靠的值，故通常把算术平均值称为最可靠值。

算术平均值的中误差，已在［例5-5］中说明。

二、观测值的中误差

本章第三节中给出了评定的精度的中误差的公式：

$$m = \pm \sqrt{\frac{[\Delta\Delta]}{n}} \tag{5-31}$$

式中 $\Delta_i = L_i - X (i = 1, 2, \cdots, n)$。

真值 X 有时是已知的，例如三角形三个内角和为 $180°$，但更多的情况下，真值是未知的。因此，真误差也就无法知道，这时如何求出观测值的中误差呢？由上述可知，算术平均值是最可靠的数值。因此，可将每个观测值加一改正数 V_i，使其等于最或是值（因

误差与改正数的符号相反）：

$$V_i = \overline{X} - L_i \quad (i=1,2,\cdots,n) \tag{5-32}$$

将式（5-31）和式（5-32）合并得

$$\Delta_i + V_i = \overline{X} - X \quad (i=1,2,\cdots,n)$$

令 $\overline{X} - X = \delta$，则

$$\Delta_i + V_i = \delta \text{ 或 } \Delta_i = -V_i + \delta$$

上式等号两边平方求和再除以 n，得

$$\frac{[\Delta\Delta]}{n} = \frac{[VV]}{n} - 2\delta\frac{[V]}{n} + \delta^2$$

顾及 $[V] = 0$ 得

$$\frac{[\Delta\Delta]}{n} = \frac{[VV]}{n} + \delta^2 \tag{5-33}$$

其中

$$\delta = \overline{X} - X = \frac{[L]}{n} - \left(\frac{[L]}{n} - \frac{[\Delta]}{n}\right) = \frac{[\Delta]}{n}$$

$$\delta^2 = \frac{1}{n^2}(\Delta_1 + \Delta_2 + \cdots + \Delta_n)^2 = \frac{[\Delta^2]}{n^2} + 2\frac{[\Delta_i\Delta_j]}{n^2}$$

当 $n \to \infty$ 时，上式右端第二项趋于 0，则

$$\delta^2 = \frac{[\Delta\Delta]}{n^2} = \frac{m^2}{n} \tag{5-34}$$

将式（5-34）代入式（5-33）中，得

$$\frac{[VV]}{n} = m^2 - \frac{m^2}{n}$$

所以

$$m = \pm\sqrt{\frac{[VV]}{n-1}} \tag{5-35}$$

式（5-35）即用改正数求等精度观测值中误差的公式，又称为白塞尔公式。将式（5-35）代入式 $M = \dfrac{m}{\sqrt{n}}$，得算术平均值的中误差公式，即

$$m = \pm\sqrt{\frac{[VV]}{n(n-1)}} \tag{5-36}$$

【例 5-8】 对某段距离进行 5 次等精度测量，观测数据载于表 5-2 中，试求该距离的算术平均值、一次观测值的中误差、算术平均值的中误差及相对中误差。

解： 在测量计算工作中，经常采用列表进行计算，本例中的列表为表 5-2。将观测数据顺序填入表中，然后开始计算。

首先是求算术平均值，但在实际计算中，为了运算方便，往往选择一个适当的近似值 L_0（本例中选 219.900），以减少冗长数字参与运算，算术平均值的计算公式为

$$x = L_0 + \sum_{i=1}^{n}\frac{L_i - L_0}{n} = 219.900 + \frac{0.205}{5} = 219.941 \text{（m）}$$

其中 $\qquad\qquad\qquad\qquad\qquad\qquad\qquad L_i - L_0 = \Delta L_0$

其余按顺序在表内逐一进行计算。

表5-2 　　　　　　　　　　观测值及算术平均值中误差计算

编　号	观测值	ΔL(m)	V(mm)	VV	精度评定
1	219.945	0.045	−4	16	
2	219.935	0.035	+6	36	$X = 219.941\text{m}$
3	219.943	0.043	−2	4	$m = \pm\sqrt{\dfrac{[VV]}{n-1}} = \pm\sqrt{\dfrac{218}{4}} = \pm 7.4(\text{mm})$
4	219.950	0.050	−9	81	$M = \pm\dfrac{m}{\sqrt{n}} = \pm\dfrac{7.4}{\sqrt{5}} = \pm 3.3(\text{mm})$
5	219.932	0.032	+9	81	
Σ	$L_0 = 219.900$	0.205	0	218	相对中误差：$\dfrac{M}{x} = \dfrac{3.3}{219941} \approx \dfrac{1}{66500}$

思 考 题 与 习 题

一、选择题

1. 观测值与真值的差值叫做（　　　）。

A. 偶然误差 　　　　　 B. 系统误差 　　　　　 C. 真误差

2. 按测量误差原理，误差分布较为离散，则观测质量（　　　）。

A. 越低 　　　　　 B. 越高 　　　　　 C. 不变

3. 测量的算术平均值是（　　　）。

A. n 次测量结果之和平均值

B. n 次等精度测量结果之和平均值

C. 观测量的真值

4. 当测量误差大小与观测值大小有关时，衡量测量精度一般用（　　　）来表示。

A. 相对误差 　　　　　 B. 中误差 　　　　　 C. 往返误差

5. 衡量一组观测值精度的指标是（　　　）。

A. 中误差 　　　　　 B. 允许误差 　　　　　 C. 算术平均值中误差

6. 对三角形进行 5 次等精度观测，其真误差（即闭合差）为：$+4''$、$-3''$、$+1''$、$-2''$、$+6''$，则该组观测值的精度（　　　）。

A. 不相等 　　　　　 B. 相等 　　　　　 C. 最高为 $+1''$

二、简答题

1. 试述测量误差的定义。测量误差的来源有哪些方面？

2. 偶然误差与系统误差有何区别？偶然误差具有哪些特性？

3. 何谓多余观测？为什么要进行多余观测？

4. 何谓误差传播定律？试述应用它求函数值中误差的步骤。

三、计算题

1. 在 1∶1000 比例尺地形图上，量得 A、B 两点间的距离 $d_{ab} = 32.5\text{mm} \pm 0.2\text{mm}$，

求 A、B 两点的实际长度 D 及其中误差 m_D。

2. 设 x、y、z 的关系式为 $z=3x+4y$，现独立观测 y、z，它们的中误差分别为 $m_y=\pm 3mm$，$m_z=\pm 4mm$。求 x 的中误差 m_x。

3. 在同精度观测中，对某角观测 4 个测回，得其平均值的中误差为 $\pm 15''$，若使平均值的中误差为 $\pm 10''$，至少应观测多少测回？

4. 在三角形 ABC 中，测得 $BC=149.22\pm 0.06$，$\angle ABC=60°24'\pm 20''$，$\angle BCA=45°20'\pm 20''$。求三角形 AC 边长及其中误差。

5. 对某段距离进行了 6 次等精度观测，其结果分别为：341.752m、341.784m、341.766m、341.773m、341.795m、341.774m。试求其算术平均值、一次观测值中误差、算术平均值中误差和相对中误差。

第六章 小区域控制测量

【学习内容】

本章主要讲述：小区域平面控制网的分类，布设的原则、方法和注意事项，导线测量，交会法测量，三、四、五等水准测量的观测方法和数据的处理。

【学习要求】

1. 知识点和技术要求

（1）了解控制测量的重要性及有关技术标准；熟悉导线测量的外业工作及其主要技术要求与各项限差，掌握导线的坐标计算方法及步骤。

（2）掌握四等水准的观测记录、计算及各项限差。

2. 能力培养要求

（1）能熟练应用导线测量、经纬仪交会定点、四等水准测量方法，完成小地区大比例尺测量的控制工作。

（2）具有野外数据的采集、整理和图表绘制能力。

第一节 控制测量概述

一、控制测量的概念

测量工作可概括为"测绘"和"测设"两部分，无论哪部分测量工作，都必须保证一定的精度。由于测量会产生误差，且误差具有传递性和累积性，随着测量范围的扩大，将影响测量成果的准确性。为控制和减弱测量误差的累积和提高提高测量的精度与速度。测量工作必须按照"从整体到局部，先控制后碎部"的原则来开展。即先建立控制网，然后根据控制网进行碎部测量和测设。在测区内，按规范要求选定一些控制点，构成一定的几何图形，在测量中我们将这样的网络图形称为控制网，控制网中的已知点和未知点（几何图形的交点）称为控制点。按控制网的图形，以必要的精度和方法观测控制点之间的角度、距离、方向和高差。经平差计算出控制点的坐标和高程，作为测绘和测设的依据，这种工作称为控制测量。综上所述，控制测量的目的与作用：一是为测图或工程建设的测区建立统一的平面控制网和高程控制网；二是控制误差的积累；三是作为进行各种细部测量的基准。

二、控制网的分类

（1）按内容不同，控制网由平面控制网和高程控制网两部分组成，前者是测量控制点的平面坐标，称这项工作为平面控制测量；后者是测定控制点的高程，称这项工作为高程控制测量。

（2）按精度分为一等、二等、三等、四等；一级、二级、三级。

（3）按观测量和网形的不同，平面控制网分为三角网（锁）、测边网、边角网、导线网和 GPS 网，相应的控制测量过程称为三角测量、三边测量、边角测量、导线测量和 GPS 测量，其控制点又称为三角点、导线点、GPS 点。高程控制网分为水准网、三角高程网和 GPS 网，相应的控制测量过程称为水准测量、三角高程测量、GPS 测量，其控制点又称为水准点、三角高程点和 GPS 高程点。

（4）按区域大小分为国家控制网（基本控制网）、城市控制网和小区域工程控制网（图根控制网）。

（一）国家基本控制网

在全国范围内建立的平面控制网和高程控制网，称为国家基本控制网，作为全国地形测量和施工测量的基本依据。

1. 基本平面控制网

在全国范围内建立的平面控制网，称为国家平面控制网。目的是在全国建立统一的坐标系统。

国家平面控制网由一、二、三、四等三角网组成，一等精度最高，按照从整体到局部、从高级到低级，分级布网逐级控制的原则布设。即一等网内布设二等，二等网内布设三等，如图 6-1 所示。

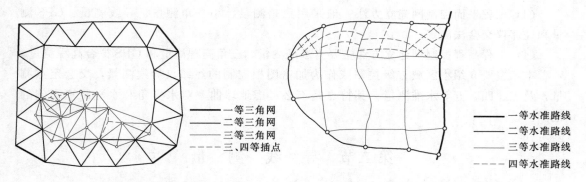

一等三角网
二等三角网
三等三角网
三、四等插点

一等水准路线
二等水准路线
三等水准路线
四等水准路线

图 6-1　国家平面控制网示意图　　　　图 6-2　国家高程控制网示意图

2. 基本高程控制网

在全国范围内建立的水准网，称为基本高程控制网。目的是在全国建立统一的高程系统。由一、二、三、四等水准网组成，一等最高，逐级布设和控制，如图 6-2 所示。

（二）工程控制网（图根控制网）

国家控制网为地形测图和大型工程测量提供了基本控制。但由于控制点的密度少，在小区域进行测绘和测设时常常不能满足要求，须在国家基本控制网的基础上加密，建立满足工程施工所需要的工程控制网。建网时尽量与国家控制网联测。远离国家控制网时，可建立独立控制网。如加密建立的小区域控制网仍不满足地形测绘和工程测量的需要，必须再进一步加密，以保证测区有足够的控制点用于测图和测设。这些直接用于测图的控制点称为图根点。由图根点形成的网络称为图根控制网。图根点的密度要求与测图比例尺和测图方法有关，一般地区解析图根点的数量不宜少于表 6-1 中的规定。

表 6-1   一般地区解析图根点的数量

测图比例尺	图幅尺寸 (cm×cm)	解析图根点数量（个）		
		全站仪测图	GPS—RTK 测图	平板测图
1：500	50×50	2	1	8
1：1000	50×50	3	1～2	12
1：2000	50×50	4	2	15
1：5000	40×40	6	3	30

注 表中所列数量是指施测该幅图可利用的全部解析控制点数量。

工程平面控制网一般分为三级：一级、二级基本控制网及图根控制网。

水利水电工程测量中，高程控制网一般分为三级：基本高程控制网（四等及四等以上水准网），加密高程控制（五等水准及三角高程）和测站点高程控制。

三、控制网的建立方法

（1）国家平面控制网建立方法主要有三角测量、导线测量、GPS 测量和天文定位测量。

（2）国家高程控制网建立方法主要采用水准测量方法。此外，还有三角高程测量方法、光电测距高程导线测量方法和 GPS 拟合高程测量等方法。

（3）工程平面控制网建立方法一般采用三角测量、小三角测量、导线测量、GPS 测量和经纬仪交会法测定。

（4）工程高程控制网建立方法主要有水准测量、三角高程测量和 GPS 拟合高程测量。

本章主要介绍小区域首级控制或作为加密图根控制的经纬仪导线测量，交会定点测量，及三、四、五等水准测量。其特点是不必考虑地球曲率对水平角和水平距离影响的范围。

第二节 导 线 测 量

一、导线测量概述

测量中所讲的导线是将测区内选择的相邻控制点依次连成连续的折线，称为导线。组成导线的控制点称为导线点，每条折线称为导线边，相邻两条折线间所夹的水平角称转折角。导线测量的过程就是用测量仪器观测这些折线的水平距离和转折角及起始边的方位角。根据已知点坐标和观测数据，推算未知点的平面坐标。

导线测量的优点是：可呈单线布设，坐标传递迅速；且只需前、后两个相邻导线点通视，易于越过地形、地物障碍，布设灵活；各导线边均直接测定，精度均匀；导线纵向误差较小。导线测量的缺点是：控制面积小，检核观测成果质量的几何条件少；横向误差较大。

由于导线测量布设灵活，计算简单，适应面广，因而是平面控制测量常用的一种方法，主要用于带状地区以及隐蔽地区以及城建地区以及地下工程和线路工程等的控制测量。

按使用仪器和工具的不同，导线测量可分为：经纬仪视距导线，经纬仪量距导线，光电测距导线和全站仪导线四种。用经纬仪测量转折角的同时采用视距测量方法测定边长的导线，称为经纬仪视距导线。若用经纬仪测量转折角，用钢尺测定边长的导线，称为经纬仪量距导线。若用光电测距仪测定导线边长，用经纬仪测转折角，则称为光电测距导线。若用全站仪测量边长和角度，称为全站仪导线。

（一）导线的布设形式

在测量生产实际工作中，按照不同的情况和要求，单一导线可以布设成：闭合导线、附合导线和支导线三种形式。

1. 闭合导线

起始于同一导线点的多边形导线，称为闭合导线。如图 6-3 所示，从一导线点 B（高级点或假定已知点）出发，经过若干条折线和一系列未知导线点 1、2、3、4 点，最后又回到 A 点上结束，构成一个闭合多边形。它有三个检核条件：一个多边形内角和条件，两个坐标增量条件。闭合导线一般适用于在面积较宽阔的地区测图控制。

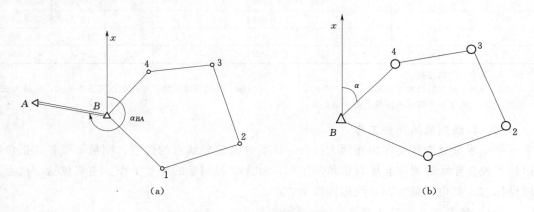

图 6-3 闭合导线示意图

（a）与高级边相连的闭合导线示意图；（b）独立闭合导线示意图

2. 附合导线

布设在两高级边之间的导线，称为附合导线。如图 6-4 所示，从一已知边 AB 出发，经过 1、2、3 点，最后附合到另一已知边 CD。它有三个检核条件：一个坐标方向条件，两个坐标增量条件。附合导线一般适用带状地区作测图控制，也广泛用于线形工程的施工中。

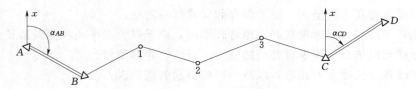

图 6-4 附合导线示意图

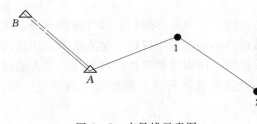

图 6-5   支导线示意图

3. 支导线

从一高级控制边 AB 出发，既不闭合到起始边 AB，又不附合到另一已知边的导线，称为支导线。

如图 6-5 所示，支导线只有必要的起算数据，无检核条件，它只限于在图根导线中使用，且支导线的点数一般不应超过 2 个。

（二）工程及图根导线网测量主要技术要求（表 6-2）

表 6-2   导线测量的主要技术要求

等级	导线长度（km）	平均边长（km）	测角中误差（"）	测距中误差（mm）	测距相对中误差	测回数			方位角闭合差	导线全长相对闭合差
						1″级仪器	2″级仪器	6″级仪器		
三等	14	3	1.8	20	1/150000	6	10	—	$3.6''\sqrt{n}$	≤1/55000
四等	9	1.5	2.5	18	1/80000	4	6	—	$5''\sqrt{n}$	≤1/35000
一级	4	0.5	5	15	1/30000	—	2	4	$10''\sqrt{n}$	≤1/15000
二级	2.4	0.25	8	15	1/14000	—	1	3	$16''\sqrt{n}$	≤1/10000
三级	1.2	0.1	12	15	1/7000	—	1	2	$24''\sqrt{n}$	≤1/5000

注   1. 表中 n 为测站数。
　　　2. 当测区测图的最大比例尺为 1∶1000 时，一、二、三级导线的导线长度，平均边长可适当放大，但最大长度不应大于表中规定相应长度的 2 倍。

二、导线测量的外业工作

导线测量分为外业和内业两大部分。在野外选定导线点的位置，测量导线各转折角和边长及独立导线时测定起始方位角的工作，称为导线测量的外业工作。主要包括：选点及埋设标志、测角、量边和导线定向四个方面。

（一）踏勘选点和建立标志

踏勘选点的主要任务就是根据实地情况和测图比例尺，在测区内选择一定数量的导线点。踏勘选点之前首先搜集测区内和测区附近已有控制点成果资料和各种比例尺地形图，把控制点展绘在地形图上，然后在地形图上拟定导线的布设方案，并到测区实地勘察测区范围大小、地形起伏、交通条件、物资供应及已有控制点保存等情况，以便修改，以及落实点位和建立标志。如果测区范围很小，或者测区没有地形图资料，则要详细踏勘现场，根据已有控制点，测区地形条件及测图和施工测量的要求等具体情况，合理地选择导线点的位置。实地选点时需要注意下列事项：

（1）导线点选在土质坚实，便于保存和安置仪器之处。

（2）相邻导线点之间通视良好，地势较平坦，便于观测水平角和测量边长。

（3）导线点应选在周围视野开阔的地方，以便于碎部测量。

（4）导线各边长度大致相等，以减小调焦引起的观测误差。

（5）导线点分布要均匀，有足够的密度，便于控制整个测区。

导线点选定后，应按规范埋设点位标志和编号。临时性的导线点一般在地面上打入木桩，如图6-6（a）所示，为完全牢固，在其周围浇灌一些混凝土，如图6-6（b）所示，并在桩顶中心钉一小钉，钉头表示导线点标志。也可在水泥地面上用红漆划一圆，圆内点一小点，作为临时标志。

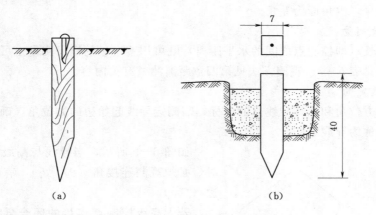

图6-6　木桩（单位：cm）

对于长期保存的永久性导线点，应设在石桩或混凝土桩上，桩顶刻"十"字或埋设刻"十"字的圆帽钉，作为永久性标志，如图6-7所示。

导线点应统一编号。为了便于寻找，应绘出导线点与附近固定而明显地物的关系草图，柱明尺寸，如图6-8所示，该图称为"点之记"。

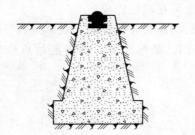

图6-7　永久性标志

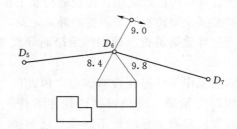

图6-8　点之记略图（单位：m）

（二）测角

导线的转折角一般采用测回法观测，具体方法见第三章第三节水平角观测，《水利水电工程测量规范》中给定了导线转折角观测技术指标，见表6-3。

表6-3　图根导线角度技术要求

测图比例尺	仪器类型	转折角测回数	测角中误差	半测回差	测回差	导线角度闭合差
1：500～	J_2	2个"半测回"	30″	18″		$60″\sqrt{n}$
1：2000	J_6	2个测回			24″	
1：5000～	J_2	2个"半测回"	20″	18″		$40″\sqrt{n}$
1：10000	J_6	2个测回			24″	

导线的转折角有左、右角之分，在导线前进方向左侧的水平角称为左角，右侧的水平角称为右角。

为防止差错，测角时应统一规定左角或右角。习惯上都观测左角。对于闭合导线应按逆时针方向编号，内角即为左角。

（三）边长测量

导线的边长（即控制点之间的水平距离）既可用鉴定过的钢尺丈量也可用光电测仪测定，测定限差见表 6-2。观测方法见第四章距离测量有关内容。

（四）导线定向

为了传递方位角和推算导线点的坐标，需测定导线起始边的方位角，确定导线起始边方位角的工作称为导线定向。

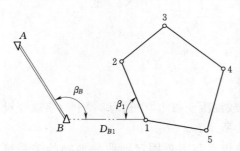

图 6-9 导线连接图

如图 6-9 所示，当导线与高级控制点相连接时，必须观测连接角（β_B、β_1），有时须观测连接边（D_{B1}）。

若无高级控制点连接的闭合导线，则应用罗盘仪测定导线起始边的磁方位角，并假定起始点的坐标为起算数据，如图 6-3（b）所示。

三、导线测量的内业工作

传统的内业工作指在室内进行数据的处理，主要包括检查观测数据、平差计算及资料整理等内容，由于计算机的广泛应用，传统的内业工作也可在现场完成。

计算前必须全面检查导线测量的外业记录，数据是否齐全正确，成果是否符合规范的精度要求，起算数据是否准确。然后绘制导线略图、坐标点号，弄清起始点和连接边的关系。

由于测量工作不可避免含有误差，因此实际测角和测距的结果与理论得数值往往不符，致使导线的方位角和坐标增量不能满足已知条件，而产生角度闭合差和坐标增量闭合差。内业计算时须先进行闭合差的计算和调整，然后在计算各导线点的坐标。

下面分别介绍闭合导线和附合导线的坐标计算方法。

（一）闭合导线的坐标计算

闭合导线一般分下面 6 个步骤进行，现以图 6-10 为例，介绍闭合导线的坐标计算步骤。

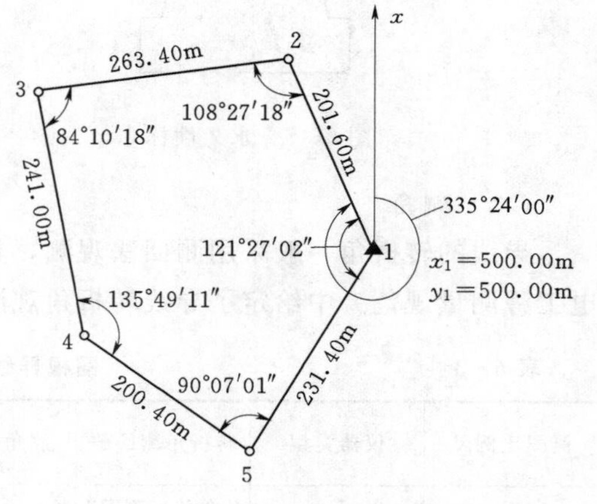

图 6-10 闭合导线坐标示意图

1. 准备工作

将校核过有关数据和点号按顺序填入"闭合导线计算表"（表 6-4）中。已知数据用双线标注。

表 6-4　　　　　　　　　　　　　闭合导线坐标计算表

测区：白龙湖库区　　计算者：姬维红　　检查者：崔小雪　　时间：2007 年 5 月 9 日

点号	观测角（左角）	改正数	改正角 4=2+3	坐标方位角	距离 m	增量计算值		改正后增量		坐标值		点号
						Δx(m)	Δy(m)	Δx(m)	Δy(m)	x(m)	y(m)	
1	2	3	4=2+3	5	6	7	8	9	10	11	12	13
1				335°24′00″	201.60	+5 +183.30	+2 −83.92	+183.35	−83.90	500.00	500.00	1
2	108°27′18″	−10″	108°27′08″	263°51′08″	263.40	+7 −28.21	+2 −261.89	−28.14	−261.87	683.35	416.10	2
3	84°10′18″	−10″	84°10′08″	168°01′16″	241.00	+7 −235.75	+2 +50.02	−235.68	+50.04	655.21	154.23	3
4	135°49′11″	−10″	135°49′01″	123°50′17″	200.00	+5 −111.59	+1 +166.46	−111.54	+166.47	419.53	204.27	4
5	90°07′01″	−10″	90°06′51″	33°57′08″	231.40	+6 +191.95	+2 +129.24	+192.01	+129.26	307.99	370.74	5
1	121°27′02″	−10″	121°26′52″	335°24′00″						500.00	500.00	1
2				335°24′00″								
Σ	540°00′50″	−50″	540°00′00″		1137.80	−0.30	−0.09	0	0			

辅助计算	$f_\beta = \sum\beta_测 - (n-2)\times 180°$ 　　　$f_x = \sum\Delta x_测 = -0.30\text{m}$ 　　　$f_y = \sum\Delta y_测 = -0.09\text{m}$ $\quad = 540°00'50'' - (5-2)\times 180° = +50''$ 　$f_D = \sqrt{f_x^2 + f_y^2} = \sqrt{(-0.30\text{m})^2 + (-0.09\text{m})^2}$ $f_{\beta容} = \pm 60''\sqrt{n} = \pm 60''\sqrt{5} = \pm 134''$ 　$\quad = 0.31\text{m}$ $\lvert f_\beta\rvert < \lvert f_{\beta容}\rvert$ 　　$K = \dfrac{f_D}{\sum D} = \dfrac{0.31\text{m}}{1137.80\text{m}} \approx \dfrac{1}{3600} < K_容 = \dfrac{1}{2000}$

2. 角度闭合差的计算与调整

（1）角度闭合差的计算。由几何定理可知，n 边闭合多边形内角和的理论值为：

$$\sum\beta_理 = (n-2)\times 180° \tag{6-1}$$

由于测角存在误差，致使实测的内角之和不等于内角理论值，两者的差值，称为角度闭合差，以 f_β 表示，即

$$f_\beta = \sum\beta_测 - \sum\beta_理 = \sum\beta_测 - (n-2)\times 180° \tag{6-2}$$

不同等级的导线，规范中规定了不同的限差，见表 6-2，对于图根导线，有

$$f_\beta \leqslant f_{\beta容} = \pm 60''\sqrt{n}$$

（2）角度闭合差的调整。当 $\lvert f_\beta\rvert \leqslant \lvert f_{\beta容}\rvert$ 时，可以对所测角度进行调整，调整方法是，把 f_β 反号平均分配到每一个角度上，每一个角度分得的调整值为 $V_\beta = -f_\beta/n$，角值取至秒。如果 f_β 的数值不能被整除，可将余数分配在短边的两个邻角上。见表 6-4 第 3 栏。

改正后的各角角度为：$\beta'_i = \beta_i - f_\beta/n = \beta_i + V_\beta$ 填表 6-4 第 4 栏。

水平角的改正数之和应与角度闭合差的大小相等，符号相反，即 $\sum V_\beta = -f_\beta$，使改正后的内角和等于 $(n-2)\times 180°$，作为计算校核。

3. 导线各边方位角的推算

用改正后的角值和起始边的方位角按式（6-3）进行推算，即

$$\alpha_{前} = \alpha_{后} + \beta_{左} \pm 180° \tag{6-3}$$

如 $\alpha_{后} + \beta_{左} \geqslant 180°$，则式（6-3）中的"$\pm$"取"$-$"

如 $\alpha_{后} + \beta_{左} < 180°$，则式（6-3）中的"$\pm$"取"$+$"，具体计算方法参照第四章第四节。

为了校核，方位角应推算至已知边，推算的方位角与原已知方位角相等，否则要重新检查计算，直到符合要求为止，将计算结果填入表 6-4 第 5 栏内。

4. 坐标增量的计算

计算前将各边的长度按点号对应填入表 6-4 第 6 栏内，边长取值至厘米。纵横坐标增量根据第四章第五节介绍的公式 $\Delta x_{AB} = D_{AB} \cos\alpha_{AB}$ 和 $\Delta y_{AB} = D_{AB} \sin\alpha_{AB}$ 分别计算。算出的纵坐标增量 Δx 填入表 6-4 第 7 栏，横坐标增量 Δy 填入表 6-4 第 8 栏。坐标增量有正有负，在表中增量前要标明正负号，坐标增量取值至厘米。

5. 坐标增量闭合差的计算与调整

（1）坐标增量闭合差的计算。由于闭合导线的起点和终点为同一点，假如测角和测距都没有误差，由图 6-11 可知，纵坐标增量 Δx 的代数和、横坐标增量 Δy 的代数和的理论值等于零，即

$$\left. \begin{array}{l} \sum \Delta x_{理} = 0 \\ \sum \Delta y_{理} = 0 \end{array} \right\} \tag{6-4}$$

但由于测角和量边都存在误差，角度虽经改正满足了多边形图形条件，但仍然存在残余误差，使边角对应关系不能完全符合。因此，计算的纵坐标增量、横坐标增量的代数和不等于其理论值，二者之间产生一个差数，分别称为纵坐标增量闭合差和横坐标增量闭合差。用 f_x 和 f_y 表示，即

$$\left. \begin{array}{l} f_x = \sum \Delta x_{测} - \sum \Delta x_{理} = \sum \Delta x_{测} \\ f_y = \sum \Delta y_{测} - \sum \Delta y_{理} = \sum \Delta y_{测} \end{array} \right\} \tag{6-5}$$

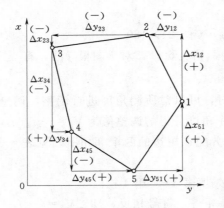
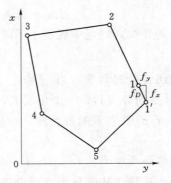

图 6-11   坐标增量示意图   图 6-12   坐标增量及导线全长闭合差示意图

（2）坐标增量闭合差的调整。由于存在坐标增量闭合差 f_x、f_y，使闭合导线不能闭合形成封闭的多边形，如图 6-12 所示，将出现一个缺口 1—1'，缺口的长度 f_D，称导线

全长闭合差，即

$$f_D = \sqrt{f_x^2 + f_y^2} \tag{6-6}$$

f_D 的大小与导线的总长 $\sum D$ 成正比，但 f_D 本身的大小不能反映导线测量的精度，因次通常用导线全长相对闭合差（K）来衡量导线测量的精度，即将 f_D 值与导线的总长度 $\sum D$ 之比，以分子为 1 的分数形式表示，即

$$K = \frac{f_D}{\sum D} = \frac{1}{\sum D / f_D} \tag{6-7}$$

K 值越小，导线测量精度越高。不同等级的导线全长相对闭合差的允许值应满足表 6-2中的规定，图根导线的 K 值不应超过 1/2000。若 K 值符合精度要求，须将坐标增量闭合差 f_x、f_y 以相反的符号，按与边长成正比例分配到各坐标增量上，使改正后的坐标增量等于其理论值。以 $V_{\Delta xi}$、$V_{\Delta xi}$ 分别表示第 i 边的纵横坐标增量改正数；D_i 表示第 i 边的边长，即

$$\left. \begin{array}{l} V_{\Delta xi} = -\dfrac{f_x}{\sum D} D_i \\ V_{\Delta yi} = -\dfrac{f_y}{\sum D} D_i \end{array} \right\} \tag{6-8}$$

计算的纵横坐标增量改正数（取位至 cm）分别填入表 6-4 第 7、第 8 栏增量计算值的上方。

然后计算各边改正后坐标增量，用各边纵横增量值加相应的改正数，即得各边改正后的纵横坐标增量为

$$\left. \begin{array}{l} \Delta \hat{x}_i = \Delta x + V_{\Delta xt} \\ \Delta \hat{y}_i = \Delta y + V_{\Delta yt} \end{array} \right\} \tag{6-9}$$

将计算结果分别填入表 6-4 第 9、第 10 栏中。

坐标增量改正检核方法：

纵横坐标增量改正数之和应满足式（6-10），即

$$\left. \begin{array}{l} V_{\Delta xi} = -f_x \\ V_{\Delta yi} = -f_y \end{array} \right\} \tag{6-10}$$

改正后的坐标增量总和应等于其理论值，即

$$\left. \begin{array}{l} \sum \Delta \hat{x}_i = \sum \Delta x_{理} \\ \sum \Delta \hat{y}_i = \sum \Delta y_{理} \end{array} \right\} \tag{6-11}$$

6. 导线点的坐标计算

由起始点 A 的已知坐标 x_A、y_A 和改正后的坐标增量 $\Delta \hat{x}_i$、$\Delta \hat{y}_i$，依次取代数和求得，填入表 6-4 第 11、第 12 栏中，计算公式为

$$\left.\begin{array}{l}x_{前}=x_{后}+\Delta\hat{x}_i\\x_{前}=y_{后}+\Delta\hat{y}_i\end{array}\right\} \qquad (6-12)$$

最后还要推算起点 1 的坐标，看是否与已知坐标相等，以作校核。

闭合导线本身虽有严格的检核条件，但如果起始点的坐标和起算方位角弄错了，单从整个计算过程就很难发现，直至测图时才可能知道。所以，闭合导线测量前一定要认真核对已知条件。

（二）附合导线的计算

附合导线的坐标计算步骤与闭合导线基本相同，但由于两者几何条件不同，致使角度闭合差及坐标增量闭合差的计算与闭合导线有些区别。

下面着重介绍其不同点。附合导线如图 6-13 所示，BA 和 CD 为导线两端的高级连接边，其方位角分别为 α_{BA} 和 α_{CD}，起讫点的坐标为 X_A、Y_A 和 X_C、Y_C，见表 6-5，用下划线标注。观测数据（水平角和导线边长）已填入表 6-5 中。

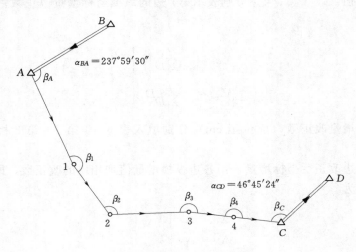

图 6-13 附和导线示意图

1. 角度闭合差的计算

由起始边 AB、已知坐标方位角 α_{BA} 和观测角，用第四章学过的内容依次推各导线边的方位角，最终可以算出终边 CD 的坐标方位角 α_{CD}。

$$\alpha'_{CD}=\alpha_{BA}+\sum\beta-5\times180°$$

写成一般公式为

$$\alpha'_{终}=\alpha_{始}+\sum\beta-n\times180° \qquad (6-13)$$

式中　n——转折角个数。

由于附合导线终边的坐标方位角 α_{CD} 为已知值，因此，由观测角 $\beta_{测}$ 推算出的终边方位角 α'_{CD} 与已知终边方位角 α_{CD} 若不相等，则产生角度闭和差 f_β，即

$$f_\beta=\alpha'_{CD}-\alpha_{CD}$$

写成一般公式为

$$f_\beta=\alpha'_{终}-\alpha_{始}=\alpha_{始}+\sum\beta-n\times180°-\alpha_{终} \qquad (6-14)$$

表 6-5　　　　　　　　　　　　　　　　**附合导线坐标计算**

测区：<u>白龙湖库区</u>　　计算者：<u>曲波</u>　　检查者：<u>张天祥</u>　　时间：<u>2007</u> 年 <u>5</u> 月 <u>6</u> 日

点号	观测角(左角)(° ′ ″)	改正数(″)	改正角(° ′ ″)	坐标方位角(° ′ ″)	距离(m)	坐标增量 Δx (m)	Δy (m)	改正后的坐标增量 $\Delta \hat{x}$ (m)	$\Delta \hat{y}$ (m)	坐标值 $\hat{x}$ (m)	$\hat{y}$ (m)	点号
(1)	(2)	(3)	(4)	(5)	(6)	(7)	(8)	(9)	(10)	(11)	(12)	(13)
B				237 59 30								
A	99 01 00	+6	99 01 06							2507.69	1215.63	A
				157 00 36	225.85	+0.05 −207.91	−0.04 +88.21	−207.86	+88.17			
1	167 45 36	+6	167 45 42							2299.83	1303.80	1
				144 46 18	139.03	+0.03 −113.57	−0.03 +80.20	−113.54	+80.17			
2	123 11 24	+6	123 11 30							2186.29	1383.97	2
				87 57 48	172.57	+0.03 +6.13	−0.03 +172.46	+6.16	+172.43			
3	189 20 36	+6	189 20 42							2192.45	1556.40	3
				97 18 30	100.07	+0.02 −12.73	−0.02 +99.26	−12.71	+99.24			
4	179 59 18	+6	179 59 24							2179.74	1655.64	4
				97 17 54	102.48	+0.02 −13.02	−0.02 +101.65	−13.00	+101.63			
C	129 27 42	+6	129 27 30							2166.74	1757.27	C
D				46 45 24								
总和	888 45 18	+36	888 45 54		740.00	−341.10	+541.78	−340.95	+541.64			

辅助计算	$\alpha'_{CD}=46°44'48''$　　$\alpha_{CD}=46°45'24''$　　$f_\beta=\alpha'_{CD}-\alpha_{CD}=+24''$　　$f_{\beta允}=\pm60''\sqrt{n}=\pm147''$	$f_x=\sum\Delta x_测-(x_C-x_A)=-0.15\text{m}$，$f_y=\sum\Delta y_测-(y_C-y_A)=+0.14\text{m}$　　导线全长闭合差 $f=\sqrt{f_x^2+f_y^2}=0.20\text{m}$　　导线相对闭合差 $K=\dfrac{1}{\sum D/f}\approx\dfrac{1}{3700}$　　允许相对闭合差 $K_允=1/2000$

图 6-13 算例中 $f_\beta=+24''$，f_β 的允许值以及调整方法与闭合导线相同。

2. 坐标增量闭合差的计算

由附合导线的几何图形可知，各边坐标增量代数和的理论值应等于终、始两点的坐标值之差，即

$$\left.\begin{array}{l}\sum\Delta x_理=x_终-x_始\\\sum\Delta y_理=y_终-y_始\end{array}\right\} \tag{6-15}$$

如果不等，其差数应为坐标增量闭合差，用 f_x、f_y 分别表示纵、横坐标增量闭合差，即

$$\left.\begin{array}{l}f_x=\sum\Delta x_测-\sum\Delta x_理=\sum\Delta x_测-(x_终-x_始)\\f_y=\sum\Delta y_测-\sum\Delta y_理=\sum\Delta y_测-(y_终-y_始)\end{array}\right\} \tag{6-16}$$

对于图 6-13 中的算例

$$\left.\begin{array}{l}f_x=\sum\Delta x_测-(x_C-x_D)\\f_y=\sum\Delta y_测-(y_C-y_D)\end{array}\right\}$$

图 6-13 算例中 $f_x = -0.15\text{m}$，$f_y = +0.14\text{m}$。

导线全长闭合差 f_D 和相对闭合差 K、坐标增量闭合差 f_x、f_y 的调整与闭合导线完全相同，见表 6-5。

第三节　交　会　法　测　量

交会法测量是采用经纬仪测角交会确定未知点坐标的一种方法。当测区内已有控制点的数量不能满足测图或施工放样需要时，在通视良好的情况下，通常用此法来加密控制点。经纬仪测角交会法布设形式有前方交会法、侧方交会法和后方交会法三种。

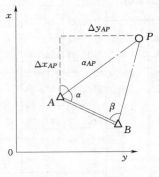

图 6-14　前方交会

交会测量也包括外业和内业两部分工作，外业工作与本章第二节基本相同。本节着重介绍交会测量的内业计算。

一、前方交会法

（一）前方交会法的定义及基本图形

在两个已知控制点 A 和 B 上，分别观测水平角 $\angle A$ 和 $\angle B$，以计算待定点 P 的坐标的方法，称为前方交会法。

如图 6-14 所示，就是前方交会的基本图形。

（二）前方交会法的计算原理

由图 6-14 可知

$$\left. \begin{array}{l} x_P = x_A + \Delta x_{AP} = x_A + D_{AP}\cos\alpha_{AP} \\ y_P = y_A + \Delta y_{AP} = y_A + D_{AP}\sin\alpha_{AP} \end{array} \right\} \tag{6-17}$$

$$\alpha_{AP} = \alpha_{AB} - \alpha \tag{6-18}$$

将式（6-18）代入式（6-17），经系数变换及推导，得

$$\left. \begin{array}{l} x_P = \dfrac{x_A\cot\beta + x_B\cot\alpha + (y_B - y_A)}{\cot\alpha + \cot\beta} \\[3mm] y_P = \dfrac{y_A\cot\beta + y_B\cot\alpha + (x_A - x_B)}{\cot\alpha + \cot\beta} \end{array} \right\} \tag{6-19}$$

式（6-19）就是著名的戎格公式，又称余切公式。

（三）前方交会法的布设形式

图 6-14 是前方交会法布设的基本图形，虽然能按式（6-19）求出待定点 P 的坐标，但图中没有多余观测，无法发现观测结果是否有误，也无法提高待定点的精度。因此，在实际工作中，一般要求在 3 个或 4 个已知点上，对同一未知点观测两组数据，如图 6-15 所示，分两组计算 P 点坐标，再由两组坐标计算点位较差 f_D 来检核。

$$f_D = \sqrt{(x_{P1} - x_{P2})^2 + (y_{P1} - y_{P2})^2} \tag{6-20}$$

一般测量规范规定，$f_D \leqslant 2$ 倍比例尺的精度，即

$$f_D \leqslant \pm 0.0002M \text{（m）}$$

式中　M——测图比例尺分母。

当 f_D 在允许范围内，可取两组坐标的平均值作为最后结果。也就是说，前方交会不在需要角度改正。

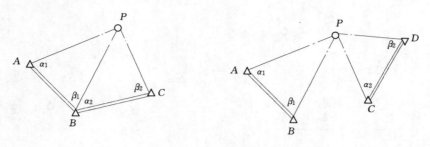

图 6-15　前方交会布置示意图

为了控制观测质量，提高交会点的精度，在选点时，交会角应大于 30°且小于 150°，最好使两角近似相等。水平角的观测用 DJ₆ 型经纬仪按方向观测法观测两个测回。

前方交会算例，见表 6-6。

表 6-6　　　　　　　　　　　　　　前方交会点坐标计算表

交会点：P（牛头山）　　时间：2008 年 9 月 6 日　　计算者：梁润润　　检查者：燕小龙

野外略图	计算公式
P 牛头山 云头山 A α₁ β₁ β₂ α₂ C B 燕山　桃园	$$x_P = \frac{x_A \cot\beta + x_B \cot\alpha + (y_B - y_A)}{\cot\alpha + \cot\beta}$$ $$y_P = \frac{y_A \cot\beta + y_B \cot\alpha + (x_A - x_B)}{\cot\alpha + \cot\beta}$$

	已知数据			观测角值				P 点坐标计算值			
				α（°′″）		β（°′″）		X		Y	
X_A	1685.320	Y_A	2886.531								
X_B	1450.584	Y_B	3328.005	α_1	68 06 18	β_1	60 30 36	X_{P1}	2044.138	Y_{P1}	3312.560
X_C	1733.778	Y_C	3677.721	α_2	52 29 24	β_2	79 21 42	X_{P2}	2044.128	Y_{P2}	3312.566

检核	测图比例尺 1：1000，$f_容 = \pm 0.2 \times 1000$（mm）$= \pm 200$（mm） $f_D = \sqrt{(x_{P1} - x_{P2})^2 + (y_{P1} - y_{P2})^2} = \sqrt{10^2 + 6^2} = 11.7\text{mm} < \pm 200\text{mm}$
中数	$X_P = 2044.133\text{m}$，$Y_P = 3312.563\text{m}$

二、侧方交会法

如图 6-16（a）所示，在一个已知控制点 A（或 B）和未知点 P 上，分别观测水平角 α 和 β，以计算待定点 P 的坐标，称为侧方交会。侧方交会仍然用余切公式进行计算，计算 P 点坐标前，先用公式 $\alpha = 180° - (\beta + \gamma)$ 或 $\beta = 180° - (\alpha + \gamma)$ 求出另一已知点的内角。因为只有一个三角形，且只观测了两个角，没有检核条件，所以为了检查侧方交会点位的精度，实际工作中，一般要求在未知点上对第三个已知点观测一个检查角 ε，如图 6-16（b）所示。根据算得的 P 点坐标和 B、C 两已知点坐标，反算出方位角 α_{PB}、α_{PC} 及距离 D_{PC}。

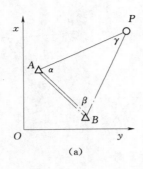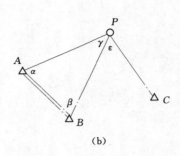

图 6-16　侧方交会

由 PB 和 PC 方向的方位角计算检查角的角值 $\varepsilon_{计}$，即

$$\varepsilon_{计} = \alpha_{PB} - \alpha_{PC}$$

若观测角值 $\varepsilon_{测}$ 和计算角值 $\varepsilon_{计}$ 不相等，则说明有误差，其误差用 $\Delta\varepsilon$ 表示，则

$$\Delta\varepsilon = \varepsilon_{计} + \varepsilon_{测} = (\alpha_{PB} - \alpha_{PC}) - \varepsilon_{测} \qquad (6-21)$$

在 $1:500 \sim 1:2000$ 比例尺测图中，$\Delta\varepsilon_{容} \leqslant \pm 0.0002 M\rho''/D_{PC}$，（$M$ 为测图比例尺的分母）。

侧方交会算例见表 6-7。已知数据带有下划线，观测数据带有小括号。

表 6-7　　　　　　　　　　侧方交会点坐标计算表

交会点：P（茶坝）	时间：2008 年 4 月 8 日	计算者：牛红丽	检查者：马忠明

野 外 略 图	计 算 公 式
竹园 A α P 茶坝 β B 紫南垭 C 小岭	$$x_P = \frac{x_A\cot\beta + x_B\cot\alpha + (y_B - y_A)}{\cot\alpha + \cot\beta}$$ $$y_P = \frac{y_A\cot\beta + y_B\cot\alpha + (x_A - x_B)}{\cot\alpha + \cot\beta}$$

点号及点名		观测角值（° ′ ″）		坐 标			
					X		Y
A	竹园	α	59 59 54	X_A	5060.350	Y_A	6315.660
B	紫南垭	β	57 30 12	X_B	4977.528	Y_B	6624.756
P	茶坝	γ	62 29 54	X_P	5302.960	Y_P	6522.169
C	小岭			X_C	5059.650	Y_C	6895.430
检核	α_{PB}	162°30′12″		$\varepsilon_{测}$	39°25′36″	D_{PC}	445.560
	α_{PC}	123°05′54″					
	$\varepsilon_{计}$	39°24′18″		$\Delta\varepsilon$	1′18″	$\varepsilon_{容}$	1′54″
计算与校核	测图比例尺 1:1000 $\varepsilon_{容} \leqslant \pm 0.0002 M\rho/D_{PC} = \pm 1′54″$，$\Delta\varepsilon = \varepsilon_{计} - \varepsilon_{测} = -1′18″$						

三、后方交会法

如图 6-17（a）所示，仅在待定点 P 上设站瞄准三个已知点 A、B 和 C，观测水平角 α、β 和 γ。解算待定点 P 的方法，称为后方交会法。

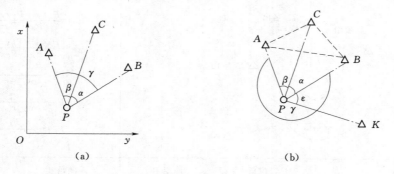

图 6-17 后方交会

后方交会计算待定点坐标的方法较多，现介绍常用的重心公式计算法（略去推算过程）。如图 6-17（b）所示，已知点 A、B、C 按逆时针排列构成三角形，α 对应 BC 边，β 对应 AC 边，γ 对应 AB 边。为了有检核条件，还对另一已知点 K 观察了一个检查角 ε。

现给出 P 点的计算公式如下：

$$\left.\begin{aligned} x_P &= \frac{P_A x_A + P_B x_B + P_C x_C}{P_A + P_B + P_C} \\ x_P &= \frac{P_A y_A + P_B y_B + P_C y_C}{P_A + P_B + P_C} \end{aligned}\right\} \tag{6-22}$$

式（6-22）中的 P_A、P_B、P_C 分别为：

$$\left.\begin{aligned} P_A &= \frac{1}{\cot\angle A - \cot\alpha} \\ P_B &= \frac{1}{\cot\angle B - \cot\beta} \\ P_C &= \frac{1}{\cot\angle C - \cot\gamma} \end{aligned}\right\} \tag{6-23}$$

式（6-22）中 $\angle A$、$\angle B$、$\angle C$ 可查寻现成数据，无现成数据时，根据 A、B、C 点的已知坐标，通过坐标反算先求出 AC、AB、BC 边的坐标方位，再按式（6-24）求得：

$$\left.\begin{aligned} \angle A &= \alpha_{AB} - \alpha_{AC} \\ \angle B &= \alpha_{BC} - \alpha_{BA} \\ \angle C &= \alpha_{CA} - \alpha_{CB} \end{aligned}\right\} \tag{6-24}$$

P 点坐标求出后，应根据检查角 ε，检查观测成果的质量，具体方法同侧方交会法。后方交会算例，见表 6-8。

表 6-8　　　　　　　　　　　　**后方交会点坐标计算表**

交会点：_P_（平坝）　　时间：2009 年 3 月 5 日　　计算者：张卫红　　检查者：王敏

野　外　略　图	计　算　公　式

$$x_P = \frac{P_A x_A + P_B x_B + P_C x_C}{P_A + P_B + P_C}$$

$$y_P = \frac{P_A y_A + P_B y_B + P_C y_C}{P_A + P_B + P_C}$$

$$P_A = \frac{1}{\cot\angle A - \cot\alpha}$$

$$P_B = \frac{1}{\cot\angle B - \cot\beta}$$

$$P_C = \frac{1}{\cot\angle C - \cot\gamma}$$

点号及点名		已知点坐标		方位角 (° ′ ″)		固定角 (° ′ ″)		观测角 (° ′ ″)		P_i	
_A_	象山	X_A	4173.215	α_{AB}	106 15 15	$\angle A$	30 38 30	α	46 36 54	P_A	1.34599024
		Y_A	5413.522	α_{AC}	75 37 45						
_B_	名山	X_B	4015.450	α_{BC}	319 55 39	$\angle B$	33 40 24	β	51 15 36	P_B	1.43132838
		Y_B	5954.639	α_{BA}	286 15 15						
_C_	宝山	X_C	4259.296	α_{CA}	255 37 45	$\angle C$	115 42 06	γ	262 07 30	P_C	−1.61389217
		Y_C	5749.501	α_{CB}	139 55 39						
_K_	回龙	X_K	3796.846	α_{PA}	97 34 09	三角 之和	180 00 00	$\varepsilon_测$	26 16 30	$\sum P$	+1.16342645
		Y_K	6086.259	α_{PB}	71 16 33						
计算与 检核		$\overline{A_\varepsilon}$	1′06″			$\Delta\varepsilon_容$	±1′26″	$\varepsilon_计$	26 17 36	D_{PK}	477.243
		测图比例尺 1：1000 $\Delta\varepsilon_容 \leqslant \pm 0.0002 M\rho / D_{PK} = \pm 1'26''$　　$\Delta\varepsilon = \varepsilon_计 - \varepsilon_测 = 1'06''$									
_P_ 点坐标					$X_P = 3859.711$　　　$Y_P = 5613.175$						

　　需要指出的是检查点 _K_，不能和 _A_、_B_、_C_ 四点共处在同一外接圆圆周上，此时 _P_ 点坐标无定解，该圆称为危险圆。

第四节　三、四、五等水准测量

一、三、四、五等水准测量的技术要求

　　在水利水电工程测量中，除了建立平面控制网外，还常用三、四等水准建立精度较高的高程控制网和五等水准测量（又称图根水准测量）加密高程图根点。三、四、五等水准测量与普通水准测量工作方法基本相同，都需要拟定水准路线，选点、埋石和观测，记录、计算等。主要差别在于观测程序、记录计算方法、精度要求有所不同，三、四等水准测量中所有特点必须使用尺垫，且三等水准测量必须使测站数为偶数。五等可用双面尺也可用单面尺。三、四、五等水准测量的具体技术要求见表 6-9。

表 6 - 9　　　　　　　　　　　　水准测量的主要技术要求

等级	每千米高差全中误差（mm）	路线长度（km）	水准仪型号	水准尺	观测次数		往返较差、附和或环形闭合差	
					与已知点联测	附和或环形	平地（mm）	山地（mm）
三等	6	≤50	DS$_1$	因瓦	往返各一次	往一次	$12\sqrt{L}$	$4\sqrt{L}$
			DS$_3$	双面		往返各一次		
四等	10	≤16	DS$_3$	双面	往返各一次	往一次	$20\sqrt{L}$	$6\sqrt{L}$
五等	15	—	DS$_3$	单面	往返各一次	往一次	$30\sqrt{L}$	—

注　1. 结点之间或结点与高级点之间，其线路的长度不应大于表中规定的 0.7 倍。

　　2. L 为往返测段、附和或环形的水准路线长度（km）；n 为测站数。

　　3. 数字水准仪测量的技术要求和同等级的光学水准仪相同。

二、四等水准测量的观测方法

由于四等水准测量应用更为广泛，下面以四等水准测量为例，介绍其观测、记录、计算方法。

（一）一测站上的观测程序和记录方法

选择有利地形设站。在测站上安置好水准仪，分别照准前、后视尺，估读视距，使前、后视距之差不应超过 3m，否则，应移动前视尺或水准仪以满足要求。然后按下列顺序观测记录，观测、记录、计算顺序和计算成果见表 6 - 10。

（1）照准后视尺黑面读数：下丝（1）、上丝（2）、中丝（3）。

（2）照准后视尺红面读数：中丝（4）。

（3）照准前视尺黑面读数：下丝（5）、上丝（6）、中丝（7）。

（4）照准前视尺红面读数：中丝（8）。

四等水准测量的观测程序也可以简称为：后（黑）——后（红）——前（黑）——前（红）。

（二）测站计算与校核

在测站上观测记录的同时，应随即进行测站计算与校核，以便及时发现和纠正错误，确认符合要求时，才可以迁站继续施测，否则应重新观测。迁站时前视标尺和尺垫不允许移动，将后视尺和尺垫移至下一站作为前视。

测站上的计算工作有以下三部分。

1. 视距部分

$$后视距离(9) = [(1) - (2)] \times 100$$

$$前视距离(10) = [(5) - (6)] \times 100$$

前后视距差(11) = (9) - (10)，其绝对值不得超过 3m

$$前后视距累积差(12) = 本站(11) + 上站(12)$$

每测段视距累积差的绝对值应小于 10m。

2. 高差部分

同一水准尺黑红面中丝读数差不得超过 3mm。

后视尺黑红面读数之差(13)＝K＋黑(3)－红(4)

前视尺黑红面读数之差(14)＝K＋黑(7)－红(8)

式中：K 为尺常数，即 A 尺或 B 尺黑面与红面的起点读数之差。K 值分别为 K_A＝4.687m，K_B＝4.787m，例如表 6－10 中第一站后视尺为 A，前视尺为 B，计算（13）时，K 值取 K_A＝4.687m，计算（14）时 K 值取 K_B＝4.787m。第二站因两水准尺交替，计算（13）时 K 值取 K_B＝4.787m，计算（14）时 K 值取 K_A＝4.687m。

黑面高差(15)＝(3)－(7)

红面高差(16)＝(4)－(8)

黑红面高差之差(17)＝(15)－[(16)±0.100]＝(13)－(14)，其绝对值应小于 5mm（校核使用）。

由于两水准尺的红面起始读数相差 0.100m，因此，测得的红面高差应加 0.100m 或减 0.100m 才等于实际高差，即上式中（16）±0.100，取"＋"或"－"，应根据前后视尺的 K 值来确定。当后视尺常数 K 为 4.687 时，则红面高差比黑面高差的理论值小 0.100m，则应加上 0.100m，即取"＋"号，反之应减去 0.100m，即取"－"号。

$$高差中数(18)＝\frac{1}{2}[(15)＋(16)±0.100]$$

3. 检核计算

一测段结束后或整个水准路线测量完毕，还应逐步检核计算有无错误，方法是：

先计算：$\sum(3)$、$\sum(4)$、$\sum(7)$、$\sum(8)$、$\sum(9)$、$\sum(10)$、$\sum(15)$、$\sum(16)$ 和 $\sum(18)$，然后用下式校核：

$$\sum(3)－\sum(7)＝\sum(15)$$

$$\sum(4)－\sum(8)＝\sum(16)$$

$$\sum(9)－\sum(10)＝\sum末站(12)$$

当测站总数为奇数时：　　　$[\sum(15)＋\sum(16)±0.100]/2＝\sum(18)$

当测站总数为偶数时：　　　$[\sum(15)＋\sum(16)]/2＝\sum(18)$

水准路线总长度 $L＝\sum(9)＋\sum(10)$

（三）高差闭合差的调整和水准点高程的计算

水准点高程的计算与普通水准测量计算方法一样，先进行高差闭合差的计算及调整。四等水准路线高差闭合差的限差为 $±20\sqrt{L}$mm（L 为路线总长，以 km 计）。如满足要求，将闭合差反号按与测段长度成正比例的法则分配到各段高差中，然后计算各水准点的高程。

三、三、五等水准测量

三等水准测量一个测站上的观测程序为：后（黑）——前（黑）——前（红）——后（红）；五等水准测量观测程序为：后——后——前——前。记录计算与四等水准基本相同，仅观测限差不同，见表 6－10。

表 6 - 10　　　　　　　　　　　　**四等水准测量手簿计算**

测段：自 BM_2 至 BM_3　　　　　仪器型号：DS_3　　　　　　观测者：杨晓雄
时间：2009 年 11 月 26 日　　　　天气：晴　　呈像：良　　　记录者：陈刚

测站编号	测点	后尺 下丝 上丝	前尺 下丝 上丝	方向及 尺号	水准尺读数(m) 黑面	水准尺读数(m) 红面	K+黑 一红 (mm)	高差中数 (m)	备注
		后距(m) 前距(m)							
		视距差 d 累积差 $\sum d$							
1	BM_2 $-A$	1.742 (1)	1.115 (5)	后 1	1.526(3)	6.214(4)	−1 (13)		
		1.311 (2)	0.689 (6)	前 2	0.902(7)	5.688(8)	+1 (14)	0.625 (18)	
		43.1 (9)	42.6 (10)	后−前	0.624 (15)	0.526 (16)	−2 (17)		
		+0.5 (11)	+0.5 (12)						
2	$A-B$	0.924	1.036	后 2	0.642	5.429	0		$K_A = 4.687$
		0.361	0.481	前 1	0.758	5.446	−1	−0.116	$K_B = 4.787$
		56.3	55.5	后−前	−0.116	−0.017	+1		
		0.8	1.3						
3	$B-C$	1.826	2.062	后 1	1.545	6.233	−1		
		1.262	1.493	前 2	1.778	6.565	0	−0.232	
		56.4	56.9	后−前	−0.233	−0.332	−1		
		−0.5	+0.8						
4	$C-BM$	1.502	1.836	后 2	1.212	5.998	+1		
		0.924	1.255	前 1	1.544	6.232	−1	−0.333	
		57.8	58.1	后−前	−0.332	−0.234	+2		
		−0.3	+0.5						
校核 计算		$\sum(9)=213.6$ $\sum(10)=213.1$ 末站(12)$=+0.5$ 全段总长 $L=426.7$	$\sum(3)=1.925$　$\sum(4)=23.874$ $\sum(7)=4.982$　$\sum(8)=23.899$ $\sum(15)=-0.057$　$\sum(16)=-0.057$ $\sum(18)=[\sum(15)+\sum(16)]/2=-0.057$						

思 考 题 与 习 题

一、填空题

1. 控制测量按内容不同分为_____和_____。

2. 小区域平面控制网一般采用_____和_____。

3. 导线的布置形式有_____、_____和_____。

4. 导线测量的外业工作是_____、_____、_____、_____。

5. 闭和导线的纵横坐标增量之和理论上应为_____，但由于误差的存在，实际上不为_____，应为_____。

6. 闭和导线坐标计算过程中，闭合差的计算与调整有_____、_____。

7. 设有闭合导线 $ABCD$，算得纵坐标增量为 $\Delta x_{AB} = +100.00\text{m}$，$\Delta x_{CB} = -50.00\text{m}$，$\Delta x_{CD} = -100.03\text{m}$，$\Delta x_{AD} = +50.01\text{m}$，则纵坐标增量闭合差 $f_x =$ _____。

8. 经纬仪测角交会法布设形式有_____、_____、_____。

9. 一对双面水准尺的红、黑面的零点差应为_____、_____。

10. 四等水准测量，采用双面水准尺时，每站有_____个读数。

二、选择题

1. 测量工作的原则是（　　）。

A. 由整体到局部、先控制后碎部、由高级到低级

B. 先测角后量距

C. 先进行高程控制测量后进行平面控制测量

2. 导线测量的外业工作是（　　）。

A. 选点、测角、量边

B. 埋石、造标、绘草图

C. 距离丈量、水准测量、角度测量

3. 导线的坐标增量闭合差调整后，应使纵、横坐标增量改正数之和等于（　　）。

A. 纵、横坐标增值量闭合差，其符号相同

B. 导线全长闭合差，其符号相同

C. 纵、横坐标增量闭合差，其符号相反

4. 导线角度闭合差的调整方法是将闭合差反符号后（　　）。

A. 按角度大小成正比例分配

B. 按角度个数平均分配

C. 按边长成正比例分配

5. 导线坐标增量闭合差的调整方法是将闭合差反符号后（　　）。

A. 按角度个数平均分配

B. 按导线边数平均分配

C. 按边长成正比例分配

6. 用导线全长相对闭合差来衡量导线测量精度的公式是（　　）。

A. $K = \dfrac{M}{D}$　　　　　B. $\dfrac{1}{D/|\Delta D|}$　　　　　C. $K = \dfrac{1}{\sum D/f_D}$

7. 闭合导线和附合导线内业计算的不同点是（　　）。

A. 方位角推算方法不同

B. 角度闭合差计算方法及坐标增量闭合差计算方法不同

C. 导线全长闭合差计算方法及坐标增量改正计算方法不同

8. 四等水准测量，每站的观测的顺序为（　　）。

A. 后—后—前—前　　　　B. 前—后—前—后　　　　C. 后—前—前—后

9. 四等水准测量中，黑面高差减红面高差±0.1m 应不超过（　　）。

A. 2mm　　　　　　　　B. 3mm　　　　　　　　C. 5mm

三、简答题

1. 控制测量的目的与作用是什么？

2. 布设导线，在选点时应注意哪些事项？

3. 导线测量内业计算的目的是什么？其外业工作主要包括哪些？

4. 简述导线测量的优、缺点？

5. 闭合导线的内业计算有哪几步？有哪些闭合差？

6. 简述四等水准测量一站的观测程序和基本规则。

7. 经纬仪交会法有哪几种形式，对图形和观测有何要求？

四、计算题

1. 某闭合导线，其横坐标增量总和为－0.35m，纵坐标增量总和为＋0.46m，如果导线总长度为 1216.38m，试计算导线全长相对闭合差和边长每 100m 的坐标增量改正数？

2. 已知四边形闭合导线内角的观测值，见表 6－11，试在表中计算：（1）角度闭合差；（2）改正后角度值；（3）推算出各边的坐标方位角。

表 6－11　　　　　　　　　　　四边形闭合导线内角观测值表

点　号	角度观测值（右角） （°　　′　　″）	改正数 （°　　′　　″）	改正后角值 （°　　′　　″）	坐标方位角 （°　　′　　″）
1	112　15　23			123　10　21
2	67　14　12			
3	54　15　20			
4	126　15　25			
Σ				

$\sum \beta =$　　　　　　　　　　$f_\beta =$

3. 根据图 6－18 中的数据，完成闭合导线的计算。

4. 根据图 6－19 中的数据，完成附合导线的计算。

5. 如图 6－20 所示，完成前方交会的计算

已知数据：

$X_A = 1000.000$,　$Y_A = 1000.0000$

$X_B = 907.860$,　$Y_B = 1343.869$

$X_C = 1117.568$,　$Y_C = 1660.764$

观测数据：

$\alpha_1 = 65°12'36''$,　$\beta_1 = 56°15'42''$

$\alpha_2 = 46°30'24''$,　$\beta_2 = 61°32'13''$

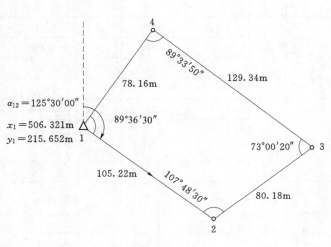

图 6－18

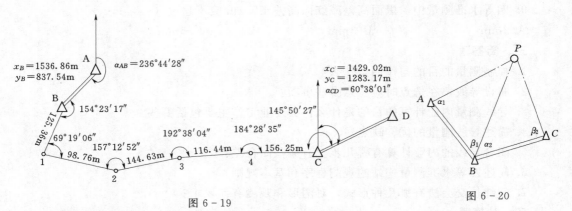

图 6-19　　　　　　　　　　　　　　　　　　图 6-20

6. 试完成表 6-12 中四等水准测量手簿的计算与校核。

表 6-12　　　　　　　　　　　　　　四等水准测量手簿计算

测站编号	测点	后尺 下丝 上丝 后距(m)	前尺 下丝 上丝 前距(m)	方向及尺号	水准尺读数(m) 黑面	水准尺读数(m) 红面	K+黑 一红 (mm)	高差中数 (m)	备注
		视距差 d	累积差 ∑d						
1	BM_1 —A	1.571	0.739	后 1	1.384	6.171			
		1.197	0.363	前 2	0.551	5.239			
				后一前					
2	A—B	2.121	2.196	后 2	1.934	6.621			
		1.747	1.821	前 1	2.008	6.796			
				后一前					$K_1=4.787$ $K_2=4.687$
3	B—C	1.914	2.055	后 1	1.726	6.513			
		1.539	1.678	前 2	1.866	6.554			
				后一前					
4	C—BM_2	2.082	2.259	后 2	1.832	6.519			
		1.582	1.755	前 1	2.007	6.793			
				后一前					
校核计算	∑(9)= ∑(10)= 末站(12)=全段总长 L=		∑(3)= ∑(7)= ∑(15)= ∑(17)=	∑(4)= ∑(8)= ∑(16)= ∑(18)=[∑(15)+∑(16)]/2=						

第七章　大比例尺地形图测绘

【学习内容】

本章主要讲述：地形图的基本知识，地物符号和地貌符号，大比例尺地形图的测绘方法。

【学习要求】

1. 知识点和教学要求

(1) 掌握地形图的概念，坐标方格网的绘制方法。

(2) 掌握碎部测量的基本方法和要求。

(3) 了解地形图分幅的基本形式，地物、地貌的表示方法。

2. 能力培养要求

(1) 具有利用经纬仪测绘法（或小平板）测绘地形图的能力。

(2) 具有绘制坐标方格网的能力，会用图式符号表示地物和地貌。

第一节　地形图的基本知识

一、概述

地面上的固定物体称为地物；地面上各种高低起伏的形态称为地貌。地形是地物和地貌的总称。

地形图是普通地图的一种。是按一定比例尺，采用规定的符号和表示方法，表示地面的地物地貌平面位置与高程的正射投影图，称为地形图，如图 7-1 所示。

大比例尺地形图按成图方法分成两大类：用测量仪器在实地测定地面点位，用符号与线划描绘的线划地形图；在实地用全站仪测定地面点的三维坐标，或者用其他成图方法，把地面点的三维坐标和地形信息存储在计算机中，通过计算机可转化成各种比例尺的地形图，称为数字地形图。

二、地形图的比例尺

(一) 数字比例尺

地形图上任意线段长度 d 与地面上相应线段的水平距离 D 之比，并用分子为 1 的整分数形式表示，即

$$\frac{d}{D} = \frac{1}{\dfrac{D}{d}} = \frac{1}{M} = 1 : M \tag{7-1}$$

式中　M——比例尺分母。

城区居民地

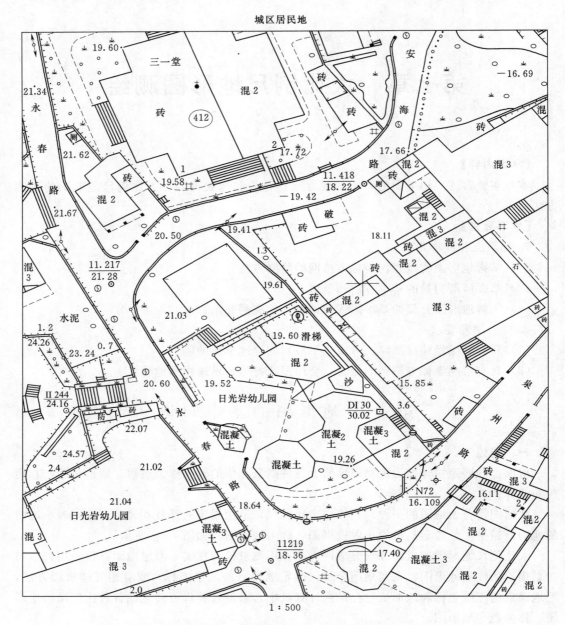

图 7 - 1   某城区居民地 1：500 地形图

通常称 1：500、1：1000、1：2000、1：5000 地形图为大比例尺地形图；1：1 万、1：2.5 万、1：5 万、1：10 万地形图为中比例尺地形图；1：25 万、1：50 万、1：100 万地形图为小比例尺地形图。

（二）图示比例尺

如图 7 - 2 所示，图示比例尺中最常见的是直线比例尺。用一定长度的线段表示图上的实际长度，并按地形图比例尺计算出相应地面上的水平距离，注记在线段上，称为直线比例尺。

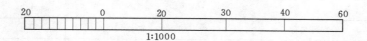

图 7 - 2 图示比例尺

（三）比例尺精度

人们用肉眼能分辨的图上最小距离为 0.1mm，因此我们把地形图上 0.1mm 所表示的实地水平距离，称为地形图比例尺精度。表 7 - 1 为不同大比例尺地形图的比例尺精度。

表 7 - 1　　　　　　　　　　不同大比例尺地形图的比例尺精度

比例尺	1：5000	1：2000	1：1000	1：500
比例尺精度（m）	0.50	0.20	0.10	0.05

比例尺精度有如下用途：

（1）根据比例尺精度确定测绘地形图时量距精度。

（2）根据用图的要求，确定所选用地形图的比例尺。

三、大比例尺地形图图式

在地形图中表示地物和地貌的专门符号称为地形图图式。表 7 - 2 是我国《1：500，1：1000，1：2000 地形图图式》中部分的地物和地貌符号。

四、大比例尺地形图的分幅和编号

为了便于测绘、保管和使用，需要将大面积的地形图进行统一分幅、编号。对大比例尺地形图的图幅大小一般为 50cm×50cm、40cm×50cm、40cm×40cm。各种比例尺地形图的图幅大小见表 7 - 3。

表 7 - 2　　　　　　　　　　常用地物、注记和地物符号

编号	符号名称	1：500 或 1：1000	1：2000
1	混—房屋结构 3—房屋层数	混3	
2	简单房屋		
3	建筑中的房屋	建	
4	破坏房屋	破	
5	棚房	45°	

续表

编号	符号名称	1：500 或 1：1000	1：2000
6	架空房屋	混凝土 4　　混凝土　　混凝土 4	1.0
7	廊房	混 3　　1.0	1.0
8	台阶	0.6　　1.0　　1.0	
9	无看台的露天体育场	体育场	
10	游泳池	泳	
11	过街天桥		
12	高速公路 a. 收费站 0—技术等级代码	a　　0　　0.4	
13	等级公路 2—技术等级代码 （G325）—国道路线编码	0.2 0.4 2（G325）	
14	乡村路 a—依比例尺的 b—不依比例尺的	a　　4.0　1.0　　0.2 b　　8.0　　2.0　　0.3	
15	小路	1.0　4.0　　0.3	
16	内部道路	1.0 1.0	
17	阶梯路	1.0	
18	打谷场、球场	球	

续表

编号	符号名称	1：500 或 1：1000	1：2000
19	旱地		
20	花圃		
21	有林地		
22	人工草地		
23	稻田		
24	常年湖		
25	池塘		
26	常年河 a. 水涯线 b. 高水界 c. 流向 d. 潮流向 ←////涨潮 ——→落潮		

续表

编号	符号名称	1:500 或 1:1000	1:2000
27	喷水池	1.0 ⊕ 3.6	
28	GPS 控制点	△ $\frac{B\ 14}{495.267}$ 3.0	
29	三角点 凤凰山—点名 394.468—高程	△ $\frac{凤凰山}{394.468}$ 3.0	
30	导线点 Ⅰ16—等级、点号 84.46—高程	2.0 ⊡ $\frac{Ⅰ\ 16}{84.46}$	
31	埋石图根点 16—点号 84.46—高程	1.6 ⊙ $\frac{16}{84.46}$ 2.6	
32	不埋石图根点 25—点号 62.74—高程	1.6 ⊙ $\frac{25}{62.74}$	
33	水准点 Ⅱ京石 5—等级、点名、点号 32.804—高程	2.0 ⊗ $\frac{Ⅱ京石\ 5}{32.804}$	
34	加油站	1.6 ⊖ 3.6 1.0	
35	路灯	2.0 1.6 ⊣⊢ 4.0 1.0	
36	独立树 a. 阔叶 b. 针叶 c. 果树 d. 棕榈、椰子、槟榔	a 2.0 ◯ 3.0 1.6 1.0 b 1.6 ⬆ 3.0 1.0 c 1.6 ◯ 3.0 1.0 d 2.0 ⬆ 3.0 1.0	
37	上水检修井	⊖ 2.0	

续表

编号	符号名称	1：500 或 1：1000	1：2000
38	下水（污水）、雨水检修井	⊕ 2.0	
39	下水暗井	⌀ 2.0	
40	煤气、天然气检修井	⊘ 2.0	
41	热力检修井	⊖ 2.0	
42	电信检修井 a. 电信人孔 b. 电信手孔	a　⌀ 2.0 2.0 b　△ 2.0	
43	电力检修井	◐ 2.0	
44	污水篦子	2.0 ⊖　□ 1.0 2.0	
45	地面下的管道	——— 污 — 4.0 1.0	
46	围墙 a. 依比例尺的 b. 不依比例尺的	a　10.0 b　10.0　0.3 0.6	
47	挡土墙	1.0 0.3 6.0	
48	栅栏、栏杆	10.0　1.0	
49	篱笆	10.0　1.0	
50	活树篱笆	6.0　1.0 0.6	
51	铁丝网	10.0　1.0	
52	通信线 地面上的	4.0	
53	电线架		
54	配电线 地面上的	4.0	
55	陡坎 a. 加固的 b. 未加固的	a　2.0 b	

续表

编号	符号名称	1：500 或 1：1000	1：2000
56	散树、行树 a. 散树 b. 行树	a ⊙...1.6	
57	一般高程点及注记 a. 一般高程点 b. 独立性地物的高程	a　　　　　b 0.5····●163.2　　　⌾ 75.4	
58	名称说明注记	**友谊路** 中等线体 4.0 (18k) **团结路** 中等线体 3.5 (15k) **胜利路** 中等线体 2.75 (12k)	
59	等高线 a. 首曲线 b. 计曲线 c. 间曲线	a ～～ 0.15 b ～～ 0.3　1.0 c ～ 6.0 0.15	
60	等高线注记	25	
61	示坡线	0.8	
62	梯田坎	56.4 1.2	

表 7 – 3　　　　　　　　　　矩形和正方形的分幅及面积

比例尺	矩 形 分 幅		正 方 形 分 幅		
	图纸大小 （cm×cm）	实地面积 （km²）	图幅大小 （cm×cm）	实地面积 （km²）	一幅 1：5000 图 所含幅数
1：5000	—	—	40×40	4	1
1：2000	50×40	0.8	50×50	1	4
1：1000	50×40	0.2	50×50	0.25	16
1：500	50×40	0.05	50×50	0.0624	64

大比例尺地形图的编号有 3 种方式：

（1）按该图幅西南角的坐标进行编号。如图 7－3 一幅 1：1000 比例尺地形图的图幅，其图幅号为 40.0－32.0。编号时 1：2000，1：1000 比例尺地形图坐标取至 0.1km，1：500 比例尺地形图取至 0.01km。

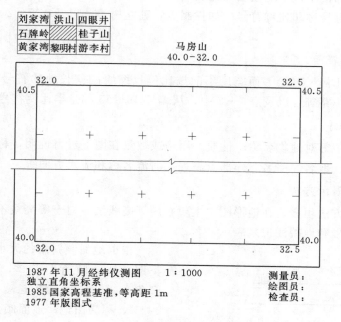

图 7－3　地形图分幅和编号

（2）按象限号、行号、列号进行编号。在城市测量中，地形图一般以城市平面直角坐标系统的坐标线划分图幅，矩形图幅常采用东西 50cm，南北 40cm。城市 1：10000 地形图的编号是象限号＋行号＋列号，例如某图的编号为 Ⅳ－1－2。

一幅 1：10000 地形图包括 25 幅 1：2000 地形图，所以 1：2000 地形图的编号为 Ⅳ－1－2－[1]，[2]，…，[25]。一幅 1：10000 地形图包括 100 幅 1：1000 地形图，所以 1：1000 地形图的编号为 Ⅳ－1－2－1，2，…，100。

（3）流水编号。在工程建设和小区规划中，还经常采用自由分幅按流水编号法。流水编号是按从左到右，从上到下，用阿拉伯数字编号。

第二节　地形图上地物和地貌的表示方法

一、地物的表示方法

地物在地形图上表示的基本原则是：凡是能依比例表示的地物，应将它们按一定比例缩绘在地形图上。不能按比例表示的地物，用相应的地物符号表示在图上。用不同比例尺测绘地形图时，地物符号也不同。地物符号分为以下几种。

（一）比例符号

当地物的轮廓较大时，其形状、大小和位置可按测图比例尺缩绘在图上的符号，称为比例符号。如房屋、湖泊等，以及表7-2中，从编号1～27都是比例符号（14b与15除外）。

（二）非比例符号

有些地物轮廓较小，不能按测图比例尺表示地物大小和形状的符号，采用图式规定的符号表示，这些符号称非比例符号。如控制点，独立树等，以及表7-2中，编号28～45都是非比例符号。

（三）半比例符号

凡长度可按比例尺缩绘，而宽度不能按比例尺缩绘的狭长地物符号，称为半比例符号。如输电线，小路等，以及表7-2中，从编号46～55都是半比例符号。

（四）注记符号

用文字、数字等对地物名称、性质、用途或数量在图上进行说明，称为地物注记。如房屋结构和层数、地名、路名、碎部点高程、河流名称和流水方向等。

二、地貌的表示方法

表示地貌的方法很多，在地形图中主要采用等高线法。对于等高线不能表示的地貌采用特殊的地貌符号和地貌注记来表示。

根据地面倾斜角的大小将地貌分成四种类型：地面倾角小于3°，称为平地；地面倾角在3°～10°，称为丘陵；地面倾角在10°～25°，称为山地；地面倾角大于25°，称为高山地。

（一）等高线表示地貌的原理

1. 原理

地面上高程相等的相邻各点连成的闭合曲线称为等高线。

图7-4中的山头被水所淹，水面高程为50m，这时水面与山头的交线就是一条高程为50m的等高线。若水面上升1m，又可

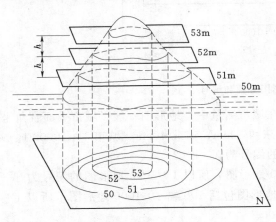

图7-4 等高线绘制原理

得到高程为51m的等高线。以此类推，可得一组等高线，将这组等高线投影到水平面上，再按测图比例尺缩绘到图纸上，就得到表示该山头的等高线图。

2. 等高距 h 和等高线平距 d

地形图上相邻等高线间的高差称为等高距，用 h 表示。同一幅地形图的等高距是相同的，因此称为基本等高距。在测绘地形图时，应根据地面坡度、测图比例尺，按国家规范要求选择合适的基本等高距，见表7-4。

两相邻等高线之间的水平距离称为等高线平距，用 d 表示。相邻两条等高线之间的地面坡度 i 为

$$i = \frac{h}{dM} \tag{7-2}$$

式中　M——地形图比例尺分母。

表7-4　　　　　　　　　　　　地形图的基本等高距　　　　　　　　　　　　单位：m

地 形 类 别	比 例 尺			
	1：500	1：1000	1：2000	1：5000
平地（地面倾角：$\alpha < 3°$）	0.5	0.5	1	2
丘陵（地面倾角：$3° \leqslant \alpha < 10°$）	0.5	1	2	5
山地（地面倾角：$10° \leqslant \alpha < 25°$）	1	1	2	5
高山地（地面倾角：$\alpha \geqslant 25°$）	1	2	2	5

在同一幅地形图上，由于相邻两条等高线的等高距相同，则等高线平距 d 的大小与地面坡度 i 有关。在地形图上等高线平距越小，则地面坡度越陡；等高线平距越大，则地面坡度越缓；等高线平距相同，则地面坡度相同。

（二）等高线的种类

等高线分为首曲线、计曲线、间曲线、助曲线四类，如图7-5所示。

（1）首曲线。按基本等高线绘制的等高线称为首曲线，用0.15mm宽的实线绘制。

（2）计曲线。由零米起算，每隔四条首曲线绘一条加粗的等高线称为计曲线，计曲线用0.30mm宽的粗实线绘制，其上注记高程。

（3）间曲线。按 $\frac{1}{2}$ 基本等高距绘制等高线称为间曲线，用0.15mm宽的长虚线绘制。

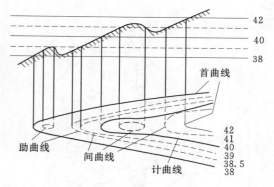

图7-5　等高线分类

（4）助曲线。按 $\frac{1}{4}$ 基本等高距绘制等高线，称为助曲线，用0.15mm宽的短虚线绘制。

（三）几种类型地貌的等高线表示方法

无论多么复杂的地貌形态，都是由山丘、洼地、山脊、山谷、鞍部等几种类型地貌组合而成。了解这些典型地貌的等高线图形将有助于测绘地形图和使用地形图，如图7-6所示。

1. 山丘和洼地

山的最高部位称为山丘。四周高而中间低的地形称为洼地。山头和洼地的等高线都是一组闭合曲线，如图7-7所示。其区别在于：山头等高线内圈等高线的高程大于外圈；洼地等高线外圈高程大于内圈。这种区别也可以用示坡线表示，示坡线是垂直绘在等高线上的短线，指向下坡方向。山头的示坡线绘在一组闭合曲线的外侧，而洼地的示坡线绘在闭合曲线的内侧。

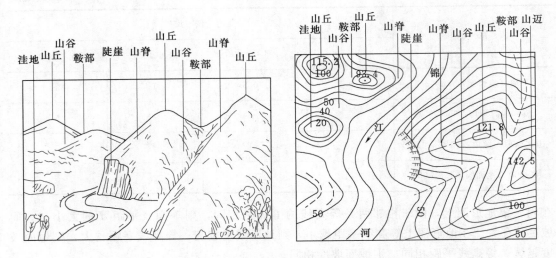

图 7-6　综合地貌及其等高线表示方法

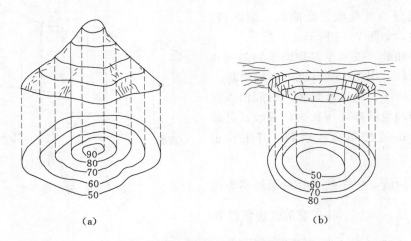

图 7-7　山头与洼地的等高线

2. 山脊和山谷

山顶向一个方向延伸的高地称为山脊。山脊上最高点的连线称为山脊线，也称为分水线。向一个方向延伸的洼地称为山谷。山谷最低点连线称为山谷线，也称集水线。山脊和山谷的等高线都是由一组向某一方向凸出的曲线组成，凸出方向的等高线高程变大的是山谷，凸出方向高程变小的是山脊，如图 7-8 所示。

3. 鞍部

两相邻山头之间呈马鞍形的凹地称为鞍部，如图 7-9 所示。鞍部的最低点既是两个山顶的山脊线的连接点，又是两条山谷线的连接点。其等高线是由两组山谷等高线和两组山脊等高线组成。

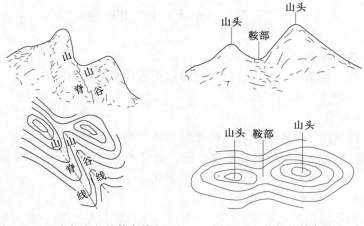

图7-8　山脊与山谷的等高线　　图7-9　鞍部的等高线

4. 陡崖和悬崖

陡崖是坡度在70°以上的陡峭崖壁，有石质和土质之分。如果用等高线表示，此处将是非常密集等高线或等高线投影后重合为一条线，因此采用陡崖符号来表示，如图7-10（a）和图7-10（b）所示。

悬崖是上部突出，下部凹进的陡崖。悬崖上部的等高线投影到水平面时，与下部的等高线相交，下部凹进的等高线部分用虚线表示，如图7-10（c）所示。

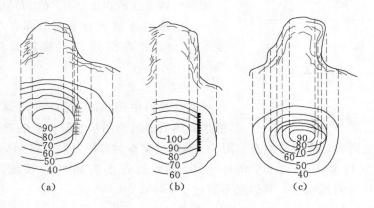

图7-10　陡崖与悬崖的表示

（四）等高线的特性

（1）同一条等高线上各点的高程相等。

（2）等高线是一条连续的闭合曲线（间曲线和助曲线除外）。

（3）不同高程的等高线除悬崖、陡崖外不得相交或重合。

（4）同一幅地形图中，基本等高距相同，等高线的疏密表示地面坡度的陡缓。

（5）山脊线和山谷线处处与等高线正交，山脊线凸向低处，山谷线凸向高处。

掌握等高线的特性，使我们能正确地测绘等高线和使用地形图。

第三节　地形图的测绘

一、测图前的准备工作

在测区完成控制测量工作后，就可以得到图根控制点的坐标和高程，进行地形图的测绘。测图前应做好下列准备工作。

（一）图纸准备

测绘地形图使用图纸为一面打毛的聚酯薄膜，聚酯薄膜厚度为 0.07～0.10mm，伸缩率小于 0.2‰。聚酯薄膜图纸具有坚韧耐湿、透明度好、伸缩性小、可以水洗，着墨后可直接晒蓝图等优点。缺点是易燃、易折、易老化。

（二）绘制坐标格网

大比例尺地形图图式规定：1：500～1：2000 比例尺地形图一般采用 50cm×50cm 正方形分幅或 50cm×40cm 矩形分幅；1：5000 一般采用 40cm×40cm 正方形分幅，或 50cm×40cm 矩形分幅。为了展绘控制点，需要在图纸上绘出 10cm×10cm 的正方形格网，称为坐标格网。绘制坐标格网的常用方法有对角线法和绘图仪法。

1. 对角线法

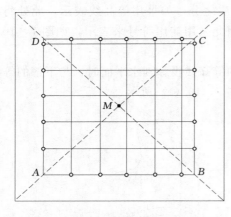

图 7 - 11　对角线法绘制坐标方格网

如图 7 - 11 所示，先用 1m 钢板尺在图纸上绘两条对角线相交于 M 点。自交点 M 沿对角线量长度相等的四个线段得 A、B、C、D 四点，并连成矩形。在矩形的 A 点处自下而上和自左向右每 10cm 量取一分点，连接对边相应的分点，形成坐标格网。

2. 绘图仪法

在计算机中用 AutoCAD 软件编辑好坐标格网图形，然后通过绘图仪绘制在图纸上。

绘出坐标格网后，应进行检查。用 1m 钢板尺检查对角线方向各格网交点是否位于同一条直线上，其偏差不超过 0.2mm；用标准尺检查小方格的边长，其偏差不超过 0.2mm；小方格对角线长度，其偏差不超过 0.3mm。

（三）展绘控制点

根据控制点的坐标，将其点位表示在图上，称为展绘控制点。展点前，确定图幅的四角坐标并注记在图上。展点的方法有人工展点法和坐标展点仪法。下面介绍人工展点法。

已知控制点 A 点的坐标为 $x_A=214.60m$，$y_A=256.78m$。首先确定 A 点所在小方格 1234。自 1，2 点用比例尺分别向右量 $256.78-200=56.78$（m），定出 a，b 两点；自 2，4 点用比例尺分别向上量 $214.60-200=14.60$（m），定出 c，d 两点。连接 ab，cd 得到交点即为 A 点位置，展完 B 点后，用比例尺检查 AB 两控制点间距离，其偏差在图上不得超过 0.3mm，用相应的控制点符号表示，点的右侧用分数形式注明点号及控制点高程。用同样方法展绘其他控制点，如图 7 - 12 所示的 B、C、D 点。

二、大比例尺地形图的测绘方法

大比例尺地形图的测绘方法有常规测图法和数字测图法。常规测图法最常用的方法是经纬仪配合量角器测图，简称经纬仪测图法，本节只介绍经纬仪测图法。

（一）经纬仪测图法

1. 方法

（1）在控制点上安置经纬仪测量水平角，用视距法测量水平距离、高差和高程。

（2）根据测量数据用量角器和比例尺在图纸上用极坐标法确定地形特征点，也称为碎部点的平面位置，并注记高程。

（3）描绘地物和地貌。

2. 一测站的工作步骤

（1）安置经纬仪。如图 7-13 所示，将经纬仪置控制点 A 上，量取仪器高 i。盘左位置瞄准另一控制点 B，配置水平度盘读数 $0°00'00''$。为了防止错误，瞄准另一控制点 C，检查水平角、水平距和高程。

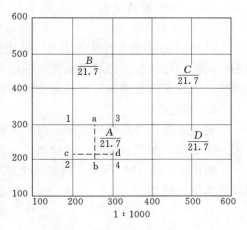

图 7-12　展绘控制点

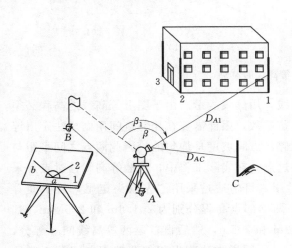

图 7-13　经纬仪配合量角器测图

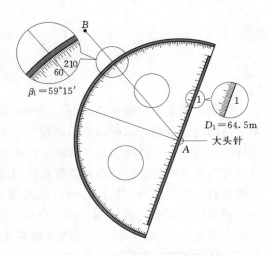

图 7-14　使用量角器展绘控制点

（2）安置小平板。小平板安置在经纬仪附近，图纸上控制点方向与实地控制点的方向大致相同。绘图员把 AB 两点连接起来作为起始方向。把量角器的圆心，用小针固定在 A 点上（图 7-14）。

（3）观测碎部点。碎部点 1 上立标尺，观测员照准 1 点的标尺，读取水平角 β_1，视距间隔 l，竖盘读数 L，中丝读数 v。计算水平距离 D_{A1}，高差 h_{A1} 和高程 H_1。

（4）展绘碎部点，注记高程。利用量角器量出水平角 β_1，画出 $A1$ 的方向线，再用比例尺量出水平距离 D_{A1}，将 1 点标定在图上，并注记高程。

（5）根据测绘的碎部点，可以描绘地物和地貌。

（二）地形图的绘制

1. 地物的绘制

各种地物应按"地形图图式"规定的符号表示。房屋其轮廓用直线连接；河流、铁路、公路等应按实际形状连成光滑曲线；对于不能按比例描绘的重要地物，应按"地形图图式"规定的符号表示；有些地物需要用文字、数字、特定符号来说明。

2. 地貌的绘制

地貌主要用等高线来表示。对于不能用等高线来表示的特殊地貌，如陡崖、悬崖、冲沟、雨裂等，按图式规定符号绘制。

如图 7-15（b）所示，在图纸上测定了许多地貌特征点和一般高程点，下面说明等高线勾绘的过程。

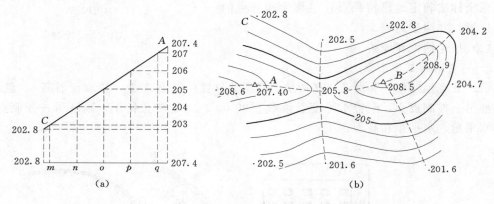

图 7-15 等高线的勾绘

首先在图上连接山脊线、山谷线等地形线，用虚线表示。由于图上等高线的高程必须是等高距的整数倍，而碎部点的高程一般不是整数，因此需要在相邻点间用内插法定出等高线的通过点。等高线勾绘的前提是两相邻碎部点间坡度是均匀的，因此两点之间平距与高差成正比的关系，内插出各条等高线的通过点。在实际工作中，内插等高线通过点可采用解析法、图解法和目估法，而目估法最常用。目估法是采用"先取头定尾，后中间等分"的方法。例如，图 7-15（b）中地面上两碎部点高程分别为 201.6m 和 205.8m，基本等高距为 1m，则首尾等高线的高程为 202m 和 205m，然后再首尾两等高线间 3 等分，共有 2 条等高线，高程分别为 203m 和 204m。用同样方法定出相邻两碎部点间等高线的通过点。最后把高程相同的点用光滑曲线连接起来，勾绘出等高线。首曲线用细实线表示；计曲线用粗实线表示，并注记高程。

（三）地形图测绘的技术要求

1. 仪器设置及测站检查

《城市测量规范》对地形图测图时仪器的设置及测站上的检查要求如下：

（1）仪器对中的偏差，不应大于图上 0.05mm。

（2）以较远的一点定向，用其他点进行检核，图 7-13 时选择 B 点定向，C 点进行检核。采用经纬仪测绘时，其角度检测值与原角值之差不应大于 2。每站测图过程中，应随时查定向点方向，采用经纬仪测绘时，归零差不应大于4。

（3）检查另一测站高程，其较差不应大于1/5基本等高距。

（4）采用量角器配合经纬仪测图，当定向边长在图上短于10cm，应以正北或正南方向作起始方向。

2. 地物点、地形点视距和测距最大长度应符合表7-5的规定

表7-5　　　　　　　　　碎部点的最大间距和最大视距　　　　　　　　单位：m

测图比例尺	地貌点最大间距	最 大 视 距			
		主要地物点		次要地物点和地貌点	
		一般地区	城市建筑区	一般地区	城市建筑区
1∶500	15	60	50	100	70
1∶1000	30	100	80	150	120
1∶2000	50	180	120	250	200
1∶5000	100	300	—	350	—

3. 图上地物点的点位中误差，地物点间距中误差和等高线高程中误差应符合表7-6的规定

表7-6　　　　　　　　地物点位、点间距和等高线高程中误差　　　　　　　单位：mm

地 区 类 别	点位中误差（图上）	地物点间距中误差（图上）	等高线高程中误差（等高距）			
			平地	丘陵地	山地	高山地
平地、丘陵地和城市建筑区	0.5	0.4	1/3	1/2	2/3	1
山地、高山地和施测困难的旧街坊内部	0.75	0.6				

（四）地形图的拼接、检查和整饰

1. 地形图的拼接

当测区面积较大，整个测区分成许多图幅分别进行测绘，这样相邻图幅连接处的地物和地貌应该完全吻合，但由于测量误差和绘图误差的存在，往往不能吻合。图7-16表示相邻两图幅的接图情况。规范规定接图误差不应大于表7-6规定的平面、高程中误差的$2\sqrt{2}$倍。如果符合接图限差要求，可取平均位置改正相邻图幅的地物和地貌。

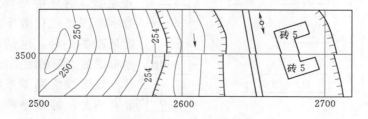

图7-16　地形图的拼接

2. 地形图的检查

（1）室内检查。室内检查首先对控制测量资料作详细检查，然后对地形图进行检查，确定野外检查重点和巡视路线。

（2）野外检查。根据室内检查的重点按预定路线进行巡视检查。对于室内检查和巡视检查中发现的重大问题，到野外设站用仪器检查，及时进行修改。

（3）地形图的整饰。地形图的整饰按照先图内后图外，先地物后地貌的顺序，依图式符号的规定进行整饰，使图面整洁清晰。图内整饰还包括坐标格网和图廓等全部内容。图外整饰包括图名、图号、接图表、平面坐标和高程系统、比例尺、施测单位、测绘者、测绘日期等。

第四节 数字测图简介

数字测图是一种全解析的计算机辅助测图方法，与图解法测图相比，其具有明显的优越性和广阔的发展前景。

一、数字测图系统

数字测图系统是以计算机为核心，连接测量仪器的输入输出设备，在硬件和软件的支持下，对地形空间数据进行采集、输入、编辑、成图、输出和管理的测绘系统。数字测图系统的综合框图如图 7-17 和图 7-18 所示。

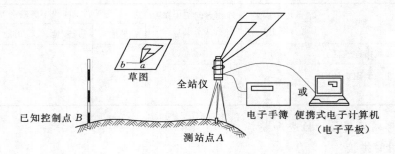

图 7-17 数字测图系统

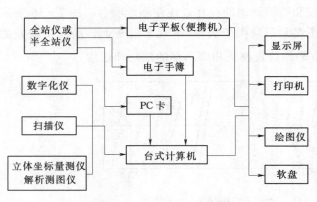

图 7-18 数字测图系统综合框图

用全站仪在测站进行数字化测图，称为地面数字测图。

由于用全站仪直接测定地物点和地形点的精度很高，所以，地面数字测图是几种数字测图方法中精度最高的一种，也是城市大比例尺地形图最主要的测图方法。

地面数字测图系统，其模式主要有两种，即数字测记法模式和电子平板模式。

数字测记法模式为野外测记、

室内成图，即用全站仪测量，电子手簿记录，同时配以人工画草图和编码系统，到室内将野外测量数据从电子手簿直接传输到计算机中，再配以成图软件，根据编码系统以及参考草图编辑成图。

电子平板模式为野外测绘，实时显示，现场编辑成图。所谓电子平板测量，即将全站仪与装有成图软件的便携机联机，在测站上全站仪实测地形点，计算机屏幕现场显示点位和图形，并可对其进行编辑，满足测图要求后，将测量和编辑数据存盘。

二、数字测图图形信息的采集和输入

各种数字测图系统必须先获取图形信息，地形图的图形信息包括所有与成图有关的资料，如测量控制点资料、解析点坐标、各种地物的位置和符号、各种地貌的形状、各种注记等。对于图形信息，常用的采集和输入方式有以下几种。

1. 地面测量仪器数据采集输入

应用全站仪或其他测量仪器在野外对成图信息直接进行采集。采集的数据载体为全站仪的存储器和存储卡。采集的数据可通过接口电缆直接送入计算机中。

2. 人机对话键盘输入

对于测量成果资料、文字注记资料等，可以通过人机对话方式由键盘输入计算机之中。

3. 数字化仪输入

应用数字化仪对收集的已有地形图的图形资料进行数字化，也是图形信息获取的一个重要途径。数字化仪主要以矢量数据形式输入各类实体的图形数据，即只要输入实体的坐标。除矢量数据外，数字化仪与适当的程序配合也可在数字化仪选择的位置上输入文本和特殊符号。对原有地形图，可用点方式数字化的形式。点方式为选择最有利于表示图形特征的特征点逐点进行数字化。

三、图形信息的符号注记

地形图图面上的符号和注记在手工制图中是一项繁重的工作。用计算机成图不需要逐个绘制每一个符号，而只需先把各种符号按地形图图式的规定预先做好，并按地形编码系统建立符号库，存放在计算机中。使用时，只需按位置调用相应的符号，使其出现在图上指定的位置。这样进行符号注记，快速简便。

地形图符号分为比例符号、非比例符号及半比例符号三种。这些符号的处理方法如下。

1. 比例符号的绘制

比例符号主要是一些较大地物的轮廓线，依比例缩小后，图形保持与地面实物相似，如房屋、道路、桥梁、河流等。这些符号一般是由图形元素的点、直线段、曲线段等组合而成，因而可以通过获取这些图形元素的特征点用绘图软件绘制。

2. 非比例符号的绘制

非比例符号主要是指一些独立的、面积较小但具有重要意义或不可忽视的地物，如测量控制点、水井、界址点等。非比例符号的特点是仅表示该地物中心点的位置，而不代表其大小。对这些符号的处理，可先按照图式标准将符号做好，存放于符号库中，在成图时，按其位置调用，绘制于图上。

3. 半比例符号的绘制

半比例符号在图上代表一些线状地物，如围墙、斜坡、境界等。这些符号的特点是在长度上依比例尺表示。在处理这些符号时，可对每一个线状地物符号编制一个子程序，需要时，调用这些子程序，只需输入该线状地物转折处的特征点，即可由程序绘出该线状地物。

四、绘图输出

首先建立一个与地形编码相应的《地形图图式》符号库，供绘图使用。绘图程序根据输入的比例尺、图廓坐标、已生成的坐标文件和连接信息文件，按编码分类，分层进入房屋、道路、水系、独立地和植被及地貌等各层，进行绘图处理，生成绘图命令，并在屏幕上显示所绘图形，再根据操作员的人为判断，对屏幕图形作最后的编辑、修改。经过编辑修改的图形生成图形文件，由绘图仪绘制出地形图。通过打印机打印出必要的控制点成果数据。

将实地采集的地物、地貌特征点的坐标和高程，经过计算机处理，自动生成不规则的三角网，建立起数字地面模型。该模型的核心目的是用内插法求得任意已知坐标点的高程。据此可以内插绘制等高线和断面图，为道路、管线、水利等工程设计服务，还能根据需要随时取出数据，绘制任何比例尺的地形原图。

五、草图法数字测图简介

1. 南方公司 CASS 成图软件介绍

软件界面各区功能如图 7-19 所示。

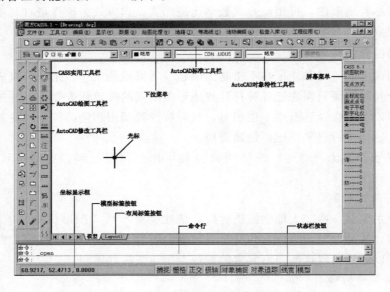

图 7-19　南方 CASS 操作界面

（1）下拉菜单：执行主要测量功能。

（2）屏幕菜单：绘制各种类别地物，操作较频繁。

（3）图形区：主要工作区，显示图形及操作。

（4）工具栏：各种 AutoCAD 命令、测量功能——快捷工具。

（5）命令提示区：命令记录区，提示用户操作。

2. 草图法数字测图

外业用全站仪测量碎部点三维坐标，领图员绘制碎部点构成的地物形状和类型，并记录碎部点点号（应与全站仪自动记录的点号一致）。然后把全站仪内存中碎部点三维坐标下传到 PC 机数据文件，转换成 CASS 坐标格式文件并展点，根据野外绘制的草图在 CASS 中绘制地物。

（1）人员组织。

1）观测员——操作全站仪，观测、记录观测数据，注意经常检查零方向及与领图员核对点号，如图 7-20 所示。

图 7-20　数字测图

2）领图员——指挥跑尺员，现场勾绘草图。领图员须熟悉地形图图式，保证草图的简洁、正确，并经常与观测员对点号（每测 50 个点对一次点号）。且绘制草图纸应有固定格式，不应随便画在几张纸上。每张草图包含日期、测站、后视、测量员、绘图员信息。搬站时，尽量换张草图纸，不方便时，应记录本草图纸内的点所隶属的测站。

3）跑尺员——负责现场跑尺，应对跑点有经验，保证内业制图的方便，经验不足者，由领图员指挥跑尺。

4）内业制图员——可由领图员担任内业制图任务，操作 CASS 展绘坐标数据文件，对照草图连线成图。

（2）野外采集数据下传到 PC 机文件。用数据线连接全站仪与 PC 机 COM 口，设置好全站仪的通信参数，在 CASS 中执行"数据/读取全站仪数据"命令，弹出"全站仪内存数据转换"对话框。

1）在"仪器"下拉列表选择所用全站仪类型。

2）设置与全站仪相同的通信参数，勾选"联机"复选框，在"CASS坐标文件"文本框输入数据文件名和路径。

3）单击"转换"按钮，按提示操作全站仪发送数据，单击对话框"确定"按钮，将发送数据保存到设定的坐标数据文件中。也可用全站仪通信软件下传坐标数据并存储为坐标文件，如图7-21所示。

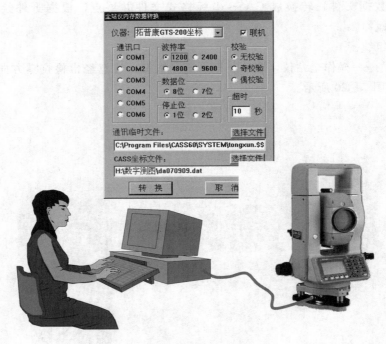

图7-21 数据传输

（3）展碎部点。将坐标数据文件中点的三维坐标展绘在绘图区，在点位右边注记点号，以便于结合野外绘制的草图描绘地物。点位与点号对象位于"ZDH"（意为展点号）图层，点位对象是AutoCAD的"Point"对象，执行Ddptype命令修改点样式。执行"绘图处理\展野外测点点号"命令，在弹出的文件选择对话框中选择一个坐标数据文件，单击"打开"按钮，根据命令行提示操作完成展点。执行Zoom/E命令选项，查看展绘碎部点点位和点号，执行"绘图处理\切换展点注记"命令，如图7-22所示。根据需要修改点注记方式。

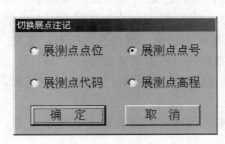

图7-22 展碎部点

（4）根据草图绘制地物。根据野外绘制的草图，操作CASS描绘地物与地貌，如图7-23所示。操作屏幕菜单完成，单击屏幕菜单"坐标定位"按钮。

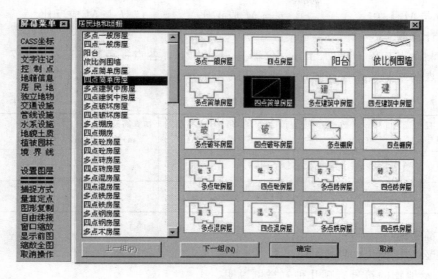

图 7-23 绘制地形图

思 考 题 与 习 题

一、填空题

1. 比例尺的定义为_____。比例尺的种类有_____、
_____。

2. 比例尺精度的定义为_____。1：2000 测图时，量距精度只需
量至_____m。欲把实地最短线段 0.2m 表示在图上，则采用测图比例尺不得小
于_____。

3. 地物符号有_____、_____、_____三种。

4. 等高线种类有_____、_____、_____、
_____四种。

二、名词解释

1. 比例尺；2. 等高距

三、判断题

1. 平面图和地形图的区别是平面图仅表示地物的平面位置，而地形图仅表示地面的
高低起伏。 （ ）

2. 等高线为高程相等的点连接起来的闭合曲线。 （ ）

四、选择题

1. 在一张图纸上等高距不变时，等高线平距与地面坡度的关系是（ ）。

A. 平距大则坡度小 　　B. 平距大则坡度大 　　C. 平距大则坡度不变

2. 地形测量中，若比例尺精度为 b，测图比例尺为 M，则比例尺精度与测图比例尺大
小的关系为（ ）。

A. b 与 M 无关　　　　　B. b 与 M 成正比　　　　　C. b 与 M 成反比

五、计算题

已知测站点高程 $H=81.34$m，仪器高 $i=1.42$m，各点视距测量记录见表 7-7。试求出各地形点的平距及高程（竖直角计算公式为 $\alpha_左=90°-L$）。

表 7-7　　　　　　　　　　　　各点视距测量记录表

点号	视距读数 (m)	中丝读数 (m)	盘左竖盘读数 (° ′)	竖 角 (° ′)	平距 (m)	初算高差 (m)	$i-l$ (m)	高差 (m)	高程 (m)
1	53.5	2.72	87 51						
2	79.4	1.43	99 46						

六、简答题

1. 什么是比例尺的精度？
2. 表示地物的符号有哪几种？举例说明。
3. 什么是等高线？等高距？等高线有哪几种？
4. 测图方法有哪几种？
5. 试述经纬仪测绘法测绘地形图的操作步骤。
6. 简述草图法数字测图的步骤。

第八章 地形图的识读与应用

【学习内容】

本章主要讲述：地形图的识读方法和内容，地形图的基本应用以及地形图在工程中的作用。

【学习要求】

(1) 掌握地形图阅读的方法和规律。

(2) 了解地形图应用的基本内容及其在规划设计中的作用。

(3) 掌握面积计算的常用方法。

重点：在地形图上确定点的坐标、高程以及两点间距离、方位、坡度的方法；面积量算。

难点：地形图的应用。

地形图是具有丰富的地形信息的载体，它不仅包含自然的地物和地貌，而且包含社会、政治、经济等人文地理要素。

在地形图上，可以直接确定点的概略坐标、点与点之间的水平距离和直线间的夹角、直线的方位等。既能利用地形图进行实地定向，确定点的高程和两点间高差，也能从地形图上计算出面积和体积，还可以从图上决定设计对象的施工数据。无论是水利工程建设、资源勘查、土地利用及规划，还是工程设计、军事指挥等，都离不开地形图。因此，正确识读和应用地形图，是每个水利工程技术人员必备的基本技能。

第一节 地 形 图 的 识 读

为了正确地应用地形图，首先要能看懂地形图。地形图是用各种规定的符号和注记表示地物、地貌及其他有关资料。通过对这些符号注记的识读，可使地形图成为展现在人们面前的实地立体模型，以判断其相互关系和自然形态，这就是地形图识读的主要目的。地形图识读的基本方法是：先图内，后图外；先地物，后地貌。

一、图外注记识读

首先要了解这幅图的编号和图名、图的比例尺、图的方向以及采用什么坐标系统和高程系统，这样就可以确定图幅所在的位置、图幅所包括的面积和长宽等。

对于小于 1∶10000 的地形图，一般采用国家统一规定的高斯平面直角坐标系（1980年国家坐标系），城市地形图一般采用城市坐标系，工程项目总平面图大多采用施工坐标系。我国自 1987 年启用"1985 国家高程基准"，全国均以新的水准原点高程为准。但也有若干老的地形图和有关资料，使用的是其他高程系或假定高程系。地形图所使用的坐标系统和高程系统通常用文字注明于地形图的左下角。

对地形图的测绘时间和图的类别要了解清楚，地形图反映的是测绘时的现状，因此要知道图纸的测绘时间，对于未能在图纸上反映的地面上的新变化，应组织力量予以修测与补测，以免影响设计工作。

二、地物识读

要正确识读地形图，首先要熟悉一些常用的地物符号，了解符号和注记的确切含义。根据地物符号，了解主要地物的分布情况，如村镇名称、公路走向、河流分布、地面植被、农田、境界等。

三、地貌识读

要正确理解等高线的特性，根据等高线，了解图内的地貌情况，首先要知道等高距是多少，然后根据等高线的疏密判断地面坡度及地形走势。

在识读地形图时，还应注意地面上的地物和地貌不是一成不变的。由于城乡建设事业的迅速发展，地面上的地物、地貌也随之发生变化，因此，在应用地形图进行规划以及解决工程设计和施工中的各种问题时，除了细致地识读地形图外，还需进行实地勘察，以便对建设用地有全面正确的了解。

以图 8-1 为例说明地形图的识读过程。

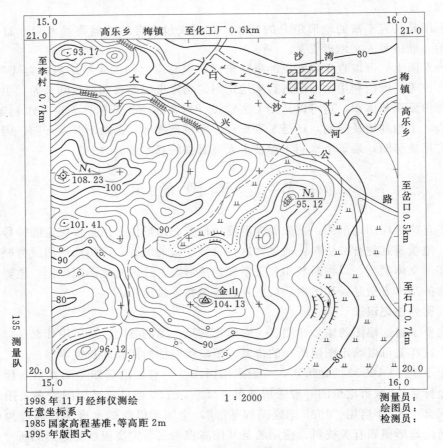

1998 年 11 月经纬仪测绘
任意坐标系
1985 国家高程基准，等高距 2m
1995 年版图式

1 : 2000

测量员：
绘图员：
检测员：

图 8-1   沙湾地区地形图

应先根据图廓外的注记，了解该图的图名、图号、比例尺、等高距、施测单位、所采用的坐标系统和高程系统以及测图日期等内容。对所采用的图式进行认真的阅读。然后再进一步了解地物分布和地貌状况。

在熟悉地物符号的基础上识读地物。如本幅图的东北部为沙湾镇，大兴公路从西北向东南方穿过。

本图幅内正中从北向南延伸着高程为 90~108m 的山脊，局部山丘有不明显的鞍部。两山脊之间从北向南有种植水稻的梯田。

本图幅内的植被，除山庄北面的山脊上有梨树园和一片竹林外，其余斜坡耕地均种植旱地作物，故冬、春两季大部分山坡都是裸露的。

通过以上识读分析，应对本图幅中的地形情况有全面的了解。

第二节　地形图应用的基本内容

在工程建设规划设计时，往往要用解析法或图解法在地形图上求出任意点的坐标和高程，确定两点之间的距离、方向和坡度，利用地形图绘制断面图等，这就是用图的基本内容，现分述如下。

一、确定图上点的坐标

图 8-2 是比例尺为 1:1000 的地形图坐标格网的示意图，以此为例说明求图上 A 点坐标的方法。首先根据 A 的位置找出它所在的坐标方格网 $abcd$，过 A 点作坐标格网的平行线 ef 和 gh。然后用直尺在图上量得 $ag=62.3\text{mm}$，$ae=55.4\text{mm}$；由内、外图廓间的坐标标注知：$x_a=20.1\text{km}$，$y_a=12.1\text{km}$。则 A 点坐标为

$$x_A=x_a+ag \cdot M=20100\text{m}+62.3\text{mm}\times1000=20162.3\text{（m）}$$

$$y_A=y_a+ae \cdot M=12100\text{m}+55.4\text{mm}\times1000=12155.4\text{（m）} \qquad (8-1)$$

式中　M——比例尺分母。

如果图纸有伸缩变形，为了提高精度，可按式（8-2）计算，即

$$\left. \begin{aligned} x_A &= x_a+ag \cdot M \cdot \frac{l}{ab} \\ y_A &= y_a+ae \cdot M \cdot \frac{l}{ad} \end{aligned} \right\} \qquad (8-2)$$

式中　l——方格 $abcd$ 边长的理论长度，一般为 10cm；

ab、ad——分别用直尺量取的方格边长。

二、确定两点间的水平距离

如图 8-2 所示，欲确定 A、B 间的水平距离，可用如下两种方法求得。

（一）图解法

用卡规在图上直接卡出线段长度，再与

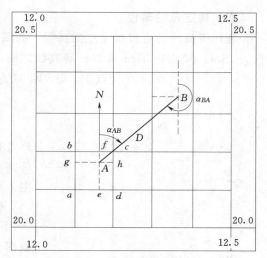

图 8-2　地形图的应用

图示比例尺比量，即可得其水平距离。也可以用刻有毫米的直尺量取图上长度 d_{AB} 并按比例尺（M 为比例尺分母）换算为实地水平距离，即

$$D_{AB}=d_{AB}M \qquad (8-3)$$

或用三棱比例尺直接量取直线长度。

（二）解析法

按式（8-2），先求出 A、B 两点的坐标，再根据 A、B 两点坐标由式（8-4）计算：

$$D_{AB}=\sqrt{(x_B-x_A)^2+(y_B-y_A)^2} \qquad (8-4)$$

三、确定两点间直线的坐标方位角

欲求图 8-2 上直线 AB 的坐标方位角，可有下述两种方法。

（一）图解法

在图上先过 A、B 点分别作出平行于纵坐标轴的直线，然后用量角器分别度量出直线 AB 的正、反坐标方位角 α'_{AB} 和 α'_{BA}，取这两个量测值的平均值作为直线 AB 的坐标方位角，即

$$\alpha_{AB}=\frac{1}{2}(\alpha'_{AB}+\alpha'_{BA}\pm180°) \qquad (8-5)$$

式中，若 $\alpha'_{BA}>180°$，取"$-180°$"；若 $\alpha'_{BA}<180°$，取"$+180°$"。

（二）解析法

首先确定 A、B 两点的坐标，然后按式（8-6）确定直线 AB 的坐标方位角。

$$\tan\alpha_{AB}=\frac{\Delta y_{AB}}{\Delta x_{AB}}=\frac{y_B-y_A}{x_B-x_A} \qquad (8-6)$$

四、确定点的高程

利用等高线，可以确定点的高程。如图 8-3 所示，A 点在 28m 等高线上，则它的高程为 28m。M 点在 27m 和 28m 等高线之间，过 M 点作一直线基本垂直这两条等高线，得交点 P、Q，则 M 点高程为

$$H_M=H_P+\frac{d_{PM}}{d_{PQ}}h \qquad (8-7)$$

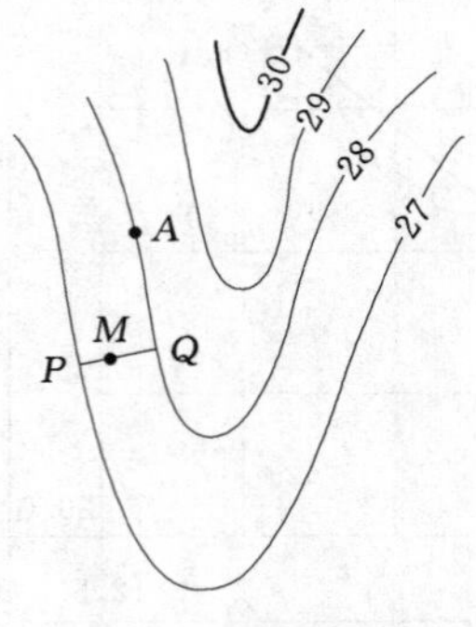

图 8-3　确定点
的高程图

式中　H_P——P 点高程；

　　　　h——等高距；

d_{PM}，d_{PQ}——图上 PM、PQ 线段的长度。

例如，设用直尺在图上量得 $d_{PM}=5\text{mm}$、$d_{PQ}=12\text{mm}$，已知 $H_P=27\text{m}$，等高距 $h=1\text{m}$，把这些数据代入式（8-7）得

$$h_{PM}=5/12\times1=0.4\ (\text{m})$$

$$H_M=27+0.4=27.4\ (\text{m})$$

五、确定两点间直线的坡度

如图 8-4 所示，A、B 两点间的高差 h_{AB} 与水平距离 D_{AB} 之比，就是 A、B 间的平均坡 i_{AB}，即

$$i_{AB}=\frac{h_{AB}}{D_{AB}} \qquad (8-8)$$

例如，$h_{AB}=H_B-H_A=86.5-50.0=+36.5\ (\text{m})$，设 $D_{AB}=876\text{m}$，则 $i_{AB}=+36.5/876=+0.04=+4\%$。

坡度一般用百分数或千分数表示。$i_{AB}>0$ 表示上坡；$i_{AB}<0$，表示下坡。若以坡度角表示，则

$$\alpha=\arctan\frac{h_{AB}}{D_{AB}}$$

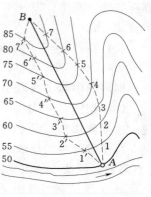

图 8-4　选定等坡路线

第三节　地形图在工程勘测规划设计工作中的应用

一、按规定的坡度选定等坡路线

如图 8-5 所示，要从 A 向山顶 B 选一条公路的路线。已知等高线的基本等高距为 $h=5\text{m}$，比例尺 1：10000，规定坡度 $i=5\%$，则路线通过相邻等高线的平距应该是 $D=h/i=5/5\%=100\text{m}$。在 1：10000 图上平距应为 1cm，用圆规以 A 为圆心，1cm 为半径，作圆弧交 55m 等高线于 1 或 $1'$。再以 1 或 $1'$ 为圆心，按同样的半径交 60m 等高线于 2 或 $2'$。同法可得一系列交点，直到 B。把相邻点连接，即得两条符合于设计要求的路线的大致方向。然后通过实地踏勘，综合考虑，选出一条较理想的公路路线。

由图 8-4 中可以看出，$A-1'-2'-3'\cdots$ 线路的线形，不如 $A-1-2-3\cdots$ 线路线形好。

二、绘制已知方向纵断面图

在道路、管道设计和土方计算中常利用地形图绘制沿线方向的断面图。如图 8-5 所示，要求绘出 AB 方向的断面图。绘制方法是：

（1）如图 8-6 所示，在厘米格纸上绘出直角坐标系，横轴表示水平距离，纵轴表示高程。为了绘图方便，水平距离的比例尺一般选择与地形图相同；为了较明显地反映路线

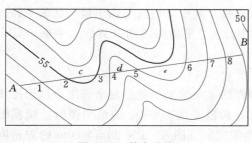

图 8-5　等高线图

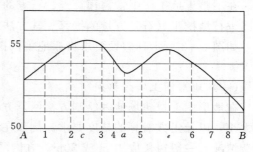

图 8-6　绘制纵断面图

方向的地面起伏，以便于在断面图上作竖向布置，取高程比例尺是水平距离比例尺的 10 倍或 20 倍。

（2）在图 8-5 中设直线 AB 与等高线的交点分别为 1，2，3，4，…，以线段 A1，A2，A3，…，AB 为半径，在图 8-6 的横轴上以 A 为起点，截得对应 1，2，3，…，B 点，即两图中同名线段一样长。

（3）把图 8-5 中 A，1，2，…，B 点的高程作为图 8-6 中横轴上同名点的纵坐标值，这样就作出断面上的地面点，把这些点依次平滑地连接起来，就形成断面图。

为了较合理地反映断面的起伏，应根据相邻等高线 55m 和 56m 内插出 2、3 点之间的 c 点高程。同法内插出 d、e 点。此外应注意，在纵轴注记的起始高程 50m 应比 AB 断面上最低点 B 的高程略小一些。这样绘出的断面线完全在横轴的上部。

三、确定汇水面积的边界线

当在山谷或河流修建大坝、架设桥梁或敷设涵洞时，都需要知道有多大面积的雨水汇集在这里，这个面积称为汇水面积。汇水面积的边界是根据等高线的分水线（山脊线）来确定的。分水线的勾绘要点是：

（1）分水线应通过山顶、鞍部及凸向低处（山脊线）等高线的拐点，在地形图应先找出这些特征的地貌，然后进行勾绘。

（2）分水线与等高线正交。

（3）边界线由坝的一端开始，最后回到坝的另一端，形成一闭合环线。闭合环线所包围的面积就是汇水面积。

如图 8-7 所示，通过山谷在 MN 处修建水库的大坝，就须确定该处的汇水面积，即由图中分水线（点划线）AB、BC、CD、DE、EF 与 FN 线段所围成的面积；再根据该地区的降雨量就可确定流经 MN 处的水流量。这是设计桥梁、涵洞或水库容量的重要数据。

图 8-7　确定汇水面积边界线

四、地形图上土方量的计算

在各种工程建设中，除对建筑物要作合理的平面布置外，往往还要对原地貌作必要的改造，以便适于布置各类建筑物，排除地面水以及满足交通运输和敷设地下管道等。这种地貌改造称之为平整土地。

在平整土地工作中常需预算土、石方的工程量，即利用地形图进行填挖土（石）方量的概算。其方法有多种，其中方格法是应用最广泛的一种。

如图 8-8 所示，假设要求将原地貌按挖填土方量平衡的原则改造成水平面，其步骤如下。

（一）地形图上绘方格网

在地形图上拟建场地内绘制方格网。方格网的大小取决于地形复杂程度，地形图比例尺大小，以及土方概算的精度要求。例如在设计阶段采用 1：500 的地形图时，根据地形复杂情况，一般边长取 10m 或 20m。方格网绘制完后（图 8-8 为 20m×20m 的方格网），根据地形图上的等高线，用内插法求出每一方格顶点的地面高程，并注记在相应方格顶点

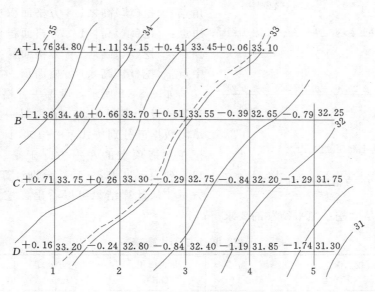

图 8-8　方格法土方量计算

的右上方。

（二）计算设计高程

先将每一方格顶点的高程加起来除以 4，得到各方格的平均高程，再把每个方格的平均高程相加除以方格总数，就得到设计高程 H_0。

$$H_0 = H_1 + H_2 + \cdots + H_n/n$$

式中　H_1——每一方格的平均高程；

n——方格总数。

从设计高程 H_0 的计算方法和图 8-8 中可以看出：方格网的角点 $A1$、$A4$、$B5$、$D1$、$D5$ 的高程只用了一次，边点 $A2$、$A3$、$B1$、$C1$、$D2$、$D3$、…的高程用了两次，拐点 $B4$ 的高程用了三次，而中间点 $B2$、$B3$、$C2$、$C3$、…的高程都用了四次，因此，设计高程的计算公式也可写为

$$H_0 = (\sum H_{角} + 2\sum H_{边} + 3\sum H_{拐} + 4H_{中})/4n \qquad (8-9)$$

将方格顶点的高程代入式（8-9），即可计算出设计高程为 33.04m。在图上内插出 33.04m 等高线（图 8-8 中虚线），称为填挖边界线（或称零线）。

（三）计算挖、填高度

根据设计高程和方格顶点的高程，可以计算出每一方格顶点的挖、填高度，即

$$填、挖高度＝地面高程－设计高程 \qquad (8-10)$$

将图中各方格顶点的挖、填高度写于相应方格顶点的左上方。正号为挖深，负号为填高。

（四）计算挖、填土方量

挖、填土方量可按角点、边点、拐点和中点分别按式（8-11）计算。

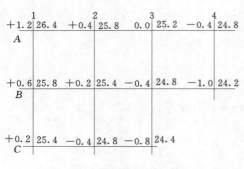

角点：　挖（填）高×1/4 方格面积 ⎫

边点：　挖（填）高×1/2 方格面积 ⎬ （8-11）

拐点：　挖（填）高×3/4 方格面积 ⎪

中点：　挖（填）高×1 方格面积 ⎭

　　如图 8-9 所示：设每一方格面积为 400m，计算的设计高程为 25.2m，每一方格的挖深或填高数据已分别按式（8-10）计算出，并已注记在方格顶点的左上方。于是，可按式（8-11）列表（见表 8-1），分别计算出挖方量和填方量。从计算结果可以看出，挖方量和填方量

图 8-9　方格法土方量计算

是相等的，满足"挖、填平衡"的要求。

表 8-1　　　　　　　　　　　　挖、填土方计算表

点　号	挖　深 （m）	填　高 （m）	所占面积 （m²）	挖方量 （m³）	填方量 （m³）
A1	+1.2		100	120	
A2	+0.4		200	80	
A3	0.0		200	0	
A4		-0.4	100		40
B1	+0.6		200	120	
B2	+0.2		400	80	
B3		-0.4	300		120
B4		-1.0	100		100
C1	+0.2		100	20	
C2		-0.4	200		80
C3		-0.8	100		80
				Σ：420	Σ：420

第四节　地形图上面积的量算

　　在规划设计中，往往需要测定某一地区或某一图形的面积。例如，汇水面积、林场面积、农田水利灌溉面积调查，土地利用规划，工业厂区面积计算等。

　　设图上面积为 $P_{图}$，则 $P_{实}=P_{图} \cdot M^2$，式中 $P_{实}$ 为实地面积，M 为比例尺分母。设图上面积为 10mm²，比例尺为 1：2000，则实地面积 $P_{实}=10×2000^2÷10^6=40$（m²）。求算图上某区域的面积，$P_{图}$ 一般有以下几种方法。

一、用图解法量测面积

（一）几何图形计算法

图 8-10 所示，是一个不规则的图形，可将平面图上描绘的区域分成三角形、梯形或

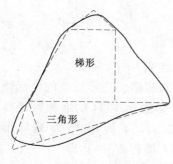

图 8-10　几何图形计算法

平行四边形等最简单规则的图形，用直尺量出面积计算的元素，根据三角形、梯形等图形面积计算公式计算其面积，则各图形面积之和就是所要求的面积。

计算面积的一切数据，都是用图解法取自图上，因受图解精度的限制，此法测定面积的相对误差较大。

（二）透明方格纸法

将透明方格纸覆盖在图形上，然后数出该图形包含的整方格数和不完整的方格数。先计算出每一个小方格的面积，这样就可以很快算出整个图形的面积。

如图 8-11 所示，先数整格数 n_1，再数不完整的方格数 n_2，则总方格数约为 $n_1 + \dfrac{1}{2} n_2$，然后计算其总面积 P，则

$$P = \left(n_1 + \frac{1}{2} n_2 \right) S$$

式中　　S——一个小方格的面积。

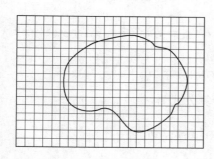

图 8-11　透明方格纸法图

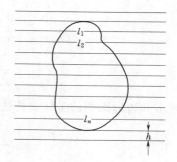

图 8-12　平行线法

（三）平行线法

先在透明纸上，画出间隔相等的平行线，如图 8-12 所示。为了计算方便，间隔距离取整数为好。将绘有平行线的透明纸覆盖在图形上，旋转平行线，使两条平行线与图形边缘相切，则相邻两平行线间截割的图形面积可全部看成是梯形，梯形的高为平行线间距 h，图形截割各平行线的长度为 l_1，l_2，…，l_n，则各梯形面积分别为

$$P_1 = \frac{h}{2}(0 + l_1)$$

$$P_2 = \frac{h}{2}(l_1 + l_2)$$

$$\vdots$$

$$P_n = \frac{h}{2}(l_{n-1} + l_n)$$

$$P_{n+1} = \frac{h}{2}(l_n + 0)$$

则总面积 P 为

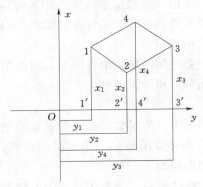

图 8 - 13 坐标解析法

$$P = P_1 + P_2 + \cdots + P_n + P_{n+1} = h \sum_{n=1}^{n} l_n$$

$$(8 - 12)$$

二、用坐标解析法计算面积

若待测图形为多边形，可根据多边形顶点的坐标计算面积。由图 8 - 13 可知：多边形 1234 的面积等于梯形 $144'1'$ 面积 $P_{144'1'}$ 加梯形 $433'4'$ 面积 $P_{433'4'}$ 减梯形 $233'2'$ 面积 $P_{233'2'}$ 减梯形 $122'1'$ 面积 $P_{122'1'}$，即

$$P = P_{144'1'} + P_{433'4'} - P_{233'2'} - P_{122'1'}$$

设多边形顶点 1、2、3、4 的坐标分别为 $(x_1、y_1)$、$(x_2、y_2)$、$(x_3、y_3)$、$(x_4、y_4)$。将式（8 - 12）中各梯形面积用坐标值表示，即

$$A = \frac{1}{2}(x_4 + x_1)(y_4 - y_1) + \frac{1}{2}(x_3 + x_4)(y_3 - y_4)$$

$$- \frac{1}{2}(x_3 + x_2)(y_3 - y_2) - \frac{1}{2}(x_2 + x_1)(y_2 - y_1)$$

$$= \frac{1}{2}x_1(y_4 - y_2) + \frac{1}{2}x_2(y_1 - y_3) + \frac{1}{2}x_3(y_2 - y_4) + \frac{1}{2}x_4(y_3 - y_1)$$

即

$$P = \frac{1}{2}\sum_{i=1}^{4} x_i(y_{i-1} - y_{i+1})$$

同理，可推导出 n 边形面积的坐标解析法计算公式为

$$P = \frac{1}{2}\sum_{i=1}^{n} x_i(y_{i-1} - y_{i+1}) \qquad (8 - 13)$$

或

$$P = \frac{1}{2}\sum_{i=1}^{n} y_i(x_{i+1} - x_{i-1}) \qquad (8 - 14)$$

注意式中当 $i=1$ 时，令 $i-1=n$；当 $i=n$ 时，令 $i+1=1$。

利用式（8 - 13）、式（8 - 14）计算同一图形面积，可检核计算的正确性。采用以上两式计算多边形面积时，顶点 1、2、3、$\cdots$、n 是按逆时针方向编号。若把顶点依顺时针编号，按上两式计算，其结果都与原结果绝对值相等，符号相反。

三、求积仪法量测面积

求积仪是一种测定图形面积的仪器，它的优点是量测速度快，操作简便，能测定任意形状的图形面积，故得到广泛的应用。电子求积仪是采用集成电路制造的一种新型求积仪，其性能优越，可靠性好，操作简便。图 8 - 14 为 KP—90N 型动极式电子求积仪。

（一）KP—90N 型电子求积仪的构造（图 8 - 14）

（二）电子求积仪的使用

若量测一不规则图形的面积，具体操作步骤如下。

1. 打开电源

按下 ON 键，显示窗立即显示。

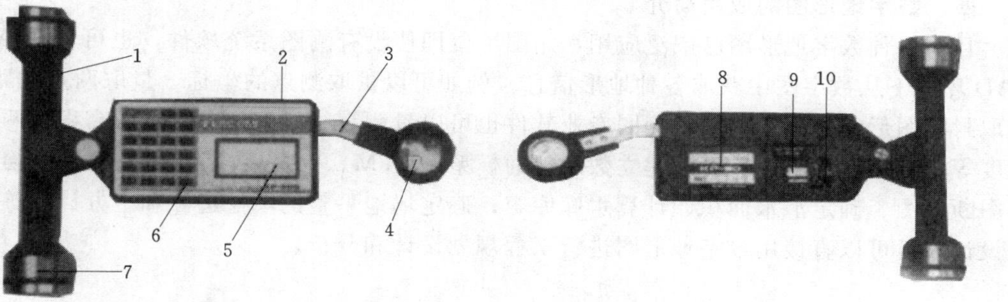

图 8－14　KP—90N 型动极式电子求积仪

1—动极轴；2—交流转换器插座；3—跟踪臂；4—跟踪放大镜；5—显示部；6—功能键；

7—动极；8—电池（内藏）；9—编码器；10—积分车

2. 设定单位

用 UNIT—1 键及 UNIT—2 键设定。

3 设定比例尺

用数字键设定比例尺分母，按 SCALE 键，再按 R—S 键即可。若纵横比例尺不同时，如某些纵断面的图形，设横比例尺 $1 : x$，纵比例尺 $1 : y$ 时，按键顺序为 x，SCALE，y，SCALE，R—S 即可。

4. 面积测定

将跟踪放大镜十字丝中心，瞄准图形上一起点，按 START 键即可开始，对一图形重复测量两次取平均值，见表 8－2。

表 8－2　　　　　　　　　使用 KP—90N 型电子求积仪的操作过程

键 操 作	符号显示	操 作 内 容
START	cm² 0.	蜂鸣器发生音响，开始测量
第一次测量	cm² 5401.	脉冲计数表示
MEMO	MEMO cm² 540.1.	符号 MEMO 显示，从脉冲计数变为面积值，第一次测定值 540.1cm² 被存储
START	MEMO cm² 0.	第二次测量开始，蜂鸣器发出音响，数字显示为 0
第二次测量	MEMO cm² 5399.	脉冲计数表示
MEMO	MEMO cm² 539.9.	从脉冲计数变为面积值，第二次测定值 539.9cm² 被存储
AVER	MEMO cm² 540.	重复二次的平均值是 540cm²

四、数字地形图的应用简介

目前各种数字地形图已广泛应用，用图单位即使没有测图系统软件，也可以在 Auto-CAD 环境下从数字图中获取各种地形信息。例如可以量取测点的坐标，量取两点的距离，量取封闭图形的面积。如果有测图专业软件也可以量测直线的方位角、点的高程、两点的坡度等。利用专业软件，可以建立数字地面模型（DTM）。利用数字地面模型可以绘制地形图断面图、确定汇水面积、计算水库库容；确定场地平整的填挖边界和土方计算等。工程设计人员可以直接用数字地形图进行工程规划设计和分析。

思 考 题 与 习 题

1. 地形图应用有哪些基本内容？

2. 图 8-15 是 1：1000 地形图的一部分，完成下列作业。

（1）确定 A、B、C、D 四点的坐标和高程。

（2）求 AB 方向的坐标方位角。

（3）绘出 AB 间的断面图。

（4）求 C、D 两点间的平均坡度。

（5）从 C 点至 D 点选定一条坡度不超过 8% 的最短线路。

（6）按填、挖方量平衡的要求，拟把地形图左下方的矩形场地（50m×60m）改造成水平场地，计算其填、挖土方量。

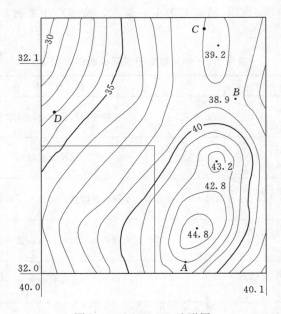

图 8-15 1：1000 地形图

第九章 施工测量的基本方法

【学习内容】

本章主要讲述：施工测量方法和内容，坡度线和圆曲线放样的基本方法。

【学习要求】

(1) 掌握施工放样的基本原则。

(2) 掌握水平距离、水平角、点的平面位置和高程放样的基本方法。

(3) 理解施工控制网建立的要求，坡度线和圆曲线放样的基本方法。

重点：已知水平距离、已知水平角、已知高程的测设；点位、坡度线、圆曲线的测设。

难点：圆曲线的测设。

第一节 施工测量的概述

在各种建筑物施工阶段所进行的测量工作称为施工测量。其内容主要包括施工控制网的建立、建筑物的施工放样与安装实地测设、建（构）筑物竣工测量以及变形观测等。施工测量也必须遵循"由整体到局部，先控制后碎部"的原则，以避免测设误差的积累。其精度要求可视测设对象的定位精度和施工现场的面积大小，并参照有关测量规范加以实施。一般来说，建筑物本身各细部之间或各细部对建筑物主轴线相对位置的测设精度，应高于建筑物主轴线相对于场地主轴线或它们之间相对位置的精度。总之，一个合理的设计方案，必须通过精心施工去实现，故应根据测量对象所要求的精度进行测设，并随时进行必要的校核，以免产生错误。

第二节 施工控制网的布设

一般来讲，在勘测阶段已建立有控制网，但是由于它是为测图而建立的，未考虑施工的要求，控制点的分布、密度和精度，都难以满足施工测量的要求。另外，由于平整场地等工作，控制点大多被破坏。因此，在施工之前，建筑场地上要重新建立专门的施工控制网。施工控制网分平面控制网和高程控制网两种。

一、平面控制网的建立

平面控制网一般分为两级：一级为基本网，它起着控制各建筑物主轴线的作用，组成基本网的点，称为基本控制点；另一级为定线网（又称放线网），它直接控制建筑物的辅助线及细部位置。

在面积不大又不十分复杂的建筑场地上，常布置一条或几条基线，作为施工测量的平面控制，称为建筑基线。在大中型建筑施工场地上，施工控制网多用正方形或矩形格网组成，称为建筑方格网（或矩形网）。下面分别简单地介绍这两种控制形式。

（一）建筑基线

建筑基线应靠近主要建筑物并与其轴线平行，以便采用直角坐标法进行测设。

根据建筑物的设计坐标和附近已有的测量控制点，在图上选定建筑基线的位置，求算测设数据，并在地面上测设出来。为了便于检查建筑基线点有无变动，基线点数不应少于三个。

（二）建筑方格网

1. 建筑方格网的坐标系统

在设计和施工部门，为了工作方便，常采用一种独立的坐标系统，称为施工坐标系或建筑坐标系。施工坐标系的纵轴通常用 A 表示，横轴用 B 表示，施工坐标也称 A、B 坐标。施工坐标系的 A 轴和 B 轴，应与厂区主要建筑物或主要道路、管线方向平行。坐标原点设在总平面图的西南角，使所有建筑物和构筑物的设计坐标均为正值。施工坐标系与测量坐标系之间的关系，可用施工坐标系原点的测量系坐标来确定。当施工坐标系与测量坐标系不一致时在施工方格网测设之前，应把主点的施工坐标换算计算坐标，以便求算测设数据。

2. 建筑方格网的布设

（1）建筑方格网的布置和主轴线的选择。先选定建筑方格网的主轴线，然后再布置方格网。布网时方格网的主轴线应布设在厂区的中部，并与主要建筑物的基本轴线平行。

（2）求算主点的测量坐标。

（3）建筑方格网的测设（方法见下节）。

二、高程控制网的建立

一般情况下，建筑方格网点也可兼做高程控制点。采用四等水准测量方法测定各水准点的高程，而对连续生产的车间或下水管道等精度要求较高时，则需采用三等水准测量的方法测定各水准点的高程。

第三节　基本测设工作

测设工作是根据工程设计图纸上设计的建（构）筑物的轴线位置、尺寸及其高程，计算出待建的建（构）筑物各特征点（或轴线交点）与控制点（或已建成建筑物特征点）之间的距离、角度、高差等测设数据，然后以地面控制点为根据，将待建的建（构）筑物的特征点在实地桩定出来，以便施工。测设的基本工作是测设已知的水平距离、水平角和高程。

一、已知水平距离的测设

在地面上丈量两点间的水平距离时，首先是用尺子量出两点间的距离，再进行必要的改正，以求得准确的实地水平距离。而测设已知的水平距离时，其程序恰恰相反，现将其做法叙述如下。

（一）一般方法

测设已知距离时，线段起点和方向是已知的。若按一般精度进行测设，可沿给出的方向线，按设计距离直接量出。为了检核起见，应往返丈量测设的距离，往返丈量的较差，若返丈量较差在限差之内，取其平均值作为最后结果。

（二）精密方法

当测设精度要求较高时，应按钢尺量距的精密方法进行测设，具体作业步骤如下：

（1）将经纬仪安置在起点上，并标定给定的直线方向，沿该方向概量并在地面上打下尺段桩和终点桩，桩顶刻十字标志。

（2）用水准仪测定各相邻桩桩顶之间的高差。

（3）按精密丈量的方法先量出整尺段的距离，并加尺长改正、温度改正和高差改正，计算每尺段的长度及各尺段长度之和，得最后结果为 D'。

（4）用已知应测设的水平距离 D 减去 D'，得改正数 ΔD，然后测设距离 ΔD，即得端点。

（5）在终点桩上作出标志，即为所测设的终点。如终点超过了原打的终点桩时，应另打终点桩。

（三）用测距仪或全站仪测设水平距离

一人安置测距仪或全站仪于起点，瞄准已知方向。另一人手持反光棱镜杆（杆上圆水准气泡居中，以保持反光棱镜杆竖直）。观测者指挥手持棱镜者沿已知方向线前后移动棱镜，观测者即能在仪器显示屏上测得瞬时水平距离。当显示值等于待测设的已知水平距离值，即可初定出终点。在终点安置棱镜，用测距仪或全站仪精密测量距离，如有误差用小钢尺丈量改正即可。

二、已知水平角的测设

测设已知水平角是根据水平角的已知数据和一个已知方向，把该角的另一个方向测设在地面上。测设方法如下。

（一）一般方法

如图 9-1 所示，设地面上已有 OA 方向线，测设水平角 $\angle AOC$ 等于已知角值 β。测设时将经纬仪安置在 O 点，用盘左瞄准 A 点，读取度盘读数，松开水平制动螺旋，旋转照准部，当度盘读数增加 β 角值时，在视线方向上定出 C' 点。然后用盘右重复上述步骤，测设得另一点 C''，取 C' 和 C'' 的中点 C，则 $\angle AOC$ 就是要测设的 β 角，OC 方向就是所要测设的方向。这种测设角度的方法通常称为正倒镜分中法。

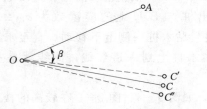

图 9-1　角度测设的一般方法

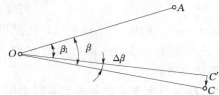

图 9-2　角度测设的精确方法

（二）精确方法

如图 9-2 所示。在 O 点安置经纬仪，先用一般方法测设 β 角值，在地面上定出 C' 点，再用测回法观测 $\angle AOC'$ 几个测回（测回数由精度要求决定），取各测回平均值为 β_1，

即 $\angle AOC'=\beta_1$，当 β 和 β_1 的差值 $\Delta\beta$ 超过限差时，需进行改正。根据 $\Delta\beta$ 和 OC' 的长度计算出改正值 CC'，即

$$CC'=OC'\times\tan\Delta\beta=\frac{OC'\times\Delta\beta''}{\rho''}$$

过 C' 点作 OC' 的垂线，再以 C' 点沿垂线方向量取 CC'，定出 C 点。则 $\angle AOC$ 就是要测设的 β 角。当 $\Delta\beta=\beta-\beta_1>0$ 时，说明 $\angle AOC'$ 偏小，应从 OC' 垂线方向向外改正；反之，应向内改正。

【例 9-1】 已知地面上 A、O 两点，要测设直角 AOC。

解： 在 O 点安置经纬仪，盘左盘右测设直角取中数得 C' 点，量得 $OC'=50\mathrm{m}$，用测回法观测三个测回，测得 $\angle AOC'=89°59'30''$。

$$\Delta\beta=90°00'00''-89°59'30''=30''$$

$$CC'=\frac{OC'\times\Delta\beta''}{\rho''}=\frac{50\times30''}{206265''}=0.007\ (\mathrm{m})$$

过 C' 点作 OC' 的垂线 $C'C$ 向外量 $C'C=0.007\mathrm{m}$ 定得 C 点，则 $\angle AOC$ 即为直角。

三、已知高程的测设

已知高程的测设是根据一个已知的水准点，标定设计所给定点的高程。在建筑设计和施工的过程中，为了计算方便，一般把建筑物的一层室内地坪用 ±0.000（相对高程）标高表示。基础、门窗等的标高都是以 ±0.000 为依据，相对于 ±0.000 测设的。

【例 9-2】 如图 9-3 在设计图纸上查得建筑物的室内地坪绝对高程为 $H_B=8.500\mathrm{m}$，而附近有一个已知水准点 A，高程为 $H_A=8.350\mathrm{m}$，现要求把建筑物的室内地坪标高测设到木桩 B 上。

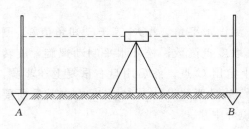

图 9-3　高程的测设

具体测设方法是：在 B 和水准点 A 之间安置水准仪，先在水准点 A 上立尺，若尺上读数为 $a=1.050\mathrm{m}$，则视线高程 $H_i=8.350+1.050=9.400$（m）。根据视线高程和室内地坪高程即可算出桩点 B 尺上的应读数为 $b_应=9.400-8.500=0.900$（m），然后在 B 点立尺，使尺根紧贴木桩一侧上下移动，直至水准仪水平视线在尺上的读数为 $0.900\mathrm{m}$ 时，紧靠尺底在木桩上划一道红线，此线就是室内地坪 ±0.000 标高的位置。

当测设的高程与水准点之间的高差较大时，如图 9-4、图 9-5 在较高的楼层面上或在深基坑内测设高程时，可以用悬挂的钢尺来代替水准尺。

为了要在楼层面上测设出设计高程 H_B，可在楼层上架设吊杆，杆顶吊一根零点向下的钢尺，尺子下端挂一重锤。在地面和楼层面上各安置一台水准仪，设地面水准仪在已知水准点 A 点尺上读数为 a_1，在钢尺上读数为 b_1；楼层上安置的水准仪在钢尺上读数为 a_2，则 B 点尺上应有读数为

$$b_2 = H_A + a_1 - b_1 + a_2 - H_B$$

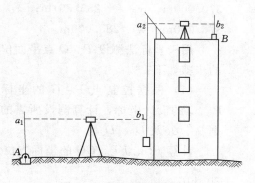

图 9-4　楼面高程的测设

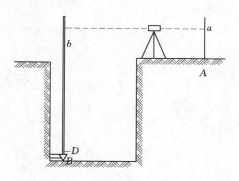

图 9-5　深基坑高程的测设

由 b_2 即可标出设计高程 H_B，按同样方法可在深基坑内测设出已知高程。

第四节　点的平面位置的测设

点的平面位置的测设方法主要有：直角坐标法、极坐标法、角度交会法和距离交会法几种。可根据施工控制网的形式，控制点的分布情况、地形情况、现场条件及待建建筑物的测设精度要求等进行选择。

一、直角坐标法

若施工场地的平面控制网为建筑基线或建筑方格网时，使用此方法较为方便。

如图 9-6 所示，1、2、3、4 点为建筑方格网点，P、Q 为建筑物主轴线端点，其坐标分别为 (x_P, y_P)、(x_Q, y_Q)，PQ 与方格网线平行，今欲以直角坐标法测设 P、Q 点的平面位置。

测设时，首先计算 P 点与 1 点的纵、横坐标差

$$\Delta x_{1P} = x_P - x_1$$
$$\Delta y_{1P} = y_P - y_1$$

在 1 点安置经纬仪，瞄准 2 点，从 1 点开始沿此方向测设距离 Δy_{1P}，定出 a 点；然后将经纬仪搬至 a 点，仍瞄准 2 点，逆时针方向测设出 90°角，沿此方向测设距离 Δx_{1P}，即得到 P 点位置。按同样方法测设出 Q 点。最后应丈量 PQ 的距离以作为检核。

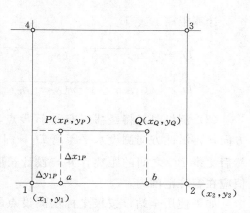

图 9-6　直角坐标法

其方法计算简单，施测方便、精度较高，是应用较广泛的一种方法。

二、极坐标法

如果测量控制点离放样点较近，且便于量距时，可采用极坐标法测设点的平面位置。

如图 9-7 所示，设 F、G 为施工现场的平面控制点，其坐标为：
$x_F = 346.812\text{m}$、$y_F = 225.500\text{m}$；$x_G = 358.430\text{m}$，$y_G = 305.610\text{m}$。P、Q 为建筑物

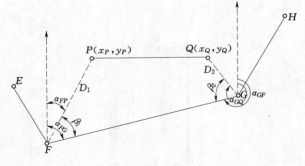

图 9-7　极坐标法

主轴线端点，其设计坐标为 $x_P =$ 370.000m、$y_P = 235.361$m；$x_Q = 376.000$m，$y_Q = 285.000$m。

用极坐标法测设 P、Q 点平面位置的步骤如下：

（1）根据控制点 F、G 的坐标和 P、Q 的设计坐标，计算测设所需的数据 β_1、β_2 及 D_1、D_2。

计算 FG、FP、GQ 的坐标方位角

$$\alpha_{FG} = \arctan\frac{y_G - y_F}{x_G - x_F} = \arctan\frac{+80.110}{+11.618} = 81°44'53''$$

$$\alpha_{FP} = \arctan\frac{y_P - y_F}{x_P - x_F} = \arctan\frac{+9.861}{+23.188} = 23°02'18''$$

$$\alpha_{GQ} = \arctan\frac{y_Q - y_G}{x_Q - x_G} = \text{acrtan}\frac{-20.610}{+17.570} = 310°26'51''$$

计算 β_1、β_2 的角值

$$\beta_1 = \alpha_{FG} - \alpha_{FP} = 81°44'53'' - 23°02'18'' = 58°42'35''$$

$$\beta_2 = \alpha_{GQ} - \alpha_{GF} = 310°26'51'' - 261°44'53'' = 48°41'58''$$

计算距离 D_1、D_2

$$D_1 = \sqrt{(x_P - x_F)^2 + (y_P - y_F)^2} = \sqrt{(23.188)^2 + (9.861)^2} = 25.198\ (\text{m})$$

$$D_2 = \sqrt{(x_Q - x_G)^2 + (y_Q - y_G)^2} = \sqrt{(17.570)^2 + (-20.610)^2} = 27.083\ (\text{m})$$

（2）测设时，将经纬仪安置于 F 点，瞄准 G 点，按逆时针方向测设 β_1 角，得到 FP 方向；再沿此方向测设水平距离 D_1，即得到 P 点的平面位置。用同样方法测设出 Q 点。然后丈量 PQ 之间的距离，并与设计长度相比较，其差值应在容许范围内。

如果使用全站仪按极坐标法测设点的平面位置，则更为方便。如图 9-8 所示，设欲测设 P 点的平面位置，其施测步骤如下：

1）把全站仪安置在 F 点，瞄准 G 点水平度盘设置为 $0°00'00''$。

2）将控制点 F、G 的坐标和 P 点的设计坐标输入全站仪，即可自动计算出测设数据水平角 β 及水平距离 D。

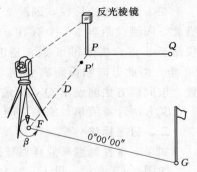

图 9-8　全站仪按极坐标法

3) 测设已知角度 β（仪器能自动显示角值），在视线方向上指挥持反光棱镜者把棱镜安置在 P 点附近的 P' 点。

4) 观测者指挥手持棱镜者沿已知方向线前后移动棱镜，观测者即能在仪器显示屏上测得瞬时水平距离。当显示值等于待测设的已知水平距离值，即可初定出 P 点。在 P 点安置棱镜，用测距仪或全站仪精密测量距离，如有误差，用小钢尺丈量改正即可。

极坐标法是根据水平角和距离测设点的平面位置。适用于测设距离较短，且便于量距的情况。

三、角度交会法

当测设的点位离已知控制点较远或不便于量距时，可采用角度交会法。当使用角度交会法测设点位时，为了进行检核，应尽可能根据三个方向进行交会。

如图 9-9 所示，E、F、G、H 为已知坐标的平面控制点，P、Q 为给定设计坐标的待测设点。

测设前根据已知控制点和待测设点的坐标，分别计算出角值 β_1、β_2、β_3、β_4、β_5、β_6，并检验交会 γ_1、γ_2 是否满足不小于 $30°$ 或不大于 $120°$ 的要求。测设时，可先在 E、F 安置经

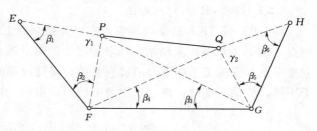

图 9-9　角度交会法

纬仪，测设 β_1、β_2，获得 EP、FP 两条方向线；在两观测员共同指挥下，在方向线交点处打下大木桩；然后再将两条方向线投到桩顶上。接着在 G 点安置经纬仪，测设 β_3 角，将方向线 GP 投到桩顶上，三方向线的交点即为 P 点的点位。若三条方向线不交于一点，而形成一误差三角形，当误差三角形的各边边长均不超过 10mm 时，取其内切圆的圆心作为 P 点的位置。按同样方法测设出 Q 点。最后用钢尺丈量 PQ 之水平距离并与设计长度比较，其误差在容许范围之内，则稍微改正 P 点或 Q 点位置，使符合设计要求。如果仅用两个方向进行交会，则应重复交会，以便检核。此法又称方向线交会法。当待测设点远离控制点且不便量距时，采用此法较为适宜。

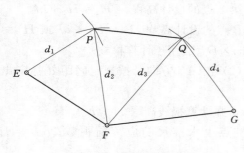

图 9-10　距离交会法

此法又称方向线交会法。当待测设点远离控制点且不便量距时，采用此法较为适宜。

四、距离交会法

距离交会法是通过测设已知距离定出点的平面位置的一种方法。此法适用于场地平整、便于量距，且控制点到待测设点的距离不超过一整尺的地方。

如图 9-10 所示，P、Q 为待测设点，E、F、G 为已知坐标的平面控制点。测设前，根据 P 点的设计坐标和 E、F 点的已知坐标，计算出测设距离 d_1、d_2。测设时分别用两把钢尺的零点对准 E、F 点，同时拉紧、拉平钢尺，以 d_1 和 d_2 为半径，在地面上画弧，两弧交点即为待测 P 点的点位。同法可测设出 Q 点的位置。测设完毕，应检测 PQ 的距离是否

与其设计值相符，以便检核。在施工中细部位置测设常用此法。

五、坐标放样法

全站仪和 GPS（RTK）都具有利用放样点数据直接测设点平面位置的功能，使用它们进行放样适合多种场合，尤其是距离较远、地形复杂时尤为方便。

（一）全站仪坐标法

将全站仪安置在已知控制点上，并选取附近另一已知控制点作为后视点，将全站仪设置于放样模式，输入测站点、后视点的已知坐标及待定放样点的设计坐标；瞄准后视点进行定向，持镜者将棱镜在观测者的指挥下立于放样点附近，观测者用仪器瞄准棱镜，按坐标放样功能键，可显示出棱镜位置与放样点的坐标差，指挥持镜者移动棱镜，直至移动到放样点的位置。

（二）GPS（RTK）坐标法

将 GPS（RTK）的基准站安置在已知控制点上，并设置基准站；选取 2～3 个已知控制点，GPS（RTK）流动站在选取的已知控制点进行数据采集，用来求解 WGS—84 到地方坐标系（或施工坐标系）的转换参数；将待放样的点设计平面坐标值输入到流动站的电子手簿，移动流动站，按电子手簿上的图形指示，很方便地将放样点的位置找到。

第五节　测设已知坡度线

一、水平视线法

当坡度较小时，用水准仪测设，如图 9-11 所示，A、B 为设计坡度线的两端点，A 点高程为 H。为了施工方便，每隔一定的距离 d 打入一木桩，要求在木桩上标出设计坡度为 i 的坡度线。施测步骤如下：

（1）按照式：$H_{设} = H_A + id$ 计算各桩点的设计高程。

第 1 点的设计高程　$H_1 = H_A + id$

第 2 点的设计高程　$H_2 = H_1 + id$

B 点的设计高程 $H_B = H_n + id$ 或 $H_B = H_A + i \times D_{AB}$（用于计算检核）

（2）沿 AB 方向，按规定间距 d 标定出

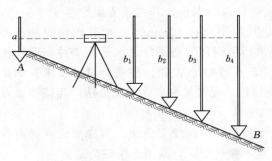

图 9-11　水平视线法

中间 1，2，3，…，n，各点。

（3）安置水准仪于水准点附近，读后视读数 a，并计算视线高程 H_i；$H_i = H_A + \alpha$。

（4）根据各桩的设计高程，分别计算出各桩点上水准尺的应读前视数；$b_{应} = H_i - H_{设}$。

（5）在各桩处立水准尺，上下移动水准尺，当水准仪对准应读前视数时，水准尺零端对应位置即为测设出的高程标志线。

二、倾斜视线法

如图 9-12 所示，倾斜视线法是根据视线与设计坡度相同时，其竖直距离相等的原

理，确定设计坡度线上各点高程位置的一种
方法。当地面坡度较大，且设计坡度与地面
自然坡度较一致时，适宜采用这种方法。其
施测步骤如下：

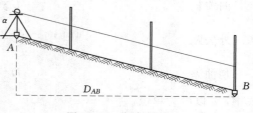

图9-12 倾斜视线法

（1）先用高程放样的方法，将坡度线两
端点的设计高程标志标定在地面木桩上。

（2）将水准仪（或经纬仪）安置在 A 点
上，并量取仪器高 i。安置时，使一对脚螺旋位于 AB 方向上，另一个脚螺旋连线大致与
AB 方向垂直。

（3）旋转 AB 方向上的一个脚螺旋或微倾螺旋，使视线在 B 尺上的读数为仪器高 i。
此时，视线与设计坡度线平行。

（4）指挥测设中间 1、2、3、…、各桩的高程标志线。当中间各桩读数均为 i 时，
各桩顶连线就是设计坡度线。若地面过低或过高，无法测设该处的设计高程标志，也
可立尺于桩顶读出水准尺实际读数 b，由此计算出填、挖高度 h，h=b-i，并注记于木
桩侧面。

第六节 圆曲线的测设

修建道路、隧道、渠道等建筑物时，路线由一直线方向转到另一直线方向，需用曲线
加以连接，使线路沿曲线缓慢变换方向。常用的曲线是圆曲线（又称单曲线）。另外，现
代办公楼、旅馆、饭店、医院、交通建筑物
等建筑平面图形常被设计成圆弧形。有的整
个建筑为圆弧形，有的建筑物是由一组或数
组圆弧曲线与其他平面图形组合而成，也需
测设圆曲线。圆曲线的测设通常分两步进行。
先测设曲线上起控制作用的主点（曲线起点、
曲线中点和曲线终点）；依据主点再测设曲线
上每隔一定距离的加密细部点，用以详细标
定圆曲线的形状和位置。

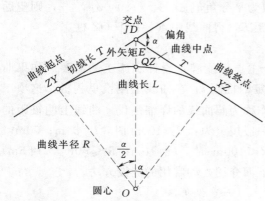

图9-13 圆曲线的主点及测设元素

一、圆曲线主点的测设

如图9-13所示，根据路线偏转角 α 和
半径 R，来计算圆曲线上的测设数据。

（一）主点测设元素计算

为了在实地测设圆曲线的主点，需要知道切线长 T、曲线长 L 及外矢距 E，这些数据
称为主点测设元素。由图9-13可知，因 α（在外业测定）、R（依规范设计）已确定，主
点测设元素的计算公式为

切线长 $$T=R\tan\frac{\alpha}{2} \tag{9-1}$$

曲线长 $\qquad\qquad L=R\alpha\pi/180$ $\qquad\qquad$ (9-2)

外矢距 $\qquad\qquad E=R\left(\sec\dfrac{\alpha}{2}-1\right)$ $\qquad\qquad$ (9-3)

切曲差 $\qquad\qquad D=2T-L$ $\qquad\qquad$ (9-4)

式中，α 以度为单位。

（二）主点桩号计算

交点的桩号已由中线测量得到，根据交点的桩号和圆曲线测设元素，可计算出各主点的桩号，由图 9-13 所示可知：

$$ZY\ 桩号=JD\ 桩号-T \qquad\qquad (9-5)$$

$$QZ\ 桩号=ZY\ 桩号+L/2 \qquad\qquad (9-6)$$

$$YZ\ 桩号=QZ\ 桩号+L/2 \qquad\qquad (9-7)$$

为了避免计算中的错误，可用式（9-8）进行计算检核：

$$JD\ 桩号=YZ\ 桩号-T+D \qquad\qquad (9-8)$$

（三）圆曲线主点的测设

如图 9-13 所示，置经纬仪于交点 JD 上，照准后一方向线的交点，自测站起沿该方向量切线长 T，得曲线起点 ZY，打一木桩，标明桩号；望远镜照准前一方向交点，自测站起沿该方向量切线长 T，得曲线终点 YZ 桩。然后仍前视交点，配置水平度盘读数为 $0°00'00''$，顺时针转动照准部，使水平度盘读数为平分角值 β，$\beta=(180-\alpha_右)/2$，则望远镜视线即为指向圆心方向，沿此方向量出外矢距 E，得曲线中点，打下 QZ 桩。

二、圆曲线的详细测设

当曲线长度小于 40m 时，测设曲线的三个主点已能满足设计和施工的需要。如果曲线较长，除了测设三个主点以外，还要按照一定的桩距 l，在曲线上测设里程桩，这项工作称为圆曲线的详细测设。曲线上的桩距的一般规定为：$R\geqslant100m$ 时，$l=20m$；$50m<R<100m$ 时，$l=10m$；$R\leqslant50m$，$l=5m$。下面介绍几种常用的测设方法。

（一）偏角法

偏角法是利用偏角（弦切角）和弦长来测设圆曲线的方法。如图 9-14 所示，一般采用整桩号法，按规定的弧长 l_0（20m、10m、5m）设桩。由于曲线起、终点多为非整桩号，除首、尾段的弧长 l_1、l_2 小于 l_0 外，其余桩距均为 l_0。弧长 l_1、l_2、l_0 所对应的圆心角分别为 φ_1、φ_2 和 φ，可按式（9-9）计算：

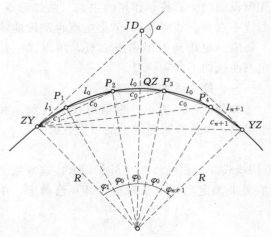

图 9-14　偏角法细部测设

$$\left.\begin{array}{l} \varphi_1 = \dfrac{180°}{\pi} \dfrac{l_1}{R} \\[2mm] \varphi_2 = \dfrac{180°}{\pi} \dfrac{l_2}{R} \\[2mm] \varphi = \dfrac{180°}{\pi} \dfrac{l_0}{R} \end{array}\right\} \quad (9-9)$$

弧长 l_1、l_2、l_0 所对应的弦长分别为 d_1、d_2 和 d_3，可按式（9-10）计算：

$$\left.\begin{array}{l} d_1 = 2R\sin\dfrac{\varphi_1}{2} \\[2mm] d_2 = 2R\sin\dfrac{\varphi_2}{2} \\[2mm] d_3 = 2R\sin\dfrac{\varphi_3}{2} \end{array}\right\} \quad (9-10)$$

曲线上各点的偏角等于相应所对圆心角的 $\dfrac{1}{2}$，即

$$\delta_1 = \frac{\varphi_1}{2}$$

第 1 点的偏角

$$\delta_2 = \frac{\varphi_1}{2} + \frac{\varphi}{2}$$

第 2 点的偏角

$\vdots$

第 i 点的偏角

$$\delta_i = \frac{\varphi_1}{2} + (i-1)\frac{\varphi}{2} \quad (9-11)$$

终点 YZ 的偏角为

$$\delta_n = \frac{\alpha}{2}$$

（二）切线支距（也称直角坐标）法

1. 坐标系的建立

如图 9-15 所示，以曲线起点 ZY（或 YZ）为原点坐标；通过该点的切线为 X 轴；过原点的半径为 Y 轴。

2. 切线支距法细部测设数据的计算

$$x_i = R\sin\varphi_i$$
$$y_i = R(1 - \cos\varphi_i)$$
$$\varphi_i = l_i 180 / (R\pi)$$

式中　l_i——细部点 P_i 至原点的弧长；

　　　φ_i——l_i 对应的圆心角；

　　　R——曲线半径。

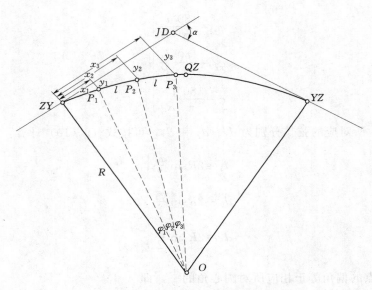

图 9 - 15　切线支距法细部测设

3. 细部点测设方法:

(1) 在 ZY 点安置仪器, 瞄准 JD, 沿其视线方向, 丈量横坐标值 x_i, 得各垂足 N_i。

(2) 在 N_i 点用方向架, 或经纬仪定出直角方向, 沿其方向丈量纵坐标值 y_i, 即得曲线上各点, 直至曲中点 QZ。

(3) 对于另一半曲线, 按同样方法由 YZ 点进行测设。

(4) 曲线细部点测设完成后, 要量取曲中点至最近点间的距离及各桩点的距离, 比较较差是否在限差之内, 若超限, 应查明原因, 予以纠正。

4. 切线支距法的适用范围及特点

该法适用于地势平坦地区, 具有桩位误差不累积、施测方法简单等优点。

(三) 坐标放样法

全站仪和 GPS (RTK) 都可以利用放样点坐标数据直接测设点平面位置的功能, 使用它们进行放样适合多种场合, 尤其是距离较远、地形复杂的地方更为方便。

思 考 题 与 习 题

一、简答题

1. 何谓测设?

2. 施工测量的主要任务是什么?

3. 施工测量有哪些特点?

4. 测设点的平面位置有哪些基本方法? 各适用于何种情况?

5. 试述用精密方法进行水平角测设的步骤。

二、计算题

1. 如图 9 - 16 所示, A、B 为地面已知点, 欲测设 $\angle BAP = 90°00'00''$。用一般方法测

设后，又精确地测得其角值为 90°00′36″。设 $AP=100.00$m，问 P 点应如何进行改正？

2. 建筑场地上水准点 A 的高程为 28.635m，欲在待建建筑物附近的电杆上测设出±0 标高（±0 的设计高程为 29.000m）作为施工过程中检测各项标高之用。设水准仪在水准点 A 所立水准尺上读数为 1.863m，绘图并阐述测设方法。

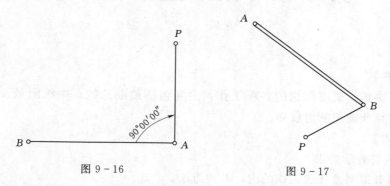

图 9-16   图 9-17

3. 如图 9-17 所示，A、B 为建筑场地已有控制点，其坐标为 $x_A=858.750$m、$y_A=613.140$m；$x_B=825.430$m、$y_B=667.380$m。P 为放样点，其设计坐标为：$X_P=805.000$m，$Y_P=645.000$m，计算用极坐标法从 B 点测设 P 点点位所需的数据。

第十章 渠 道 测 量

【学习内容】

本章主要讲述：渠道测量的各项工作，主要包括踏勘选线、中线测量、纵横断面测量、土方量计算和施工断面放样。

【学习要求】

1. 知识点与教学要求

(1) 理解渠道测量选线工作的内、外业方法。

(2) 掌握渠道中线测量的具体方法。

(3) 掌握绘制渠道的纵横断面。

(4) 理解填挖方计算的原理和基本方法。

(5) 掌握施工放样的方法。

2. 能力培养要求

(1) 具有独立进行选线的能力。

(2) 具有熟练操作常用仪器的能力。

(3) 具有初步计算和绘制断面图的能力。

第一节 踏 勘 选 线

踏勘选线的任务，是根据水利工程规划所定的渠道方向、引水高程和设计坡度，实施确定一条既经济又合理的渠道中线位置。这条中线选择的好坏将直接影响到工程的效益和费用，因此，选线时应考虑下列要求：

(1) 尽量短而直，转折角应尽量小。

(2) 要避免修建过多的渠系过水建筑物（如渡槽、倒虹吸管等）。

(3) 应尽量少占农田和居民地。

(4) 沿线应有较好的地质条件，无严重渗漏和塌方现象。

(5) 在山丘地区应尽量避免填方，以保证渠道边坡的稳定性。

(6) 用于饮水灌溉的渠道应选在较高的地带，以便自流灌溉；排水渠应尽量选在地势较低的地方，以便排除积水。

具体选线的方法步骤是：如果兴建的渠道较长，或规模较大，一般要经过实地查勘、室内选线、外业选线等步骤；对于灌区面积较小，线路不长的渠道，可以根据已有资料和选线要求，直接在实施进行查勘选线。

一、实地查勘

查勘前，最好在比例尺为1∶10000～1∶100000的地形图上初选几条渠线方案，然后依次对所经地带进行实地查勘，了解和收集有关资料（如土壤、地质、水文、施工条件等），并对渠线某些控制性的点（如渠首、沿线沟谷、跨河点等）进行简单测量，了解其相对位置和高程，以便分析比较，选定最佳渠线。

二、室内选线

室内选线就是在图上进行选线，即在合适的地形图上选定渠道中心线的平面位置，并在图上标出渠道转折点到附近明显地物点的距离和方向（由图上量得）。如果该地区没有可使用的地形图，则应根据查勘时确定的渠道线路，测绘沿线宽100～200m的带状地形图，其比例尺一般为1∶5000或1∶10000。

在山区、丘陵地区选线时，为了确保渠道的稳定，应力求挖方。因此，环山渠道应先在图上根据等高线和渠道纵坡初选渠线，并结合其他要求在图上定出渠线位置。

三、外业选线

外业选线就是将室内所选渠道中心线标定于实地，其任务是：标出渠道的起点、转折点和终点。外业选线是根据实地情况，对图上所选渠道中心线做进一步分析研究和补充修改，使之完善。实地选线时，一般应借助仪器选定各转折点的位置。对于平原地区的渠道中心线应尽可能选成直线，如遇转弯时，则在转折处打下木桩。在丘陵山区选线时，为了较快的进行选线，可用经纬仪或全站仪测量有关渠段或转折点间的距离和高差。对于较长的渠道线，为避免高程误差累积过大，最好每隔2～3km与已知水准点校核一次。如果选线精度要求过高，可用水准仪测定有关点的高程，以便准确测定渠线的位置。

渠道中线选定后，应在起点、各转折点和终点用大木桩或水泥柱在地面上标定其位置。并绘略图注明桩点与附近固定地物相互之间的位置和距离，以便日后寻找。

四、水准点的布设和施测

为了满足渠线的探高测量和纵断面测量的需要，在渠道选线的同时，应沿渠线附近每隔1～3km在施工范围以外布设一些水准点，并组成附合或闭合水准路线，当路线不长（15km以内）时，也可组成往返观测的支水准路线。水准点的高程一般用四等水准测量的方法施测（大型渠道应采用三等水准测量）。

第二节　中　线　测　量

中线测量的任务是：沿选定渠线方向依次测设中心线桩，绘制渠线中线桩草图。在平原区，渠道转折处需要测定转折角和敷设圆曲线；在山丘区，渠道的高程位置需要进行探测确定。

一、中线桩的测设

从渠首起点开始，朝着终点或转折点方向用花杆和钢尺或全站仪进行定线和测距，按照规定间距（一般50m或100m）打桩标定中线位置，以该桩对起点的距离作为桩号，注在桩的侧面，成为整数桩，简称整桩。整桩号按"x(km)＋×××(m)"的方式编写：起

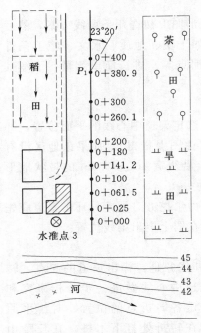

图 10-1　某渠道中线桩草图

点桩号为 0+000；其余分别为 0+050，0+100，…，1+000，1+050，…在相邻两里程桩之间的重要地物（如道路）和坡度突变的位置上，应加设木桩，称为加桩；加桩亦按对起点的距离进行编号，但不是规定间距的整倍数。整桩和加桩统称里程桩。里程桩布设在渠道的中心线上，故又称中心线桩，简称中心桩。

二、转折角测量

当桩定到转折点上时，应用经纬仪测定转折角 α（称偏角），将仪器安置在转折点上测来水方向的延长线转至去水方向的角值，有左转和右转两种情况。并按设计要求测设圆曲线。规范要求：当 $\alpha<6°$ 时，不测设圆曲线；当 $\alpha=6°\sim12°$ 及 $a>12°$ 且曲线长度 $L<100\mathrm{m}$ 时，只测设曲线的三个主点桩；当 $\alpha>12°$，且曲线长度 $L>100\mathrm{m}$ 时，需测设曲线的细部点。圆曲线的测设方法参见有关资料。

三、绘制中线桩草图

在测设中线桩的同时，还要在现场绘制草图，如图 10-1 所示。图中直线表示渠道中心线；直线上的黑点表示中线桩的位置，P_1（桩号为 0+380.9）为转折点，在该点处偏角 $\alpha_右=23°20'$，即渠道中线在该点处改变方向右转 23°20'。但在绘图时改变后的渠线仍按直线绘出，仅在转折点用箭头表示渠线的转折方向（此处为右偏，箭头画在直线右边），并注明偏角值。至于渠道两侧的地形则可用目测法来勾绘。

中线测量完成后，对于大型渠道一般应绘出渠道路线平面图，在图上绘出渠道走向以及里程桩、加桩、曲线桩桩位，并将桩号和渠线元素数值（转折角 α、曲线长 L 和曲线半径 R 及切线长 T）注在图中的相应位置上。

第三节　纵横断面测量

渠道纵横断面测量的目的，是为了解渠道沿线一定宽度范围内的地面起伏情况，为渠道设计、施工提供基本资料。

一、纵断面测量

渠道纵横断面测量的任务是测出各中心桩的高程，并绘出纵断面图。

（一）中心桩的高程测量

纵断面测量的任务就是用水准测量的方法测定渠道中线各里程桩和加桩的地面高程。进行纵断面水准测量时，应利用渠道沿线布设的水准点，将渠线分成许多段，每段分别与邻近两端的水准点组成附合水准路线，然后从首段开始，逐段进行施测。附合线路的施测应按普通水准测量的要求：水准路线长度应不超过 2km，其闭合差应不大于 $\pm40\sqrt{L}\mathrm{mm}$（L 为路线长，以 km 计），闭合差不用调整，但超限必须返工。其具体观测、记录及计算步骤如下：

(1) 读取后视尺读数，并算出视线高程。

视线高程＝后视点高程＋后视读数

如图 10-2 所示，在第 1 站上后视 BM_1 的高程为：91.715m，则视线高程为：

91.715m＋1.234m＝92.949 （m）

(2) 观测前视点并分别记录前视读数。

由于在一个测点上前视要观测好几个桩点，其中仅有一个点是起着传递高程作用的转点，而其余点只需读取前视读数就能得出高程，为区别于转点，称为中间点。如图 10-2 所示：在Ⅲ站中，0＋000 桩为后视转点，0＋250 桩为前视转点，其他各桩点为中间点。中间点上的读数精确到厘米即可，而转点上的观测精度将影响到以后各点，要求读至毫米，同时还应注意仪器到两转点的前、后视距离应大致相等（差值不大于 20m）。用中心桩作为转点，要置尺垫于桩一侧的地面，水准尺立在尺垫上，若尺垫与地面高差小于 2cm，可代替地面高程。观测中间点时，可将水准尺立于紧靠中心桩旁的地面上，直接测量地面高程。

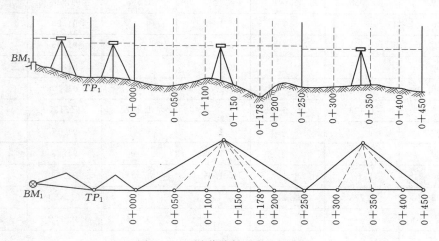

图 10-2 渠道纵断面水准测量

(3) 计算测点高程。

测点高程＝视线高程－前视高程

例如，表 10-1 中，0＋250 作为转点，它的高程＝92.648－1.365（第Ⅲ站的视线高程－前视读数）＝91.563 （m）为该桩的地面高程。0＋100 为中间点，其地面高程＝92.927－1.23＝91.697 （m），凑整为 91.70m 即为该桩的地面高程。

(4) 计算与观测检核。当经过数站（如表 10-1 中为 6 站）观测后，附合到另一水准点 BM_2（高程为 92.278m），以检核这段渠线纵断面测量结果是否符合要求。为此，先要按下式检查各点的高程计算是否有误，即

$$\sum 后(8.201)-\sum 转(7.644)=H'$$

$$H_{BM_2}(92.278)-H_{BM_1}(91.715)=+0.563 （m）$$

以上检核应填入表 10-1，证明计算正确。

表 10-1   纵断面水准测量记录手册

线路名称:东干渠　　　　仪器号码:DS3　　　　观测者:李一天
观测日期:2006 年 9 月 10 日　天气:晴　　　记录者:张敏

桩　号	后视 (m)	视线高 (m)	前视读数(m)		高程 (m)	备注
			间视点	转点		
BM_1	1.234	92.949			91.715	已知
TP_1	1.389	92.932		1.406	91.543	
0+000	1.347	92.927		1.352	91.580	
0+050			1.53		91.40	
0+100			1.23		91.70	
0+150			1.53		91.40	
0+178			1.07		91.86	
0+200			1.37		91.56	
0+250	1.085	92.648		1.365	91.563	
0+300			1.42		91.23	
0+350			1.29		91.36	
0+400			1.38		91.27	
0+450			1.54		91.11	
0+500	1.423	92.574		1.497	91.151	
0+550			1.40		91.17	
0+600			1.38		91.19	
0+650			1.39		91.18	
0+698	1.723	93.143		1.154	91.420	已知
BM_2				0.871	92.272	92.278
检核			$\sum$后 (8.201)$-\sum$转(7.644)$=h_{测}$(+0.557) $H_{BM_2测}$ (92.275)$-H_{BM_1}$ (91.715)$=+0.563$(m) $H_{终}$(92.278)$-H_{始}$(91.715)$=h_{知}$(0.563) $fh=h_{测}-h_{知}=-0.006$ $fh_{允}=\pm10\sqrt{6}\approx\pm24$(mm)					

BM_2 的已知高程为 92.278m，而测得的高程是 92.272m，则此段渠线的纵断面测量误差为：92.272m$-$92.278m$=-0.006$（m），此段共设 6 个测站，允许误差

$$m_{允}=\pm10\sqrt{n}\approx\pm24（mm）$$

可见，观测误差小于允许误差，成果符合要求。由于各桩点的地面高程在绘制纵横面图时仅需精确至厘米（cm）；其高程闭合差可不进行调整。

（二）纵断面图的绘制

纵断面图是反映渠线所经地面起伏情况的图，依据里程桩和加桩的高程绘制在印有毫

米方格的坐标纸上。图上纵向表示高程，横向表示里程（平距）。因为沿线地面高差的变化要比渠道长度小得多，为了明显反映地面起伏情况，通常高程比例尺要比平距比例尺大10倍（山丘区）～20倍（平原区）。常用比例尺：高程为1：100、1：200或1：500；平距为1：1000、1：2000、1：3000或1：5000。纵断面图的绘制步骤和方法如下：

（1）在坐标值的左下角绘制图表，自上至下依次分里程桩号设计坡度、地面高程、挖深、填高等栏目。图表大小上下为8～10cm，左右为15cm，右方栏边线一般作为渠道起点，并将此边线向上延伸作为标高线（即纵坐标轴），同时将每栏横线向右延绘至坐标纸边缘，如图10-3所示。

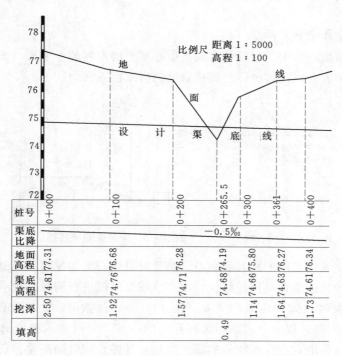

图 10-3　渠道纵断面图（单位：m）

里程栏按平距比例尺标出里程桩和加桩的位置，并注明桩号；在坡度栏绘出渠底设计坡度线，并注明坡度值。在其他有关栏对应桩号注明地面高程、渠底设计高程、挖深和填高数值。其中渠底设计高程 $H_底$ 可根据渠首底板高程 $H_进$、渠底设计坡度 i 和该点对起点的里程 D，按式（10-1）计算求得

$$H_底 = H_进 - iD \qquad (10-1)$$

地面高程减去渠底设计高程即为挖填数值；其值为正表示挖深，其值为负表示填高。

（2）根据下面栏目中注明的最小渠底设计高程确定标高线的起点高程，以保证地面最低点能在图纸上标出并留有余地。标高线的起点高程应为整米数，起点往上按高程比例尺划分每米区间，并标注明相应高程数值。

根据各里程桩和加桩的地面高程标出断面点的位置，用直线将各点依次连接起来，即绘成纵断面图。为便于直观反映地面线与渠底线的关系，应根据渠首的设计高程和渠底比

降绘出渠底设计线，如图 10-3 所示。

二、横断面测量

(一) 横断面测量

横断面测量任务，是测出各个中心桩（里程桩和加桩）处垂直于渠线方向的地面高低变化点的情况，并绘出横断面图。横断面测量的宽度视渠道大小而定，一般以能在横断面图上套绘出设计横断面为原则，并留有余地。一般宽度为 10～50m，即中心线两侧各 5～25m。

进行横断面测量时，以中心桩为起点测出横断面方向上地面坡度变化点间的距离和高差。

其施测的方法步骤如下：

(1) 标定横断面的方向。用目估法或自中心桩上用木制的十字架（图 10-4）即可定出垂直于中心线的方向，此方向即是该桩点处的横断面方向。

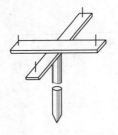
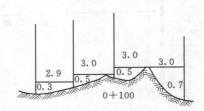

图 10-4 十字架   图 10-5 渠道横断面测量示意图

(2) 测出坡度变化点间的距离和高差。测量时以中心桩为零起算，面向渠道下游分为左、右侧。对于较大的渠道可用经纬仪、水准仪或全站仪进行测量。较小的渠道可用皮尺拉平配合测杆读取两点间的距离和高差（图 10-5），读数时，一般取位至 0.1m，按表 10-2 的格式作好记录。以分子表示相邻两点间的高差，分母表示相应的平距；高差的正负以断面延伸方向为准，延伸点较高则高差为正，延伸点较低则高差为负，如果延伸方向和以量过的两点间坡度一致，或和已测点的高度相同，通常可以不再往前量，分别注"同坡"或"平"表示。

表 10-2   横断面测量记录

左侧		高差/平距	里程桩号/地面高程	右侧		高差/平距
$\frac{-0.1}{10}$	$\frac{-0.2}{8.0}$	$\frac{0.1}{5}$	$\frac{0+000}{85.35}$	$\frac{0.2}{3}$	$\frac{0.3}{8.0}$	同坡

(二) 横断面图的绘制

横断面图也用坐标纸进行绘制，但不需要图表。为了计算面积方便，图上平距和高程通常采用同一比例尺。常用比例尺为 1：100 或 1：200，小型渠道也可采用 1：50。只有当断面很宽而地面又比较平坦时，才采用较小平距比例尺和较大的高程比例尺。绘制横断面图时，先在适当位置标定桩点，并注上桩号和高程；然后以桩点为中心，以横向代表平距，纵向代表高差，根据所测横断面成果标出各断点的位置，用直线依次连接各点即可，如图 10-6 所示。由于横断面图数量较多，为了节约纸张和使用方便，在一张坐标纸上往往要绘许多个，必须依照桩号顺序从上往下、从左往右排列；同一纵列的各横断面中心桩应在一条直线上，彼此之间隔开一定距离。

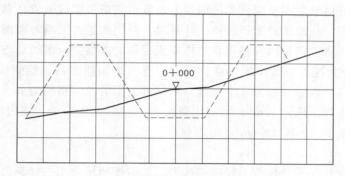

图 10-6　渠道横断面图

采用仪器作横断面测量时，一般直接测定各断面点对中心桩的平距和高差。

第四节　土（石）方量计算

为了编制渠道工程预算及组织施工，均需计算渠道开挖和填筑的土（石）方量。其计算方法常采用"平均断面法"，如图 10-7 所示，先算出相邻两中心桩应挖或填的横断面面积，取其平均值，再乘以两断面间的距离，即得两中心桩的土（石）方量：

$$V=\frac{1}{2}(A_1+A_2)D \qquad (10-2)$$

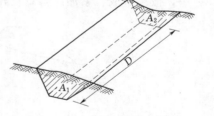

式中　V——两中心桩间的土方量，m^3；

　A_1、A_2——两中心桩处应挖或填的横断面面积，m^2；

　　　D——两中心桩间的距离，m。

采用该法计算土（石）方量时，可按以下步骤进行。

图 10-7　平均断面法

一、确定断面的挖、填范围

确定挖填范围的方法是在各横断面图上套绘渠道设计横断面。即先在透明纸上画出渠道设计横断面（图 10-6 中虚线），其比例尺与横断面图的比例尺应相同，然后根据中心桩挖深或填高数转绘到横断面图上。套绘时，应先从横断面图上查得 0+100 桩号应挖深度（1.92m），再在该横断面图的中心桩处向下按比例量取 1.92m，得到渠底的中心位置，然后将绘有设计横断面的透明纸覆盖于实测横断面图上，用针刺方法将设计横断面的轮廓点转到图纸上，最后连接各点即完成设计横断面与实测横断面的套绘工作（图 10-6）。这样，根据套绘在一起的地面线和设计横断面线就能去定出应挖或应填范围，计算横断面的挖、填面积。

二、计算断面的挖填面积

计算挖、填面积的方法很多，常采用的有方格法、梯形法和电子求积仪法（该方法在前面已经讲过，在此不多赘述）。

1. 方格法

方格法是将方格纸蒙在预测面积的图形上，数出图形范围内的方格总数，然后乘以每个格所代表的面积，从而求的图形面积。计算时，分别按挖方、填方范围数出该范围内完整的方格数目，再将不完整的方格用目估拼凑成完整的方格数，求得总方格数，如图 10-6 所示，中间部分为挖方，以厘米方格为单位，有 4 个完整方格（绘斜线的方格），其余为不完整方格，将其凑整共有 4.2 个方格，则挖方范围的总方格数为 8.2 个方格。而图上方格边长为 1cm，即面积为 $1cm^2$，图的比例尺为 1∶100，则一个方格的实地面积为 $1m^2$，因此该处的挖方面积为：$8.2 \times 1m^2 = 8.2$（m^2）。

2. 梯形法

梯形法是将欲测图形分成若干等高的梯形，然后按梯形面积的计算公式进行量测和计算，求得图形面积。如图 10-8 所示，将中间挖方图形划分为若干个梯形，其中 l_i 为梯形的中线长，h 为梯形的高，为了方便计算，常将梯形的高采用 1cm，这样，只需量取梯形的中线长并相加，按式（10-3）即可求得图形面积 A，即

$$A = h(l_1 + l_2 + \cdots + l_n) = h \sum l \tag{10-3}$$

实际工作中常用宽 1cm 的长条方格纸逐一量取各梯形中线长，并在方格纸上依次累加，即从方格纸条的 0 端开始，先量第 1 个梯形的中长线 l_2，在纸条上到 l_2 的终点，再以该点为第 2 个梯形的中长线 l_3 的起点，用方格纸条接着量取 l_3，得到 $l_2 + l_3$ 的终点，……，依次量取、累加即得总长，从而由方格纸即可直接得出总面积。

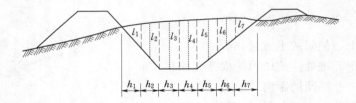

图 10-8　梯形法计算面积示意图

由于欲测图形是以 1cm 宽划分梯形，这样有可能使图形两端的三角形的高不为 1cm，这时则应将其单独估算面积，然后加到所求面积中去。

三、土（石）方计算

土（石）方计算可按表 10-3 逐项填写和计算。计算时，应将纵断面图上查得的各中心桩挖（填）深度以及各桩横断面图上量得的挖、填面积填入表中，然后按式（10-2）式计算两中心桩之间的土（石）方量。

当相邻两断面之间，既有填方又有挖方时，应分别计算挖、填方量。如 0+000 与 0+062 两中心桩之间的土方量为：$V = 0.5 \times (8.39 + 10.31) \times 62 = 9.35 \times 62 = 579.7$（$m^3$）

表 10－3　　　　　　　　×× 渠道土（石）方量计算

制表：李民主　检核：王一天　2005 年 8 月 3 日

桩号	中心桩填挖 （m）		填挖面积 （m²）		平均面积 （m²）		两桩间距 （m）	土方量（m³）	
	挖深	填高	挖	填	挖	填		挖	填
0＋000	1.69		8.39	12.30	9.35	11.76			
0＋062	2.31		10.31	11.22	9.12	10.62	62	579.7	729.12
0＋100	2.10		7.93	10.01	8.17	8.49	38	346.56	403.56
0＋200	1.95		8.41	6.97	9.32	9.64	100	817.0	849.0
0＋300	2.46		10.22	12.30	9.48	11.92	100	932	964.0
0＋400	2.32		8.73	11.55			100	948	1192.0
合计								3623.26	4137.68

桩号自 0＋000～0＋400　　　　　共＿＿＿＿＿页 第一页

如果相邻两横断面的中心桩为一挖一填，则中间必有一个不挖不填的点，称为零点（即纵断面图上地面线与渠底设计线的交点）。可以从图上量得，也可按比例关系求得，如从图 10－3 中量得两零点的桩号分别为 0＋250 和 0＋276。由于零点系指渠底中心线上为不挖不填，而零点处横断面的挖和填方面积不一定都为零，故还应到实地补测该点处的横断面。然后算出有关相邻断面的土方量。

近年来，随着电子计算机在工程设计中的广泛使用，本章所讲的纵横断面图绘制、横断面面积量算、土（石）方量计算及工程造价预算均可由计算机来完成。

第五节 施工断面放样

渠道施工前，首先要在现场进行边坡桩的放样，即标定渠道设计横断面边坡与地面的交点，并设置施工坡架，为施工提供依据。

渠道横断面有纯挖、纯填和半挖半填三种可能情况，如图 10－9 所示。

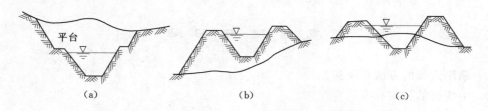

| （a） | （b） | （c） |

图 10－9　各种填挖断面示意图

（a）挖方断面（当挖深达 5m 时应加修平台）；（b）填方断面；（c）挖填方断面

一、标定中线桩的挖深或填高

施工前应首先检查中线桩有无丢失或移位，如有应进行修复。而后将各线桩挖深或填高数据用红油漆标在中线桩相应的位置。

二、边坡桩的放样

图 10-10 表示一个半挖半填断面，需要标定的边坡桩有渠道左右两边的开口桩、堤内肩桩、堤外肩桩和外坡脚桩等 8 个桩位。从土方计算时所绘的横断面图上，可以分别量出这些桩位至中心桩的距离，作为放样数据，根据中心桩即可在现场将这些桩标定出来。然后，在内、外肩桩位上按填方高度竖立竹竿，竹竿顶部分别系绳，绳的另一端分别扎紧在相应

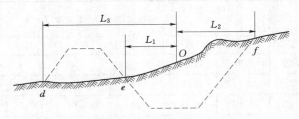

图 10-10　边坡桩放样示意图

的外坡脚桩和开口桩上，即形成一个渠道边坡断面，称为施工坡架。施工坡架每隔一定距离设置一个，其他里程只需放出开口桩和外坡脚桩，并用灰线分别将各开口桩和坡脚桩连接起来，表明整个渠道的开挖和填筑范围。为了放样方便，事先应根据横断面图编制放样数据表，见表 10-4。

表 10-4　　　　　　　　　　　　××渠道施工断面放样数据表　　　　　制表：李铁　检查：王家

桩号	开口桩宽 （m）		内堤肩宽 （m）		外堤肩宽 （m）		外坡脚宽 （m）		内坡脚宽 （m）	
	左	右	左	右	左	右	左	右	左	右
0+000	0.82	1.02	1.50	1.55	2.41	2.30	3.32	3.07	1.0	0.7
0+050	0.85	0.66	1.33	1.40	2.51	2.23	3.02	3.12	0.5	0.4
0+100	0.68	0.70	1.52	1.48	2.33	2.12	3.45	3.55	0.6	0.5

编表时所需的地面高程、渠底高程、中心桩的填高或挖深等数据由纵横断面图上查得；堤顶高程为设计的水深加超高加渠底高程；左、右内坡脚宽、外坡脚宽等数据是以中心桩为起点在横断面图上量得。

三、检测与验收测量

为了保证渠道的修建质量，对于大中型渠道，在其修建过程中应及时进行检测，对已竣工渠段应进行验收测量。渠道的检测与验收测量一般是用水准测量的方法检测渠底高程、堤顶高程、边坡坡度等，以保证渠道按设计图纸要求完工。

思 考 题 与 习 题

1. 踏勘选线的方法有哪些？

2. 中线桩的种类有哪些？

3. 中线测量的任务有哪些？

4. 纵断面测量的任务是什么？

5. 横断面测量任务是什么？

6. 纵断面图上包括哪些内容？

7. 计算挖、填面积的方法有哪些？

8. 横断面放样需编制放样数据表，放样数据表应包括哪些内容？

第十一章　河　道　测　量

【学习内容】

本章主要讲述：河道测量的内容与方法的概述；水深测量所用的仪器与工具；水面高程（水位）的测定；测深点平面位置的布设与测定方法；水深测量成果的整理；河道纵横断面测量和河道纵横断面图的编绘；水下地形图的绘制；水下地形测量自动化成图简介等。

【学习要求】

1. 知识点和教学要求

（1）掌握水位测量的方法。

（2）掌握水深测量的方法。

（3）掌握河道横断面测量和河道纵横断面图的编绘。

（4）理解水下地形图的绘制。

2. 能力培养要求

（1）具有正确水位测量的观测、记录、计算和精度评定能力。

（2）具有水深观测的能力。

（3）具有观测和编绘河道纵横断面图的能力。

（4）具有观测和编绘水下地形面图的能力。

第一节　概　　述

为了充分开发和利用水资源，为工业和人民生活提供廉价、环保的电力；为了保证农田减少旱涝灾害，使农业生产迅速增长；为了整治航道，提高运输能力，都必须兴建各种水利工程。在这些工程的勘测设计中，除了需要各种比例尺的陆上地形图外，还需要了解水下的地形情况，因此，要求测量人员施测各种比例尺的水下地形图。另外，在桥梁、港口码头以及沿江河的铁路、公路等工程的建设中也需要进行一定范围的水下地形测量。

河道测量主要内容有：①平面、高程控制测量；②河道地形测量；③河道纵、横断面测量；④测时水位和历史洪水位的连测；⑤某一河段瞬时水面线的测量；⑥沿河重要地物的调查或测量。在河流开发整治的规划阶段，沿河 1∶10000 或 1∶25000 比例尺地形图以及河道纵横断面图是必不可少的基本资料。在设计阶段应根据工程对象的不同，如河道及库区、灌区等，一般需要施测 1∶5000～1∶10000 比例尺地形图；对工程枢纽（坝址、闸址、渠首等）需分阶段施测 1∶500～1∶5000 比例尺地形图。地形图的岸上部分一般采用航空摄影测量或平板仪测量方法施测，水下部分的施测方法见水下地形测量。沿河只施测带状地形图时，常以高精度导线作为基本平面控制，以适当等级的水准路线作为基本高程控制。河道横断面通常垂直于河道深泓线或中心线，按一定间隔施测。横断面图表示的主要内容是地表线（包括水下部分）及测时水位线。图的纵横比例尺在山区河段一般相同，丘陵和平原河段垂直比例尺常大于水平比例尺。河道纵断面图多利用实测河道横断面及地形图编制。为适当显示河流比降变化，采用的垂直比例尺通常远大于水平比例尺。图上表示的基本内容是河道深泓线和瞬时水位线，有时还要标出历史洪水位线，左右岸线（堤线），主要居民地、厂矿企业的位置和高程，大支流入口位置，水文测站的水尺位置与零点高程，以及重要拦河建筑物的位置、过流能力与关键部位高程等内容。河道整治的施工阶段要将设计河道的中心线（或其平行线）、开口线、堤防中心线、工程设施的主轴线和轮廓线，以及相应的高程，按设计图放样到实地。

河道测量的主要任务，就是进行河道纵、横断面测量和水下地形测量。为工程施工提供必要的河道纵、横断面和水下地形图。

在进行河道横断面或是水下地形测量时，如果作业时间短，河流水位比较稳定，可以直接测定水边线的高程为计算水下地形点的起算依据。如果作业时间较长，河流水位变化太大时，则应设置水尺随时观测，以保证提供测深时的准确水面高程。

水下地形测量与陆上地形测量所采用的控制测量方法是相同的，不同的是水下地形的起伏看不见，不像陆上地形测量可以选择地形特征点进行测绘。因此，只能用测深断面法或散点法均匀低布设一些测点。观测时利用船只测定每个测点的水深，其平面位置或在案上的控制点上设仪器测定，或在船上用六分仪测定。在大的湖泊、河口、港湾以及海洋上进行水下地行测量时，可采用无线电定位系统确定测点的平面位置。测点的高程是由水面高程（水位）减去测点的水深，间接求得的，因此水位观测是水下地形测量中不可缺少的一部分。另外，水下地形测量的内容不如陆上的那样多，只要求在图上用等高线或等深线表示水下地形的变化。

在水利工程的规划和设计阶段，为了确定梯级开发方案、选择坝址、确定水头高度、推算回水曲线等所需要的河道纵断面图，是由测量人员根据收集的有关资料编绘的。

在桥梁勘测设计中，为了研究河床的冲刷情况，决定桥墩的类型和基础深度，布置桥梁孔径等，需要在桥址的上下游地区施测横断面图，并且要编制河道纵断面图。

此外，水下地形图和河道纵横断面图不仅在工程勘测设计中是重要的资料，同时还有其他用途，例如，监测桥梁的安全，观测水库的淤积和研究河床演变规律等。

第二节　水　位　观　测

水位即水面高程。在河道测量中，水下地形点的高程是根据测深时的水位减去水深求得的。因此为测量水下地形需要进行水位观测，并且水位观测与测量水深同时进行。

测深时的水位称为工作水位。由于河流水位受各种因素的影响而时刻变化，为了准确反映一个河段内的水面坡降，需要测定该河段各处同一时刻的水位，这一水位称为同时水位或瞬时水位。由于大量降水使得河水超过平时水位，称为洪水位。

在水位观测中，首先应有统一的基准面，我国通用的基面有两种：

（1）绝对基面，即大地水准面，我国统一采用黄海基面。

（2）测站基面，采用观测地点历年最低枯水位以下 0.5～1.0m 处的平面作为测站基面。

采用测站基面的优点是表达水位的数字简单，但要使不同地点的水位资料便于相互比较，必须测出各个测站基面与绝对基面的高差，以便进行换算。

一、水位观测的设备

通常的水位观测设备有水尺（图 11-1）和自计水位计（图 11-2）两大类。

 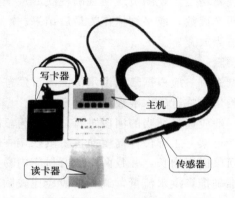

图 11-1 水尺 　　　　　　图 11-2 自计水位计

水尺有木制和搪瓷两种，上面有 m，dm，cm 的刻画。水尺可安装在木桩上，也可钉在现有建筑物（如桥墩，闸墙等）上。水尺观测一般每小时人工观测一次，但在洪水前后每隔 10min 观测一次。

自计水位计是自动测定并记录河流湖泊和灌渠等水体的水位的仪器。自计水位计按传感器原理分浮子式、跟踪式、压力式和反射式等。常用的浮子式自计水位的记录笔可在记录纸上自动绘出水位变化曲线。水位记录方式主要有：记录纸描述、数据显示或打字记录、穿孔纸带、磁带和固体电路储存等。水位计的精确度一般在 1～3cm 以内，中国制造的水位计的记录周期有 1 天、30 天和 90 天等。走时误差，机械钟为 2 分/日，石英晶体钟小于 5 分/月。

浮子式自计水位计其原理是由浮子感应水位的升降。有用机械方式直接使浮子传动记录结构的普通水位计，有把浮子提供的转角量转换成增量电脉冲或二进制编码脉冲作远距离传输的电传、数传水位计，还有用微型浮子和许多干簧管组成的数字传感水位计等。应用较广的是机械式水位计。应用浮子式水位计需有测井设备，只适合于岸坡稳定、河床冲淤很小的低含沙量河段使用。

二、观测时间

水位观测的时间间隔，一般按测区水位变化大小而定。当水位的日变化在 0.1～0.2m 时，每次测深前后各观测一次，取平均值作为测深时的工作水位。

当测区有显著的水面比降时，应分段设立水尺进行水位观测。按上下游两水尺读得的水位与距离成比例。用内插法计算测深时的工作水位。

三、同时水位的测定

测定同时水位的目的是为了了解河段上的水面坡降。

若施测河段不长时，在拟测水位处，于规定的同一时刻，同时打下与水面齐平的木桩，桩顶的高程即代表该处特定时刻的水面高程，再将桩顶与水准点进行高程联测，即能获得同时水位。

当河段较长时，则需要将不同时间的观测水位（工作水位）根据水位的过程线和水位观测记录，内插法换算成所需时刻的同时水位。

为了保证观测精度，观测员应使观测视线尽量平行于水面，每次均应对相邻波峰与波谷的水位进行两次读数，取平均值作为最后结果。水位一般读至厘米，山地河流或水急浪高的水区域可适当放宽。

四、洪水调查

进行洪水调查时，应根据最大洪水位的淹没痕迹，查询发水的具体日期。洪水痕迹高程用五等水准测量从临近的水准点引测确定。

洪水调查一般应选择适当的河段进行，选择河段时应注意以下几点：

（1）为了满足某一工程设计需要而进行洪水调查时，调查河段应尽量靠近工程地点。

（2）调查河段应当增长，并且两岸所有村庄内易受洪水浸淹的建筑物的调查。

（3）为了准确推算洪水流量，调查河段应比较顺直，各处断面形状相近，有一定的落差；同时应无大的支流汇入，无分流和严重跑滩现象，不受建筑物大量引水、排水、阻水和变动回水等影响。

五、水位的计算和归化

通常所测的水位是随不同河段及不同的时间变化的，它代表所测位置处水面高程与时间的关系。如果需要了解整条河流水面变化的情况，那么需要将分段测定的水位归化成全河道同一时间的瞬时水位，还将瞬时水位换算成设计所需的某个水位，这些工作称为水位归化。

1. 根据各段水尺的读数归化

当水位变化均匀时，可以不考虑河流水面的变化特性，水位的归化也就比较容易，若已知某河流三个河段水位观测值，欲将第一段和第二段观测的水位换算为第三段为基准的瞬时水位值，归化方法如下所述：

若三河段于 9 月 14 日 10 时读得的瞬时水位分别为 H_1'、H_2'、H_3'，而 9 月 10 日 9 时在第三河段上测得瞬时水位为 H_3''，那么第三河段上 9 月 14 日与 10 日 9 时水位差 $\Delta H = H_3' - H_3''$，即为各河段归化到第三河段上 9 月 10 日 9 时的瞬时水位改正值。

2. 由上、下游水位值进行归化

若 H_1、H_2、H_m 分别为某一日在上游第一水位站，下游第二水位站和中间任一水位点 m 的观测水位。假定各点间涨落差改正值的大小与各点间的落差成正比，那么可按式（11-1）计算水位点 m 的落差改正值，即

$$\Delta H_m = \Delta H_1 - \frac{\Delta H_1 - \Delta H_2}{H_1 - H_2}(H_1 - H_m) \tag{11-1}$$

或者
$$\Delta H_m = \Delta H_2 + \frac{\Delta H_1 - \Delta H_2}{H_1 - H_2}(H_m - H_2)$$

然后计算得 m 点的同时水位为

$$H'_m = H_m - \Delta H_m \tag{11-2}$$

第三节　水　深　测　量

水深即水面至河底的垂直距离，水深测量是测定水底点至水面的高度和点的平面位置的工作，是河道测量的中心环节。水深测量常用的工具有测深杆、测深锤、回声测深仪和多波束测深仪等。

一、测深杆与测深锤

测深杆一般由木杆或铝杆制成，长 6～8m，杆身每分米涂以不同颜色以便读数。底部有一直径为 10～15cm 的铁制底盘，用以防止测深时测杆下陷而影响测深精度。测深杆用于 5m 以内流速较小的浅水区。测深时，将测杆斜向上游插入水中，当杆底到达河底且与水面垂直时，读取水面所截杆上的读数，即为水深。

测深锤是以重锤和绳索连接而成，绳索上每 10cm 作一标志，以便读数。测深前应校对标志。测深时应将测深杆或测深锤的绳索处于垂直位置，读取水面处的读数。

二、回声测深仪

回声测深仪是利用换能器向水底发射超声波，到达水底被反射回来，经接收换能器接收后，测定超声波从发射经水底反射到被接受所需的时间，就可确定水深，即

$$h = \frac{CT}{2} \quad (C \text{ 为声波在水中传播的速度}) \tag{11-3}$$

若求水深则应加上换能器在水下面的深度 D。

$$H = h + D \tag{11-4}$$

回声仪主要由激光器、换能器、放大器、记录显示设备和电源等部件组成（图 11-3）。

回声测深仪适用范围广，最小测深 0.5m，最大测深为 300m，其优点是精度高，且能迅速地、连续不断地测量水深。

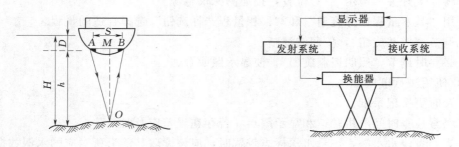

图 11-3　回声测深仪原理

回声测深仪在安装和利用时需要注意以下几点：

（1）离开船头和螺旋桨处，因为水中气泡能阻止或吸收超声波。

（2）声速改正数。因声速随水温、水的密度而变化，在测深时应加以改正。

$$\Delta Z = S(C_N/C_O - 1) \tag{11-5}$$

$$C_N = 1450 + 4.206t - 0.0366t^2 + 1.137(S-35)$$

式中　S——测得水深；

　　　C_N——测时实际声速；

　　　C_O——设计声速，为常数 1500m/s。

（3）水下有较多水草时，不宜使用回声测深仪测水深。

三、回声测深仪的使用

下面主要介绍阿特拉斯（ATLAS）型回声测深仪的使用。

（1）主要开关、旋钮的名称及作用。ATLAS 型回声测深仪的操作面板如图 11-4 所示。

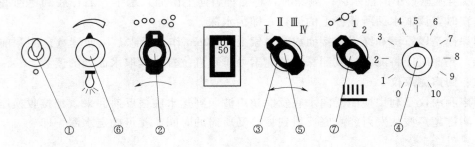

图 11-4　ATLAS 型回声测深仪的操作面板

①—主开关（main switch），控制电源的"接通"或"断开"；②—基本量程选择开关（basic range），共有三档，用于选择量程；③—移相量程选择（phasing range），用于扩大量程选择；④—增益（gain），调节回波清晰度；⑤—零位调节（zero line），调整发射零点标志与水深刻度零点一致；⑥—照明控制 illumination control；调节显示照明；⑦—灰/黑控制旋钮（grey/black recording），用于探测鱼群

（2）使用方法。

1）将"主开关"指示"1"位置，接通测深仪电源。

2）用"基本量程选择旋钮"和"移相量程选择选钮"选择合适的量程。

3）调节"增益旋钮"，使回波清晰。

4）必要时调节"照明控制旋钮"，使显示照明合适。

（3）使用注意事项。

1）及时更换记录纸。

2）经常检查时间电机转速和显示零点，若存在误差应及时消除。

3）当测量浅水水深，记录水深标志较宽时，应该读取其前沿所对应的水深数据。

4）船舶长期停泊时，应每隔半月通电一次，每次通电时间不少于 4h，一是可以为电子器件去潮，二是防止换能器表面孳生海生物。

5）大风浪中航行或倒车时，换能器周围存在大量气泡，影响测深仪正常工作，因此不宜测深。

6）做好日常显示器内部的清洁工作，去除灰尘与杂物，保持干燥。

7）按说明书要求，定期对机械传动部件加注润滑油。

8）船舶维修时，应检查和清洁换能器工作面，不能用硬器敲打或刮伤换能器工作面，不得在换能器工作面涂油漆。

9）记录笔经长期使用，金属丝有可能因磨损而不能与记录纸保持良好接触，应及时检查并予以更换。检查方法是揿下定位标志按钮，观察定位标志线是否平直和连续，若发现定位标志线不平直或出现断续，则可将金属丝拉出一段距离（约 10mm），并调整记录笔与记录纸的夹角，一般调到 $45°\sim60°$ 为宜。

10）按要求检查馈电刷与馈电导板之间是否保持良好接触，若接触不良，会导致水深记录标志不连续，尤其浅水或信号弱时。因此，必须定期检查和维护。检查和维护的方法是用手向下转动传动皮带，检查记录笔与记录纸接触时，馈电刷的大多数金属丝应与馈电导板相接触，若只有少数金属丝接触，则必须调整或更换馈电刷。更换馈电刷时，应先将金属丝捆扎在一起，然后用钳子小心地将金属丝线弯曲，直到大多数金属丝都能与馈电导板相接触为止。

四、多波束测深仪

多波束测深仪是一种多传感器的复杂组合测量系统，它是利用超声波原理进行工作的，多波束探头由多达几十个相互独立的接收换能器。一次声波发射，可由多个接收探头采集同样多的水深点信号，接收信号由计算机记录。这几十个接收换能器按一定夹角的扇面分布，它对水下地形测量是以一种会覆盖的方式进行，因此，它与目前常规单波数相比，具有测深点多，测量速度快，会覆盖等优点。

多波束测深仪按工作频率分为高频、中频和低频三种类型，一般将工作频率在 95kHz 以上的称为浅水多波束，频率在 36～60kHz 之间的称中水多波束，频率在 12～13kHz 之间的称为深水多波束。

多波束测深系统与传统水下测量手段相比主要有以下优点：

（1）测量以带状方式进行，波束连续发射和接收，测量覆盖程度高，对水下地形可 100％ 覆盖，与单波束比较，多波束的波束角窄，对细微地形的变化都能完全反映出来，也就是说单波束是点、线的反映，而多波束则是面上的整体反映。

（2）由于对地形的全覆盖，其大量的水深点数据使生成的等值线真实可靠，而单波束是将断面数据进行摘录成图以插补方式生成等值线，在数据采集不够时，将导致等值线存在一定偏差。

（3）新型的多波束系统还能同步记录船体姿态信息（如起伏、纵摇、横摇、航向等），由系统自带的处理软件对测量结果进行校正，使测量结果受外界不利因素影响减小到最低限度。对于单波束而言，由于未进行这些校正，所以其测量结果相对而言受外界因素影响较大。

（4）有的系统处理软件功能较大，能对测量资料进行多种成图处理，可生成等值线图、三维立体图、彩色图像、剖面图等，非常直观，可以在现场直观地看到水下地形起伏、冲淤情况。同时还能对同一测区不同测次进行比较以及土方计算等。

第四节　河道纵横断面测量

为了研究河道的演变规律，以及满足水利工程设计的需要，可以在代表性的河段上布设一定数量的横断面。定期在这些横断面进行水深测量，根据观测结果绘制纵断面图。

一、河道横断面测量

河道横断面是垂直与主流方向的河床的剖面图。首先要确定横断面的位置，可根据横断面的用途和设计人员的要求来确定。横断面应设在水流比较平缓且能控制河床变化的地方，并应垂直与水流方向。间距视河流的大小和其用途而定。

横断面位置确定后，应在两岸各端点打点定桩，用作测定端面点平距和高程的测站点，称为断面基点。

横断面测量可采用断面锁法、视距法、角度交会法、全站仪法和 GPS（RTK）法。

1. 断面锁法

断面锁法是在沿河道垂直方向拉一绳索，固定在两岸上，每隔一定距离做上标记，并事先在绳索上做好长度标记（叫起点距），测量水深的同时，直接在断面索上读出起点距。这种方法适合于河宽较小、水上交通不多、有条件架设断面索的河道测站，精度较高。

2. 视距法

当测船沿断面方向驶到一定位置测水深时，停船，竖立标尺端面基点测站，船上工作人员同时进行测量，观测内容有视距、截尺、天顶距、水深等。

3. 角度交会法

此方法要求在断面基点一侧有两个已知点。首先由 AB（和断面方向垂直，不垂直时需在 A 点安置经纬仪观测角度 β）点坐标计算出两点之间的距离 D。测定已知方向与断面方向的夹角 α，如图 11-5 所示。

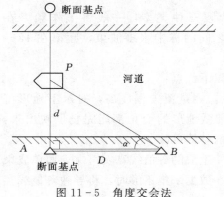

图 11-5　角度交会法

（1）当 AB 和断面方向垂直时，只在 B 安置经纬仪观测角度 α，则测深点到断面基点 A 的距离为

$$d = D\tan\alpha$$

（2）当 AB 和断面方向不垂直时，在 AB 两点分别安置经纬仪观测角度 α 和 β，则测深点到断面基点 A 的距离为

$$d = \frac{D\sin\beta}{\sin(\alpha+\beta)}$$

4. 全站仪法

近年来，随着全站仪的普及和精度的提高，可以直接利用全站仪直接测定测深点的坐

标，将测得的平面坐标与对应点的测深数据合并在一起，内业时，由数字测图软件可自动生成水下地形图。此方法可以满足测绘大比例尺水下数字地形图精度要求，方便灵活，自动化程度高，精度高且速度快。

5. GPS（RTK）法

GPS技术的出现，带来了测量方法的革新，在大地控制测量、精密工程测量及变形监测等应用中形成了具有很大优势的实用化方案。尤其是GPS（RTK）技术能够在野外实时得到厘米级定位精度，为工程放样、地形测图、地籍及房地产测量、水下地形测量等带来了新的作业方法，极大地提高了野外作业效率，是GPS应用的里程碑。特别是利用RTK技术进行水下地形测量，效率提高更明显。

如图11-6所示，RTK技术的工作模式是在已知点上架设基准站，接受机借助电台将其观测值及坐标信息，发送给流动站接收机，流动站接收机通过电台（数据链）接受来自基准站的数据，同时还要采集GPS观测数据，在系统内差分处理，求得其三维坐标（X，Y，Z）。

下面简单介绍GPS（RTK）水下测量系统的基本作业步骤：

水深测量的作业系统主要由GPS接收机、数字化测深仪、数据通信链和便携式计算机及相关软件等组成。测量作业分三步来

图11-6 GPS（RTK）水下测量系统

进行，即测前的准备、外业的数据采集测量作业和数据的后处理形成成果输出。

（1）测前的准备。

1）求转换参数。

①将GPS基准站架设在已知点A上，设置好参考坐标系、投影参数、差分电文数据格式、发射间隔及最大卫星使用数，关闭转换参数和7参数，输入基准站坐标（该点的单点84坐标）后设置为基准站。

②将GPS移动站架设在已知点B上，设置好参考坐标系、投影参数、差分电文数据格式、接收间隔，关闭转换参数和7参数后，求得该点的固定解（WGS-84坐标）。

③通过A、B两点的84坐标及当地坐标，求得转换参数。

2）建立任务。设置好坐标系、投影、一级变换及图定义。

3）作计划线。如果已经有了测量断面就不需要重新布设，但可以根据需要进行加密。

（2）外业的数据采集。

1）架设基准站在求转换参数时架设的基准点上，且坐标不变。

2）将GPS接收机、数字化测深仪和便携机等连接好后，打开电源。设置好记录设置、定位仪和测深仪接口、接收机数据格式、测深仪配置、天线偏差改正及延迟校正后，就可以进行测量工作了。

（3）数据的后处理。数据后处理是指利用相应配套的数据处理软件对测量数据进行后

期处理，形成所需要的测量成果——水深图及其统计分析报告等，所有测量成果可以通过打印机或绘图机输出。

外业结束后，对观测成果进行整理、检查。由观测时的水位和水深求出各测点的高程。将这些点展绘在坐标方格上，绘成横断面图。如图 11 - 7 所示，横向表示平距，比例尺为 1：1000 或 1：2000。纵向表示高程，比例尺为 1：100 或 1：200，图上应注明比例尺。左右岸、观测日期，以及观测时的平均水位。

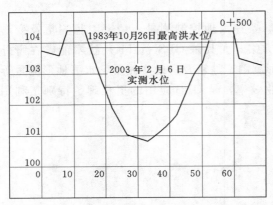

图 11 - 7　河道横断面图（单位：m）

横断面绘制应包括以下内容：

（1）编号或名称及其在河道纵断面图上的里程。

（2）绘出水平、竖直比例尺和高程系统。

（3）工作水位线。

（4）地表线以及地表土壤和植被。

（5）断面通过的建筑物和重要地物。

（6）两个断面基点的坐标。

二、河道纵断面测量

河道纵断面是沿着河道深泓点剖开的断面。

用横向表示河长，纵向表示高程。将这些深泓点连接起来，就得到断面形状。

在河道纵断面图上应表示出河底线，水位线以及沿河主要居民地、公路、铁路、水文站，水位站及其他水上建筑物的位置和高程。

河道纵断面图一般是利用已有的水下地形图、河道横断面图，以及相关水文资料进行编绘的（图 11 - 8）。其基本步骤如下。

1. 量取河道里程

在已有的地形图上，沿河道深泓线从上游（或下游）某一固定点开始计算，向下游累计，精确到 0.1mm。

2. 换算同时水位

为了在纵断面图上绘出同时水位线，应首先计算出各点的同时水位（瞬时水位）。通常是根据工作水位（观测水位）进行换算。

3. 编制河道纵断面成果表

此表是绘制河道纵断面图的主要依据，其主要内容包括点编号、里程、深泓点高程同时水位点高程及时间，洪水位置高程及时间、堤岸程等。

4. 绘制河道纵断面图

根据成果表绘制河道纵断面，纵断面一律从上游向下游绘制方向（高程）比例尺为 1：200～1：2000。水平（距离）方向比例尺为 1：25000～1：20000。

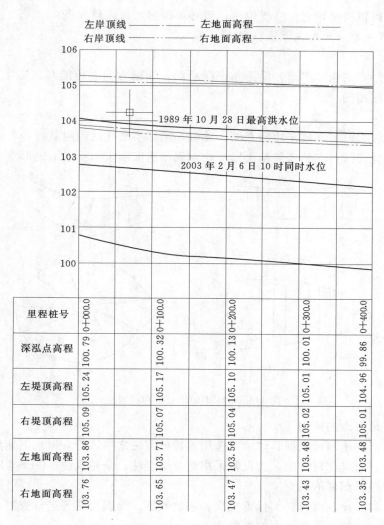

图 11-8 河道纵断面图（单位：m）

左岸顶线 ——— 左地面高程 ———
右岸顶线 —·—· 右地面高程 ———

1989 年 10 月 28 日最高洪水位

2003 年 2 月 6 日 10 时同时水位

里程桩号	0+000.0	0+100.0	0+200.0	0+300.0	0+400.0
深泓点高程	100.79	100.32	100.13	100.01	99.86
左堤顶高程	105.24	105.17	105.10	105.01	104.96
右堤顶高程	105.09	105.07	105.04	105.02	105.01
左地面高程	103.86	103.71	103.56	103.48	103.48
右地面高程	103.76	103.65	103.47	103.43	103.35

第五节　水下地形测量

　　水下地形测量是在陆地控制测量的基础上进行的。水下地形点平面位置和高程的测定方法与河道横断面水下部分的测量方法基本相同。

　　水下地形图是反映水下地物、地貌的地形图，它能反映出水底的起伏、礁石和水下障碍物的位置，供研究河床演变、整治河道、水工建筑物的设计与施工及航运之用。

一、水下地形点的密度要求与布设方法

（一）密度要求

　　由于不能直接观察水下地形情况，只能依靠测定较多的水下地形点来探索水下地形的变化规律。因此，通常须保证图上 1～3cm 有一个地形点，沿河道纵向可以稍稀，横向应

当较密，中间可以稍稀，近岸应当较密；但必须探测到河床最深点。

（二）水下地形点的布设方法（图 11-9）

1. 断面法

按水下地形点的密度要求，沿河布设横断面，端面方向尽可能与河道主流方向垂直，测量方法与前述相同。

2. 散点法

水面流速较大时，一般采用散点法，此时，测船不断往返斜向航行，每隔一定距离测定一个点，如此连续，在每条航线上以尽快地观测速度测定一些水下地形点。

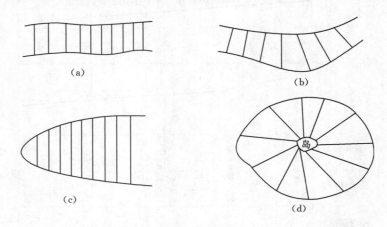

图 11-9   水下地形点的布设方法

二、水下地形点的施测

水下地形点的施测可根据具体情况选用前述的方法之一进行，但水下地形点不必位于规定断面方向，布点比较自由，所以常采用前方交会法、全站仪法、GPS（RTK）法等。

三、水下地形测量的内业

内业首先对外业观测资料、计算成果、起始数据、绘图资料等进行查对，根据水位成果进行水位改正，并计算各测点的高程。

绘制水下地形图包括展绘测深点，勾绘等高（深）线，拼接与整饰等项工作（图 11-10）。对于进行水工建筑、港口码头设计与施工用的大比例尺水下地形图，一般要求水下与陆地有统一的高程系统，故水下地形图仍用等高线表示。对于航道图则要换算为以深度基准面起算的水深，勾绘以等深线表示的水下地形图，它既能表示河道的深浅，又能反映出河床地形起伏情况。下面对传统的作业模式进行简要的介绍。

1. 展绘测深点

半圆分度器展点法。当测区范围较小，前方交会线长度一般在图上 30cm 左右时可以采用此方法。如图 11-5 所示，以 A、B 两点所测角值，利用两个分度器设置对应角度的方向线相交而得到定位点 P。以此方法展点时，由于半圆分度器刻度教粗略，所以设置角度的精度较低。此外分度器的半径一般仅为 $10 \sim 20$cm，在远距离的交会中必须接尺加长，从而使展点误差较大。此种方法虽然简单，但在使用中有一定的局限性。

直角坐标法定位。当测区范围较大，用半圆分度器展点法时需要接尺展点，其误差较

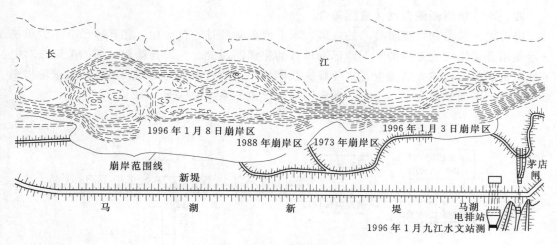

图 11 - 10　水下地形图

大，此时宜用此法。用观测数据计算出水
下地形点的坐标，用三角板借助坐标格网
线展点。

2. 勾绘等深线

勾绘等深线的目的在于了解水底地貌
的形状、分析探测的完善性（图 11 - 11）。
同时可以发现特殊深度的测深线布设是否
合理，从而确定是否需要补测和加密探测
等。因此，勾绘等深线时要仔细、全面，
尽可能真实反映水底地貌的变化情况（表 11 - 1）。

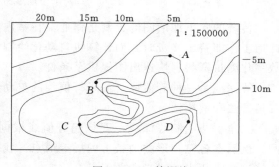

图 11 - 11　等深线

表 11 - 1		等深线的勾绘间隔	单位：m
深　度	等深线间隔	深　度	等深线间隔
0～5	0.2	100～200	20.0
5～40	5.0	200～500	50.0
40～100	10.0	500 以上	100.0

勾绘等深线的方法与勾绘等高线的方法基本相同，但是要注意以下几种情况：

（1）应将等于或小于等深线数值的深度点划入浅的一边。

（2）等深线要勾绘平滑、自然。当勾绘出的等深线成锯齿状时，可以稍把等深线向深
水的一边移动，但不能把成片的深水区划入浅水区。

（3）个别浅滩的深度点要用点状线单独勾绘，以引起注意。

（4）深水区范围不得扩展到无水深点而可能有浅水深度的空白区域。

3. 整饰

在绘制和整饰水下地形图时，应注明图名、比例、坐标系、基准面、航标位置、水深
点、等深线、航道中心线、图阔注记、施测单位和日期等。

四、水下地形测量自动化成图简介

随着电子技术和计算机技术的发展，水下地形测量日趋自动化。在我国已有不少单位开始使用并采用较为先进的水下地形测量自动化成图系统。实现自动化成图的关键是对电子计算机的使用，在此基础上，主要解决数据采集、信息识别与处理、按制图要求输出图形等问题，下面简单介绍一个水下地形图自动化成图系统的框架（图 11－12）。

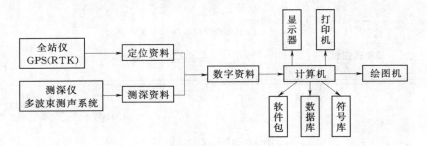

图 11－12　水下地形图自动化成图系统框架

传统的水下地形图的绘制是作业员在室内靠手工内插勾绘等深并作必要文字注记等，此项工作即费工又费时，而计算机自动化绘制等深线则一改传统方法，为直接采用和处理数字化测量资料、快速出图提供了条件。

等深线是一种等值线，关于等值线的自动绘制方法有多种，而常见的主要有两种，即三角形法和网格法。

三角形法绘制等深线，就是趋势值线根据任意分布的数据点建立不规则形状的三角网，然后在各三角形的边长上内插等值点，找等深线的起始点，进行等值点的跟踪，最后连接这些等值点绘成光滑曲线。

网格法绘制等深线，就是将测深范围视为一个矩形域，并将其划分为 $i \times j$ 个格网，格网可定义为正方形或矩形，在所定义的格网寻找和判断网格横边或纵边是否有等值点，并依据一定的公式，计算等值点的位置。在计算出全部等值点后，必须将它们逐点进行规则和有序的等值线连接，这其中包括等值线追踪工作。该项工作主要有确定等值线进入网格的大致走向，确定等值线进入网格后从哪一条边出去，网格点作为等值点的处理。另外，搜索等值线的关键是如何找到等值线的线头，找到线头后即可按等值点的追踪方法找到线尾。

水下地形图的曲线有两大类，等深线和岸线，这些曲线图形多数为多值函数，呈大挠度、连续拐弯的图形特征。同时，水下地形图需绘制大量的图式符号。为了实现成图自动化，必须使计算机控制绘图仪自动绘制图式符号。目前，水下地形测量图式符号的自动绘制多采用软件方法，为此，建立图式符号库是一项基础性的工作。

思 考 题 与 习 题

一、填空题

1. 河道测量的主要任务是进行＿＿＿＿＿＿＿＿、＿＿＿＿＿＿＿＿和水下地形测量。

2. 由于河流水位受各种因素的影响而时刻变化，为了准确反映一个河段内的水面坡降，需要测定该河段各处_____水位，这一水位称为同时水位或瞬时水位。

3. 绝对基面，即_____，我国统一采用_____。

4. 测定同时水位的目的是为了了解河段上的_____。

二、名词解释

1. 水位；2. 工作水位；3. 水位归化；4. 水深

三、简答题

1. 河道测量的主要内容有哪些？

2. 河道横断面的测量方法有哪些？

3. 横断面图绘制包括哪些内容？

4. 河道纵断面图的绘制步骤有哪些？

5. 水下地形测量内业工作有哪些？

☆第十二章 变 形 观 测

【学习内容】

本章主要讲述：变形观测的内容和变形量的表示方法、垂直位移的观测方法周期和精度要求、水平位移的观测、倾斜观测和裂缝观测的方法。

【学习要求】

1. 知识点与教学要求

(1) 掌握变形观测的主要内容，熟悉变形量的表示方法。

(2) 掌握垂直位移的观测方法和精度要求。

(3) 理解水平位移的观测方法。

(4) 熟悉倾斜观测和裂缝观测的方法。

2. 能力培养要求

(1) 初步具有独立进行各种变形观测的能力。

(2) 能熟练进行垂直位移观测。

(3) 具有把握各种观测方法和精度要求的能力。

第一节 概 述

各种大型建筑物及其地基，在建筑物自身荷重和外力作用下，都可能产生变形。如果变形在一定限度之内，则认为是正常现象；如果超过了规定限度，就会影响建筑物的正常使用，甚至危及建筑物的安全。在建筑物的施工和运行期间，必须对它进行监测，即变形观测。

变形观测的任务是周期性地对布设在建筑物各部位的测点进行重复观测，从历次观测结果的比较中，了解变形随时间发展的情况。变形观测的周期根据具体情况确定：竣工初期或变形较大时，观测周期宜短；变形量较小，建筑物趋向稳定时，观测周期则宜适当放长。通过变形数据的分析研究，不但可以判断重要建筑物在各种应力作用下是否安全，而且可以验证设计理论和检验施工质量，为以后的工程设计和施工提供可靠的资料。

变形观测的方法，应根据建筑物的性质、使用情况、周围环境以及对观测精度的要求来选定。一般来说，垂直位移须采用精密水准测量或液体静力水准测量；水平位移观测可以根据建筑物的不同形式分别选用基准线法或前方交会法；倾斜观测可以采用倾斜仪或通过测定高差和水平位移量来计算倾斜角；裂缝（或伸缩缝）观测可用测缝计或根据其他观测结果进行计算。随着科学技术的进步，变形观测的手段和方法也不断改进，目前正朝着自动化的方向发展。

变形观测的方案，通常是在工程建筑物的设计阶段，在建筑物地基负载性能试验和研究自然因素对建筑物变形影响的同时，将其作为建筑物的一项设计内容予以制定的。在施工时就将其观测标志和设备埋置在设计位置上，从建筑物施工时即开始观测，一直持续到建筑物完全稳定不再变形为止。

变形观测的结果用变形量来表示，变形观测的内容由变形观测对象的性质、测量的目的等因素决定的。

一、表达变形量的指标

表达变形量的常用数据指标有移动指标：下沉或上升、水平移动；变形指标：倾斜、曲率、水平变形。

（一）移动指标（图 12-1）

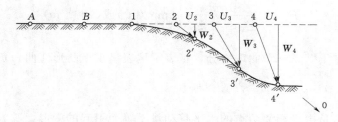

图 12-1　点位移动示意图

1. 下沉或上升

$$W_i = H_i - H_{0i} \tag{12-1}$$

式中　W_i——第 i 点的下沉或上升量；

H_i——第 i 点计算时刻的高程；

H_{0i}——第 i 点初始时刻的高程。

2. 水平移动

$$U_i = L_i - L_{0i} \tag{12-2}$$

式中　U_i——第 i 点的水平移动量；

L_i——第 i 点到控制点的计算时刻的长度；

L_{0i}——第 i 点到控制点的初始时刻的长度。

（二）变形指标

1. 倾斜

倾斜度可用相邻两工作点的垂直变形量除以两点之间的水平距离求得，即

$$i = \frac{W_3 - W_2}{S_{23}} \tag{12-3}$$

2. 曲率（图 12-2）

根据两线段的倾斜 i_{12} 和 i_{23} 求得两曲线段终点的切线，用切线的倾斜差即两切线的交角 Δ_i 除以两曲线段中点的间距，即可求得此段距离内的平均倾斜变化——地表弯曲的平均曲率值 K，即

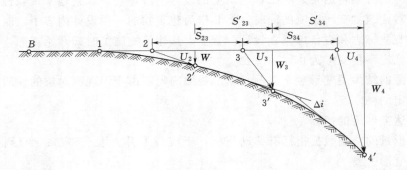

图 12-2 曲率计算示意图

$$K_{234} = \frac{i_{34} - i_{23}}{\frac{1}{2}(S_{23} + S_{34})} \text{ (mm/m}^2\text{)} \text{或}(10^{-3}/\text{m}) \qquad (12-4)$$

地球曲率有"+"、"一"曲率之分，正表示地表呈现上凸形弯曲，负曲率表示地表呈现下凹形弯曲。

3. 水平变形

地标水平变形是由于相邻两点的水平移动量不等而引起的变形，其大小为

$$\pm\varepsilon = \frac{U_3 - U_2}{S_{23}} \text{ (mm/m)} \qquad (12-5)$$

水平变形实际上是两测点间距内每米长度的伸长或压缩变形。正值表示拉伸变形，负值表示压缩变形。

二、观测内容

变形观测的内容，应根据建筑物的性质和地基情况来定，要求有明确的针对性。对于一般地面建筑物来说，主要内容是垂直位移（升降）观测，以及由于垂直位移不均匀而引起的倾斜和裂缝观测；对于水工建筑物来说，除了上述观测内容之外，还有水平位移观测和坝体挠度观测。这里所说的挠度，实际上就是坝体垂直面内，不同高程的各点相对于底点的水平位移。用测量方法求出建筑物的垂直位移量和水平位移量，即测定建筑物外形在空间位置方面的变化，称为外部变形观测。此外，对建筑物内部的应力和温度变化等也应进行观测，称为内部观测。

1. 倾斜观测

测定建筑物顶部由于地基存在差异沉降或受外力作用而产生的垂直偏差。通常在顶部和墙基设置观测点，定期观测其相对位移值，也可以直接观测顶部中心相对于底部中心的位移值，然后计算建筑物的倾斜度。

2. 位移观测

观测建筑物因受侧向荷载作用的影响而产生的水平位移量。

3. 裂缝观测

建筑物因基础有局部不均匀沉降或其他原因和荷载作用而使建筑物外部出现裂缝，一般在建筑物两侧设置标志，定期观测其位置的变化，来取得裂缝大小和走向等资料。

4. 挠度观测

观测建筑物中，特别是梁板构件产生的挠度，其方法是测定设置在建筑物垂直平面内不同高度观测点相对于某一水平及准点的位移值。

5. 摆动和转动观测

测定高层建筑物顶部和高耸建筑物在风振、地震、日照以及其他外力作用下的摆动和扭曲程度。

第二节　垂直位移观测

建筑物及其基础在垂直方向上的位移包括上升和沉陷。在一般情况下，建筑物的上升是受外界因素（如地壳构造运动和地下水位增高）影响所致，出现的机会相对较少；建筑物的沉陷主要是由于自身重量而引起的，是垂直位移中最常见的现象。因此，垂直位移往往称为沉陷观测。

为了测定建筑物的沉陷，必须在最能反映建筑物沉陷的位置埋设观测点，定期从邻近的水准点引测观测点的高程。临近建筑物的水准点称为工作基点；若这些工作基点因建筑物压力扩散的影响而产生变动，可用远离建筑物的水准基点来进行检测。

一、观测点和水准点的布设

沉降变形观测工作点必须数量足够、点位适当。观测点的设置要求，一是便于预测出建筑物的沉降量、倾斜、曲率，并绘出下沉量；二是便于现场观测；三是便于保存，并不受破坏。

（一）观测点的布设

建筑物的沉陷观测点，通常是由设计部门提出要求，由施工主持者提出方案，在施工期间进行埋设。观测点应有足够的数量和代表性，并牢固地与建筑物结合在一起；要便于观测，并尽量使之在整个变形观测期不受损坏。

不同建筑物对其观测点有不同的要求。

1. 工业与民业建筑物沉陷观测点的布设

通常在房屋四角、中点、转角处以及沿周边 10～20m 布设一边。另外，在最易变形的地方，如设备基础、伸缩缝两旁、基础形式改变处、地质条件改变处等，都要布设观测点。测点标志有两种形式：一种埋设在墙上，用角钢制定，与墙成 60°角，埋设 100mm 左右（图 12-3）；另一种埋设在基础上，用柳钉制成，埋设 60mm 左右，上加护盖。

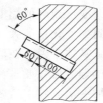

图 12-3　墙体或坝体沉陷观测点埋设

2. 大坝沉陷观测点的布设

由于坝形不同，布设方案也不同，对于混凝土重力坝，坝体观测点布设在坝顶和坝的不同高度位置，每坝段的上、下游两侧都应有观测点，其标志的埋设和图 12-3 相同；坝基观测点应布设在基础廊道中心线上，每一坝段（包括左右岸连接段、溢流段和厂房段）的横向廊道内都应有观测点，其标志的埋设和图 12-4 相同。

土石坝的观测点布设在坝面上，一般与坝轴线平行，在坝顶以及迎水面和背水面的正常水位以上，在背水面相应与正常水位变化区和浸水区，各埋设一排观测点，并保证每一排都在合拢段、坝内泄水底孔处、坝基地质不良以及坝低地形变化较大的地方有观测点，点位的平均间距约 30～50m。土石坝的沉陷观测点通常与水平位移观测点合二为一，应当埋设混凝土观测标墩，如图 12-4 所示：顶部标芯有"＋"字者为水平位移观测中心，另一半圆标芯为沉陷观测点。

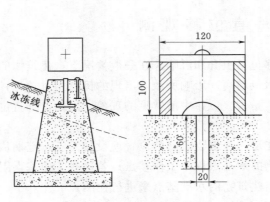

图 12-4　大坝观测点标志

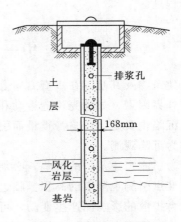

图 12-5　深埋钢管标

（二）水准点的布设

1. 水准基点

它作为测定工作基点的依据，必须远离建筑物，布设在沉陷影响范围之外。对于水利枢纽，水准基点应埋设在河流下游两岸离坝址较远的完整新鲜的基岩上。当覆盖层很厚时，应采用钻孔穿过土层和风化层达到基岩，埋设钢管标志，如图 12-5 所示。

2. 工作基点

它作为直接测定沉陷观测点的依据，应设在被观测建筑物周围。一般采用地表岩石标；当建筑物附近土层覆盖较深时，也可采用土中标，但标石的基座应适当加大。

水准基点与工作基点之间采用精密水准联测，闭合差应不超过 $\pm 0.5\sqrt{n}$ mm。

二、观测时间、观测方法和精密要求

（一）观测时间

1. 工业与民用建筑物

变形观测的周期以能系统反应所测变化过程而又不遗漏其变化时刻为原则，根据单位时间的变化量的大小以及外界因素的影响来确定。当观测中发现异常时应增加观测次数。

具体来说，在建筑物施工期间，当增加较大荷载（如浇筑基础、安装柱子、屋架、吊车梁等之后）要进行沉陷观测；一般情况下，在荷载增荷 25％、50％、75％、100％时各增加一次。竣工后要根据沉陷量的大小定期进行观测，最初可每隔 1～2 个月观测一次，每次沉陷量超过 5mm 时，要增加观测次数。随着沉陷量的减小，可逐渐延长观测周期，直至稳定为止。

2. 水工建筑物

水工建筑物尤其是大坝的观测周期，在施工和运转初期应当缩短，观测次数加多；运转后期，当已掌握了变形规律以后，次数可适当减少；特殊情况下，如暴雨、洪峰、地震期，需增加观测次数。

3. 工作基点

工作基点的联测每年可进行 1～2 次，应选择在外业观测条件最佳季节，以削弱外界观测条件对观测成果的影响。

（二）观测方法和精密要求

（1）混凝土坝沉陷点的观测，须采用精密水准测量，要求精度达到 ±1mm。

（2）对于一般沉陷观测，可采用 DS$_3$ 型水准仪，前视和后视最好用一支水准尺；仪器离前、后视水准尺的距离必须相等，视线长度应在 40m 以内，每次观测都要使用同一水准仪和水准尺，按固定测站位置和尺垫位置进行观测。读完各测点后要回测后视点，以检查观测过程中仪器是否发生变动；对同一后视的始末两次读数之差不应大于 1mm。路线观测闭合差不得超过 ±1.4mm。由于观测工作重复进行，故可将仪器位置和立尺点做出标记，一边每次将仪器和标尺至于相同位置，这样既便于测量，又可削弱部分系统误差的影响。

（3）布设在大坝廊道内的沉陷观测点，由于廊道高度过小或底面高低不平，使得立尺和架设仪器都受到一定限制，并导致视距过短，有的甚至不到 3m，因此测站数相对增加。

如果各点大致同高时，可采用固定连通管进行液体静力水准测量。在每测点（包括工作基点）下安装一个水槽，并采用水管将各水槽联通起来；再在各测点上安装一支有毫米分划的水位测针，借助齿轮可使测针沿铅垂方向上下移动，如图 12-6 所示。水管充水后，任意两测针触及水面的读数之差，即为两点间的高差，加上工作基点的已知高程，即可求得各测点的高程。

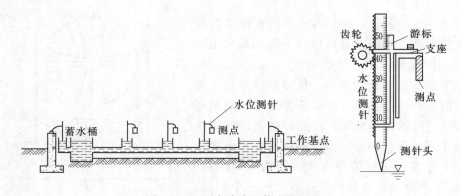

图 12-6　固定式连通管水准测量

第三节　水平位移观测

水平位移观测是水工建筑物变形观测的主要内容之一。根据建筑物的形式不同，可分别采用基准线法或前方交会法。

一、基准线法

基准线适用于直线型建筑物，如混凝土重力坝和土石坝等。此法的原理是以坝轴线或平行于坝轴线的固定直线作为基准线，并沿着基准线布设一些位移观测点，周期性地观测这些点偏离基准线的情况，将每次观测结果进行比较，以确定水平位移的大小。

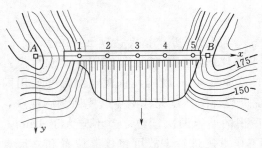

图 12-7　视准线法

基准线可用光学的或机械的方法建立。用光学方法建立基准线的有视准线法和激光准直法；用机械方法建立基准线的有引张线法。下面介绍视准线法和引张线法。

（一）视准线法

如图 12-7 所示，在坝轴两端山坡的基岩上设置基点 A、B，并建造具有经纬仪强制对中圆盘的钢筋混凝土观测墩；沿 AB 方向的各坝段上埋设位移观测点 1、2、3、…。在一个基点观测墩上安置经纬仪，照准另一个基点观测墩的中心标志，即可获得一条视准线，它的方向可认为是固定不变的；定期测量位移观测点偏离视准线的距离（简称偏距），即可求得大坝的水平位移值。

设某点第一次测得的偏距为 l_1，第 i 次测得的偏距为 l_i，则水平位移值为

$$\delta y_i = l_i - l_1 \tag{12-6}$$

当测点向下游位移时，δy_i 为正；向上游位移时，δy_i 为负。

视准线法按其测定偏距的方法不同又分为"活动觇标法"和"小角度法"。

1. 活动觇标法

如图 12-8 所示，一块刻有十字形照准线的觇标能够左右移动，其移动量可以在下面的标尺上根据指标线或游标来读取，估读至 0.1mm。观测时，在位移观测点安置活动觇标牌，使觇标牌标尺的零刻线对准测点的中心标志，然后听基点上的观测员指挥，旋转觇标的微动螺旋，使觇标牌上的照准线与望远镜十字丝重合为止，读取觇标牌标尺上的读数，并记入手簿；正倒镜各观测一次为一个测回。在 A 点和 B 点分别安置经纬仪，各观测一个测回，称为往、返测；取往、返测的平均值作为一次观测的结果。

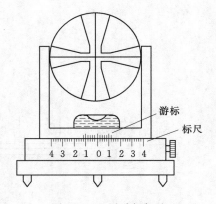

图 12-8　活动觇标法

2. 小角度法

如图 12-9 所示：在基点 B 和位移观测 i 分别安置固定觇标，由安置在基点 A 的经纬仪测出视准线 AB 与位移观测点方向 A_i 之间的小角度 α_i，按式（12-7）计算偏距，即

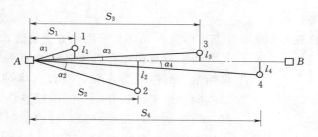

图 12-9 小角度法

$$l_i = \frac{\alpha_i}{\rho} S_i \tag{12-7}$$

式中 S_i——基点 A 至观测点 i 之间的距离。

小角度法必须采用精密经纬仪（DJ$_2$型以上）观测 4 个测回，各测回之差不能超过 $3''$（半测回差应不大于 $4.5''$）；并应在 A 点和 B 点分别设站进行对向观测。

（二）引张线法

在两个基点间，水平地拉紧一条不锈钢丝代替视准线来测定建筑物各点的水平位移，称为引张线法。

如图 12-10 所示，设在大坝廊道内的各位移观测点与基点 A、B 位于同一高度的水平线上。各观测点预埋一支具有毫米分划的不锈钢标尺（长度 15cm）；再通过滑轮用重锤在两基点间牵引一条不锈钢丝作为测线。钢丝外面套有 10cm 直径的塑料保护管，钢丝在管内能自由活动，不受风力影响。为了减少钢丝自然下垂的弧度，每个观测点上设有浮托装置（图 12-11）。浮托装置由水箱和浮托组成，与标尺一起安置在保护箱内。

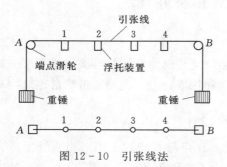

图 12-10 引张线法

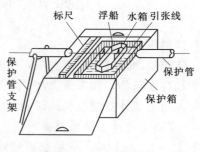

图 12-11 浮托装置

观测时，先检查钢丝在保护管内是否受到阻碍，注意使钢丝两端永远固定在同一位置上，并将浮托箱内充水使钢丝浮离尺面 0.5mm 左右，然后用具有测微尺的显微镜读取钢丝所指的标尺读数。

显微镜内的测数尺长 6mm，最小刻划为 0.1mm，可以估读至 0.01mm。由于通过显微镜后标尺分划线和钢丝都变得很粗大，所以采用测微尺先量取标尺分划线左边缘与钢丝左边缘的距离 a，再量取标尺分划线右边缘与钢丝右边缘的距离 b，此两距离的平均值即为标尺分划线中心与钢丝中心的距离，将它加到相应的标尺分划线读数上，即得钢丝在标尺上应有的读数。

二、前方交会法

拱坝的水平位移观测不能采用基准线法，而必须采用前方交会法，如图 12-12 所示。

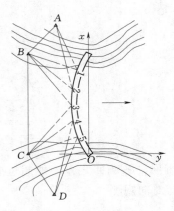

为了观测和计算拱坝各观测点的纵横位移值，取拱坝两端点的连线为 x 轴，并以右岸端点为原点；x 值由原点向左岸递增为正，y 值由原点向下游递增为正。控制点（观测墩）布设好后，按逆时针方向编号，以一般观测精度测出各控制边的长度 b 及对 x 轴的方位角 θ，但不必计算坐标。位移观测点可选择交会角较好的两个方向，用 DJ$_2$ 型以上的经纬仪定期进行交会测量，每次至少观测两个测回，测回差不应超过 $3''$。如图 12-12 所示，设在测站 A 和 B 交会 1 号位移观测点：最初一次所测角度为 α 和 β；第 n 次观测时，1 点位移到了 $1'$，测得的角度为 α' 和 β'。如果分别计算出 1 点和 $1'$ 点对 A 点的

图 12-12   前方交会法测水平位移   坐标增量 Δx_{A1}、Δy_{A1} 和 $\Delta x_{A1'}$、$\Delta y_{A1'}$，则相应的增量之差就是纵、横位移值。由图可导出坐标增量计算公式为

$$\Delta x = \frac{b\sin\beta}{\sin(\alpha+\beta)}\cos(\theta-\alpha)$$

$$\Delta y = \frac{b\sin\beta}{\sin(\alpha+\beta)}\sin(\theta-\alpha) \tag{12-8}$$

第四节   倾斜观测和裂缝观测

一、倾斜观测

测定建筑物的倾斜有两类方法：一类是直接测定建筑物的倾斜，该方法多用于基础面积较小的超高建筑物，如摩天大楼、水塔、烟囱和铁塔；另一类是通过测量建筑物基础高程的变化，用公式计算建筑物的倾斜。

（一）直接测定建筑物的倾斜

如图 12-13（a）所示，根据建筑物的设计，A 点与 B 点位于同一铅垂线上。当建筑物因不均匀沉陷而倾斜时，A 点相对于 B 点移动了一段距离 d，即位于 A'。这时建筑物的倾斜度为

$$i = \tan\alpha = \frac{e}{h} \tag{12-9}$$

式（12-9）中，h 为建筑物的高度，一般是已知的；如果 h 未知时，可在离建筑物较远的地方设置一条基线，采用独立交会高程测量的方法进行测定。为了求得 d 值，可用经纬仪在大致相互垂直的两个方向按投影交会的方法将 A' 投影到 B 点的水平面上，得 A_0' 点，如图 12-13（b）所示，然后量取平局 $A_0'B$ 即为 d。投影时，须采用正倒镜观测。

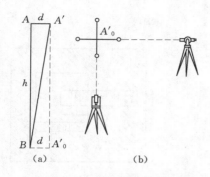 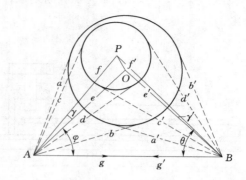

图 12-13　建筑物的倾斜观测　　　　　图 12-14　烟囱的倾斜观测

（二）圆形建筑物的倾斜观测

图 12-14 表示烟囱倾斜的测定方法；图中小圆 p 为烟囱顶部在底部平面上的投影。观测时，在适当位置测定一条基线 AB，先后在两垂直方向上选择 A、B 两点安置经纬仪，分别对烟囱顶部和底部两侧进行观测，读取方向值 a、c、d、b、g 和 a'、c'、d'、b'、g'。由图（12-14）可知：对于测站 A 计算其半和角

AO 方向　　　　　　　　　　　$e=(a+b)/2$

AP 方向　　　　　　　　　　　$f=(c+d)/2$

其两者之差即为烟囱上部中心和底部中心的方向差，由此再根据测站 A 至烟囱中心的距离，计算出烟囱该方向上的上下偏差值 α；同理，在测站 B 可得另一方向偏差值 β，再按式（2-10）计算烟囱顶部中心至底部中心的偏差值 OP，即

$$OP=\sqrt{\alpha^2+\beta^2} \tag{12-10}$$

高层建筑倾斜测量的中误差一般也应小于容许位移量的 $\dfrac{1}{20}$。如果观测建筑物不同高度处的倾斜，还可以求得建筑物的挠度，因为挠度就是在建筑物的竖直面内各点相对于低点的水平位移。

（三）水工建筑物倾斜观测

对于大坝等水工建筑物的倾斜观测，目前常采用如下方法。

1. 水准测量的方法

前面已经指出，各类建筑物均在建筑物基础部位的重要部位设站。通过水准观测求得各点的高程，就可以求得各工作点的下沉值。

2. 液体静力测量方法

液体静力测量方法是利用一种特制的静力仪，测定两点间的高差变化，以计算倾斜。

3. 气泡式倾斜仪

气泡式倾斜仪由一个高灵敏度的水准管和一套精密测微器组件构成。如图 12-15 所示，通过 m 将倾斜仪安置在需要的位置上以后，转动读数盘 h，使测微杆 q 上下移动，压动支架 a 使气泡水准管 e 的气泡居中。此时，在读盘上读出初始读数 h_0；若基础发生倾斜变形，仪器气泡会发生偏移；为求取倾斜值，需重新转动读数盘 h，使气泡居中，读出读

数 h_j，$j=1$，2，3，…，n，n 为观测周期数；将初始读数 h_0 与周期读数 h_j 相减，即可求得倾斜角。

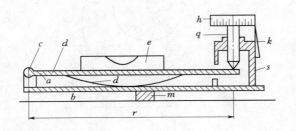

图 12-15 气泡式倾斜仪的结构

a—支架；b—底板；c—c 点；d—弹簧片；e—水准管；

h—读数盘；k—指标；m—置放装置；

q—测微杆；s—连接器

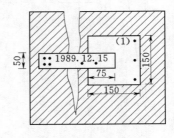

图 12-16 裂缝观测

二、裂缝观测

工程建筑物发生裂缝时，应立即进行全面检查，画出裂缝分布图，对各裂缝进行编号，然后分别观测裂缝的位置、走向、长度、宽度和深度。

为了观测裂缝的发展情况，须在裂缝处安置观测标志。标志用两块白铁皮制成，一片 150mm×150mm，另一片 50mm×200mm，分别固定在裂缝两侧，并使长铁片紧贴于正方形铁片上，两片边缘彼此平行（图 12-16）。标志固定好后，将两片白铁皮外露部分涂上红油漆，并用黑油漆写上裂缝编号和标志设置日期。如果往后裂缝继续发展，则铁皮逐渐拉开，露出正方形铁片没有涂油漆的部分，用尺子量出这部分的宽度，就是裂缝加大的宽度。

思 考 题 与 习 题

1. 变形观测的观测点一般分成哪几种类型？
2. 变形观测的内容一般有哪些？
3. 表达变形量的指标有哪些？
4. 水平位移观测的观测方法有哪些？
5. 倾斜观测可用哪些方法？

☆第十三章 工业与民用建筑测量

【学习内容】

本章主要讲述：施工控制网建立；工业与民用建筑施工测量的方法和步骤；重点掌握轴线的测设和标高的传递。

【学习要求】

1. 了解工业与民用建筑施工测量任务。
2. 初步掌握施工控制网建立的方法与要求。
3. 掌握水准面、大地水准面、地理坐标、平面直角坐标、绝对高程、相对高程、比例尺、比例尺精度、测量工作的基本原则等基本概念。
4. 重点是地面点位的表示方法（坐标和高程）。
5. 难点是水准面、大地水准面、参考椭球面概念的建立及用水平面代替水准面的限度。

工业与民用建筑测量是指工业与民用建筑工程在勘测设计、施工和竣工后各个阶段所进行的测量工作。主要指施工阶段的测量工作，其任务是将设计好的建筑物、构筑物的平面位置和高程，按没计要求以一定的精度测设在地面上，以指导和衔接各工序间的施工，从根本上保证施工质量。

第一节 建筑场地施工控制测量

在工程建设勘测阶段已建立了测图控制网，由于它是为测图而建立的，未考虑施工时的要求，因此控制点的分布、密度、精度都难以满足施工测量的要求。此外，平整场地时控制点大多受到破坏，因此，在施工之前必须建立施工控制网。

一、平面控制

工业与民用建筑场地的平面控制网视场地面积大小及建筑物的布置情况，通常布设成三角网、导线网、GPS网、建筑基线或建筑方格网的形式。三角网、导线网、GPS网，其测量方法请参考其他教材学习，在此不再赘述。重点介绍建筑基线和建筑方格网的布设方法。

（一）建筑基线

1. 建筑基线的布设

建筑场地的施工控制基准线，称为建筑基线。即在场地中央布设一条长基线或若干条与其垂直的短基线组成。建筑基线的布置，主要根据建筑物的分布、场地的地形和原有测图控制点的情况而定。常用建筑基线的布设形式有四种，如图 13-1 所示。

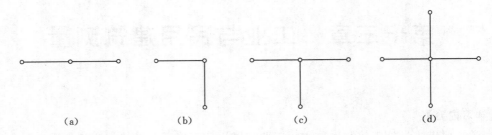

图 13-1 建筑基线的布设形式

(a) 三点直线形；(b) 三点直角形；(c) 四点丁字形；(d) 五点十字形

　　建筑基线布设的位置，应尽量临近建筑场地中的主要建筑物，且与其轴线相平行，以便采用直角坐标法进行放样。为了便于检查基线点位有无变动，基线点不得少于三个。基线点位应选在通视良好而不受施工干扰的地方。若点需长期保存，要建立永久性标志。

　　2. 建筑基线的测设

　　根据建筑场地的不同情况，测设建筑基线的方法主要有下述两种。

　　(1) 用建筑红线测设。在城市建设中，建筑用地的界址，是由规划部门确定，并由拨地单位在现场直接标定出用地边界点（界址点），边界点的连线，称为建筑红线。拟建的主要建筑物或建筑群中的多数建筑物的主轴线与建筑红线平行。因此，可根据建筑红线用平行线推移法测设建筑基线。

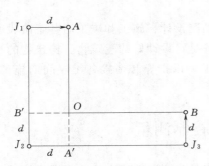

图 13-2 建筑红线测设建筑基线

　　如图 13-2 所示，J_1-J_2 和 J_2-J_3 是两条互相垂直的建筑红线，A、O、B 三点是欲测的建筑基线点。其测设过程：从 J_2 点出发，沿 $J_2 J_3$ 和 $J_2 J_1$ 方向分别量取 d 长度，得出 A' 和 B' 点；再过 J_1、J_3 两点分别用经纬仪作建筑红线的垂线，并沿垂线方向分别量取 d 的长度得出 A 点和 B 点；然后，将 AA' 与 BB' 连线，则交会出 O 点。A、O、B 三点即为建筑基线点。

　　当把 A、O、B 三点在地面上作好标志后，将经纬仪安置在 O 点上，精确观测 $\angle AOB$，若 $\angle AOB$ 与 $90°$ 之差不在容许值以内时（$\pm 20''$），应进一步检查测设数据和测设方法，并应对 $\angle AOB$ 按水平角精确测设法来进行点位的调整，使 $\angle AOB = 90°$。

　　如果建筑红线完全符合作为建筑基线的条件时，可将其作为建筑基线使用，即直接用建筑红线进行建筑物的放样，既简便又快捷。

　　(2) 用附近的控制点测设建筑基线。在新建筑区，没有建筑红线作依据时，就需要在建筑设计总平面图上，根据建筑物的设计坐标和附近已有的测图控制点来选定建筑基线的位置，并在实地采用极坐标法或交会法把基线点在地面上标定出来。

如图 13-3 所示，M_1、M_2 两点为已有的控制点，A、O、B 三点为欲测设的建筑基线点。首先将 A、O、B 三点的施工坐标，换算成测图坐标；再根据 A、O、B 三点的测图坐标与原有的测图控制点 M_1、M_2 的坐标关系，采用极坐标法或交会法测定 A、O、B 点的有关放样数据；最后在地面上分别测设出 A、O、B 三点。当 A、O、B 三点在地面上作好标志后，在 O 点安置经纬仪，测量 $\angle AOB$ 的角值，丈量 OA、OB 的距

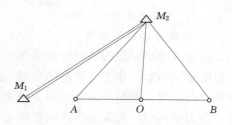

图 13-3 用附近的控制点测设建筑基线

离。若检查角度的误差（$\Delta\beta = \angle AOB - 180°$，$|\Delta\beta| \leqslant 20''$）与丈量边长的相对误差均不在容许值以内时，就要调整 A、B 两点，使其满足规定的精度要求。

调整三个点的位置时，如图 13-4 所示，应先根据三个主点间的距离 a 和 b 按式（13-1）计算调整值 δ，即

$$\delta = \frac{ab}{a+b} \frac{180° - \beta}{2\rho} \tag{13-1}$$

式中 ρ——1 弧度对应的秒值，$\rho = 206265''$。

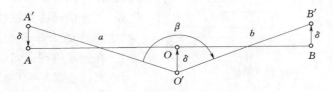

图 13-4 调整三个主点的位置

将 A'、O'、B' 三点沿与轴线垂直方向移动一个改正值 δ，但 O' 点与 A'、B' 两点移动的方向相反，移动后得 A、O、B 三点。为了保证测设精度，应再重复检测 $\angle AOB$，如果检测结果与 $180°$ 之差仍旧超过限差时，需再进行调整；直到误差在容许值以内为止。

除了调整角度之外，还要调整三个主点间的距离。先丈量检查 AO 及 OB 间的距离，若检查结果与设计长度之差的相对误差大于规定，则以 O 点为准，按设计长度调整 A、B 两点。调整需反复进行，直到误差在容许值以内为止。

【例 13-1】 如图 13-4 所示，某工地要测设一个建筑基线，其中：$a = b = 100\text{m}$，初步测定后，定出 A'、O'、B'，测出 $\beta = 180°01'42''$，问：（1）其改正值 δ 为多少？（2）方向如何？

解：（1）

$$\delta = \frac{ab}{a+b} \frac{180° - \beta}{2\rho}$$

$$= \frac{100 \times 100}{100 + 100} \times \frac{180° - 180°01'42''}{2 \times 206265''}$$

$$= -0.012 \text{ (m)}$$

（2）在 A' 和 B' 点处 δ 向上；O' 点处 δ 向下。

注意：$180-\beta$ 要以秒为单位。

（二）建筑方格网

1. 建筑方格网的布设

由正方形或矩形的格网组成建筑场地的施工平面控制网，称为建筑方格网。其适用于大型的建筑场地。建筑方格网的布置，应根据建筑设计总平面图上各种建筑物、道路、管线的分布情况，并结合现场地形条件而拟定。方格网的形式，可布置成正方形或矩形。布置建筑方格网时，先要选定两条互相垂直的主轴线，如图 13-5 中的 AOB 和 COD，再全面布设格网。当建筑场地占地面积较大时，通常是分两级布设，首级为基本网，先测设十字形、口字形或田字形的主轴线，然后再加密次级的方格网。当场地面积不大时，尽量布置成全方格网。

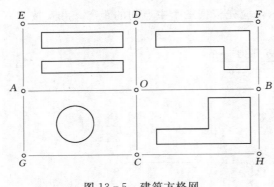

图 13-5   建筑方格网

方格网的主轴线，应布设在整个建筑场地的中央，其方向应与主要建筑物的轴线平行或垂直，并且长轴线上的定位点不得少于 3 个。主轴线的各端点应延伸到场地的边缘，以便控制整个场地。主轴线上的点位，必须建立永久性标志，以便长期保存。

当方格网的主轴线选定后，就可根据建筑物的大小和分布情况而加密格网。在选定格网点时，应以简单、实用为原则，在满足放样的前提下，格网点的点数应尽量减少。方格网的转折角应严格为 90°，相邻格网点要保持通视，点位要能长期保存。建筑方格网的主要技术要求，可参见表 13-1 的规定。

2. 方格网的测设方法

（1）主轴线的测设。由于建筑方格网是根据场地主轴线布设的，因此在测设时，应首先根据场地原有的控制点，测设出主轴线的三个主点。

如图 13-6 所示，M_1、M_2、M_3 三点为已有的测图控制点，其坐标已知；A、O、B 三点为选定的主轴线上的主点，其坐标可以在设计图上量取，则根据三个测图控制点 M_1、M_2、M_3，采用极坐标法即可测设出 A、O、B 三个主点。

测设三个主点的过程：先将 A、O、B 三点的施工坐标换算成测图坐标；再根据它们的坐标与测图控制点 M_1、M_2、M_3 的坐标关系，计算

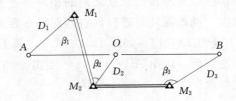

图 13-6   主轴线的测设

出放样数据 β_1、β_2、β_3 和 D_1、D_2、D_3，如图 13-6 所示，然后用极坐标法测设出三个主点 A、O、B 的概略位置为 A′、O′、B′。

当三个主点的概略位置在地面上标定出来后，要检查三个主点是否在一条直线上。由

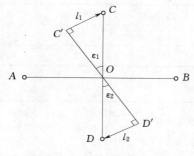

图 13-7　测设主轴线 *COD*

于测量误差的存在，使测设的三个主点 A'、O'、B' 不在一条直线上，三个主点的调整方法和建筑基线三个主点的调整方法相同。

当主轴线的三个主点 A、O、B 定位后，就可测设与 AOB 主轴线相垂直的另一条主轴线 COD。如图 13-7 所示，将经纬仪安置在 O 点上，照准 A 点，分别向左、向右测设 90°；并根据 OC 和 OD 的距离，在地面上标定出 C、D 两点的概略位置为 C'、D'；然后分别精确测出 $\angle AOC$ 及 $\angle AOD'$ 的角值，其角值与 90° 之差为 ε_1 和 ε_2，若 ε_1 和 ε_2 大于表 13-1 的规定，则按式（13-2）求改正数 l_1、l_2，即

$$l = L\frac{\varepsilon''}{\rho''} \qquad\qquad (13-2)$$

式中　L——OC' 或 OD' 的距离。

根据改正数，将 C'、D' 两点分别沿 $C'C$、$D'D$ 的垂直方向移动 l_1、l_2，得 C、D 两点。然后检测 $\angle COD$，其值与 180° 之差应在规定的限差之内，否则需要再次进行调整。仿照上述同样方法检测 CO、DO 的距离。

（2）方格网点的测设。主轴线确定后，先进行主方格网的测设，然后在主方格网内进行方格网的加密。主方格网的测设，采用角度交会法定出格网点。其作业过程：如图 13-5 所示，用两台经纬仪分别安置在 A、C 两点上，均以 O 点为起始方向，分别向左、向右精确地测设出 90° 角，在测设方向上交会 G 点，交点 G 的位置确定后，进行交角的检测和调整，同法测设出主方格网点 E、F、H，这样就构成了"田"字形的主方格网。

当主方格网测定后，以主方格网点为基础，加密其余各格网点。

3. 建筑方格网精度要求

根据 GB 50026—93《工程测量规范》规定：建筑场地大于 1km² 或重工业区，宜建立相当于一级导线精度的平面控制网；建筑场地小于 1km² 或重工业区，宜建立相当于二、三级导线精度的平面控制网。

建筑方格网的主要技术要求应符合表 13-1 的规定；距离测量应符合表 13-2 中的规定；角度观测应符合表 13-3 中的规定。

表 13-1　　　　　　　　　建筑方格网的主要技术要求

等　级	边长 （m）	测角中误差 （″）	边长相对中误差
Ⅰ	100～300	5	≤1/30000
Ⅱ	100～300	8	≤1/20000

表 13 - 2   测距仪测设方格网边长的限差要求

方格网等级	仪器分级	总测回数
I	I 级精度 、II 级精度	4
II	II 级精度	2

表 13 - 3   方格网测设的限差要求

方格网等级	经纬仪型号	测角中误差 (″)	测回数	测微器两次读数 (″)	半测回归零差 (″)	一测回 2C 值互差 (″)	各测回方向互差 (″)
I	DJ$_1$	5	2	≤1	≤6	≤9	≤6
	DJ$_2$	5	3	≤3	≤8	≤13	≤9
II	DJ$_2$	8	2	—	≤12	≤18	≤12

（三）施工坐标系和测图坐标系的换算

1. 测图坐标系

为了便于地形图的使用，在测图时采用国家统一的高斯平面坐标系或任意的平面直角坐标系。南北方向为 X 轴，东西方向为 Y 轴。

2. 施工坐标系

为了便于建筑物的设计和施工放样，设计总平面图上的建（构）筑物的平面位置常采用施工坐标系（又称建筑坐标系）的坐标。其纵坐标用 A 表示，横坐标用 B 表示，坐标原点常设在总平面图的西南角。

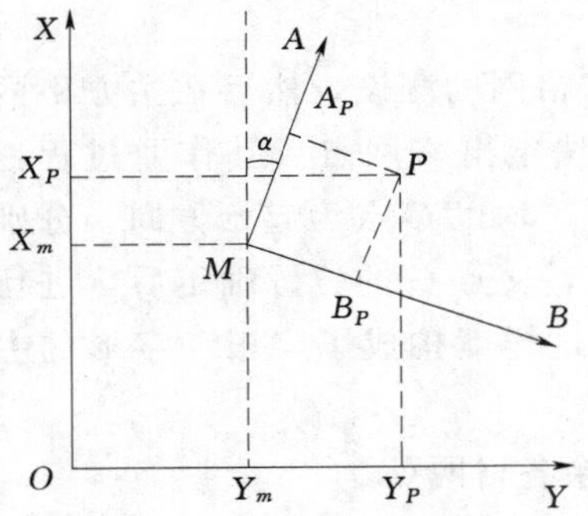

3. 施工坐标系和测图坐标系的换算

如图 13 - 8 所示，XOY 为测量坐标系，AMB 为施工坐标系，P 点在两个坐标系中的坐标值分别为：$(X_P，Y_P)$，$(A_P，B_P)$。若点在施工坐标系中坐标值为已知，则可按式（13 - 3）将其换算成测图坐标系中的坐标值。

图 13 - 8　施工和测图坐标系的关系

$$\begin{cases} X_P = X_m + A_P\cos\alpha - B_P\sin\alpha \\ Y_P = Y_m + B_P\cos\alpha + A_P\sin\alpha \end{cases} \quad (13 - 3)$$

式中　X_m，Y_m——施工坐标系原点在测图坐标系中的坐标值；

　　　α——施工坐标系相对测图坐标系的旋转角。

若点在测图坐标系中坐标值为已知，则可按式（13 - 4）将其换算成施工坐标系中的坐标值。

$$\begin{cases} A_P = (X_P - X_m)\cos\alpha + (Y_P - Y_m)\sin\alpha \\ B_P = -(X_P - X_m)\sin\alpha + (Y_P - Y_m)\cos\alpha \end{cases} \quad (13 - 4)$$

二、高程控制

1. 高程控制点布设要求

由于测图高程控制网在点位分布和密度方面均不能满足施工测量的需要，因此在施工场地建立平面控制网的同时还必须重新建立施工高程控制网。

建立施工高程控制网时，当建筑场地面积不大时，一般按四等水准测量或等外水准测量来布设。当建筑场地面积较大时，可分为两级布设，即首级高程控制网和加密高程控制网。首级高程控制网，采用三等水准测量施测，加密高程控制，采用四等水准测量施测。

首级高程控制网，应在原有测图高程网的基础上，单独增设水准点，并建立永久性标志。场地水准点的间距，宜小于 1km。距离建筑物、构筑物不应小于 25m；距离振动影响范围以外不应小于 5m；距离回填土边线不应小于 15m。凡是重要的建筑物附近均应设置水准点。整个建筑场地至少要设置三个永久性的水准点。并应布设成闭合水准路线或附合水准路线。高程测量精度，不应低于三等水准测量。其点位要选择恰当，不受施工影响，并便于施测，又能永久保存。

加密高程控制网，一般不单独布设，要与建筑方格网合并，即在各格网点标志上加设一突出的半球状标志以示点位。各点间距宜在 200m 左右，以便施工时安置一次仪器即可测出所需高程。加密高程控制网，应按四等水准测量进行观测，并附合在首级水准点上。

为了测设方便，通常在较大的建筑物附近建立专用的水准点，即±0.000 标高水准点，其位置多选在较稳定的建筑物墙面上，用红色油漆绘成上顶成为水平线的倒三角形，如"▼"。

必须注意，在设计中各建筑物的±0.000 高程是不相等的，应严格加以区别，防止用错设计高程。

2. 高程控制的技术要求

高程控制的主要技术要求应符合表 13-4 的规定。

表 13-4   水准测量的主要技术要求

等级	每千米高差中误差（mm）	路线长度水准（km）	仪器型号	水准尺种类	测量次数		限 差	
					与已知点连测	附和或环线	平地（mm）	山地（mm）
二等	2	—	DS$_1$	钢瓦	往返各一次	往返各一次	$4\sqrt{L}$	—
三等	6	≤50	DS$_1$	钢瓦	往返各一次	往一次	$12\sqrt{L}$	$4\sqrt{n}$
			DS$_3$	双面		往返各一次		
四等	10	≤16	DS$_3$	双面	往返各一次	往一次	$20\sqrt{L}$	$6\sqrt{n}$
五等	15	—	DS$_3$	单面	往返各一次	往一次	$30\sqrt{L}$	

第二节 民用建筑施工测量

一、施工测量前准备工作

（一）熟悉设计图纸

设计图纸是施工测量的主要依据，测设前应充分熟悉各种有关的设计图纸，以便了解建筑物与相邻地物的相互关系，以及建筑物本身的内部尺寸关系，准确无误地获取测设工作中所需要的各种定位数据。与测设工作有关的设计图纸主要有以下几种。

1. 建筑总平面图

建筑总平面图是建筑规划图。它表示新建、已建建筑物和道路的平面位置及其主要点的坐标和高程，以及建筑物之间的相对位置，总平面图是测设建筑物总体位置的重要依据，如图 13-9 所示。

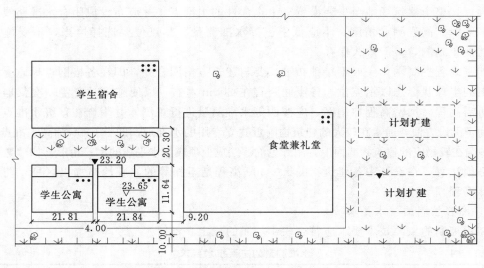

图 13-9　建筑总平面图

2. 建筑平面图

建筑平面图标明了建筑物底层、标准层等各楼层的总体尺寸和细部尺寸，以及各承重构件之间位置关系，图 13-10 所示为底层平面图。建筑平面图是测设建筑物细部轴线的依据。

3. 基础平面图及基础详图

基础平面图及基础详图标明了基础形式、基础平面布置、基础中心或中线的位置、基础边线与定位轴线之间的尺寸关系、基础横断面的形状和大小，以及基础不同部位的设计标高等，它是测设基槽（坑）开挖边线和开挖深度的依据，也是基础定位及细部放样的依据。如图 13-11 所示，为基础平面图。

4. 立面图

立面图标明了室内地坪、门窗、阳台等的设计高程，这些高程通常是以±0.000 标高为起算点的相对高程，它是测设建筑物各部位高程的依据，如图 13-12 所示。

5. 剖面图

剖面图标明了室内地坪、楼梯平台、楼板、屋面及屋架等的设计高程，这些高程通常是以±0.000 标高为起算点的相对高程，它是测设建筑物各部位高程的依据，如图 13-12 所示。

在熟悉图纸的过程中，应仔细核对各种图纸上相同部位的尺寸是否一致，同一图纸上总尺寸与各有关部位尺寸之和是否一致，以免发生错误。

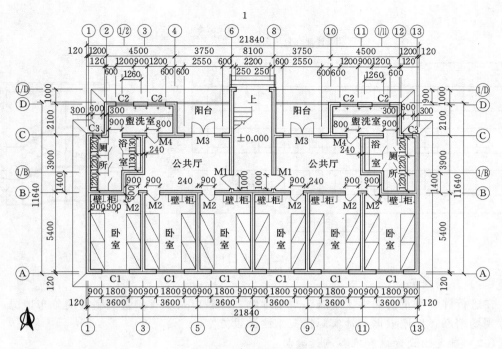

图 13-10　底层平面图

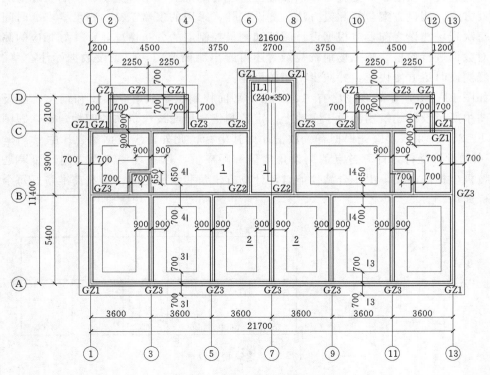

图 13-11　基础平面图

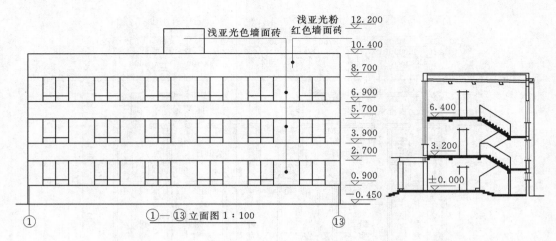

图 13 - 12   立面图和剖面图

（二）现场踏勘

在进行施工测量前必须了解施工现场地物、地貌以及现有测量控制点的分布情况，应进行现场踏勘，以便根据场地实际情况编制测设方案。

（三）确定测设方案和准备测设数据

在熟悉设计图纸、掌握施工计划和施工进度的基础上，结合施工现场的实际情况，拟定测设方案。测设方案包括测设方法、测设步骤、采用的仪器工具、精度要求、时间安排等。每次现场测设之前，应根据设计图纸和测量控制点的分布情况，计算好相应的测设数据并对数据进行检核，施工场地较复杂时还可绘出测设草图，把测设数据标注在草图上，使现场测设时更方便快速，并减少出错的可能。

如图 13 - 13 所示，现场已有 A、B 两个平面控制点，欲用经纬仪和钢尺，按极坐标法将图中所示设计建筑物测设于实地上。定位测量一般测设建筑物的四大角点，即图中所示的 1、2、3、4 点，应先根据有关数据计算其坐标；此外，应根据 A、B 的已知坐标和 1～4 点的设计坐标，计算各点的测设角度值和距离值，以备现场测设之用。如果是用全站仪按极坐标法测设，由于全站仪能自动计算方位角和水平距离，则只需准备好每个角点的坐标即可。

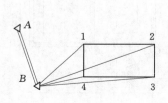

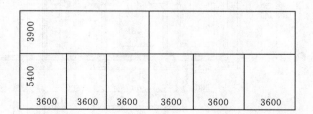

图 13 - 13   建筑物测设草图

上述四个主轴线点测设好后，即可测设细部轴线点，测设时，一般用经纬仪定线，然后以主轴线点为起点，用钢尺依次测设。准备测设数据时，应根据其建筑平面图所示的轴线间距，计算每条细部轴线至主轴线的距离，并绘出标有测设数据的草图，如图 13 – 13 所示。

二、建筑物的定位和放线

（一）建筑物的定位测量

建筑物外墙轴线（主轴线）的交点决定了建筑物在地面上的位置，这些点称为定位点或角点，建筑物的定位就是根据设计要求，将这些轴线交点测设到地面上，作为细部轴线放线和基础放线的依据。由于建筑施工场地和建筑物的多样性，建筑物定位测量的方法也有所不同，下面介绍五种常见的定位方法。

1. 根据与原有建筑物的关系测设

如果设计图上只给出新建筑物与附近原有建筑物的相互关系，而没有提供建筑物定位点的坐标，周围又没有可供利用测量控制点、建筑方格网或建筑基线，可根据原有建筑物的边线，将新建筑物的定位点测设出来。

具体测设方法随实际情况的不同而不同，但基本过程是一致的，就是在现场先找出原有建筑物的边线，再用经纬仪和钢尺将其延长、平移或旋转，得到新建筑物的一条定位轴线，然后根据这条定位轴线，用经纬仪测设角度，用钢尺测设长度，得到其他定位轴线或定位点，最后检核四个大角和四条定位轴线长度是否与设计值一致。下面说明具体测设的方法。

如图 13 – 14 所示，拟建建筑物的外墙边线与原有建筑的外墙边线在同一条直线上，两栋建筑物的间距为 14m，拟建建筑物的长轴为 30m，短轴为 10m，轴线与外墙边线间距为 0.12m，可按下述方法测设其外墙轴线交点：

（1）沿原有建筑物的两侧外墙拉线，用钢尺顺线从墙角往外量一段较短的距离（这里设为 6m），在地面上定出 M_1 和 M_2 两点，M_1 和 M_2 的连线即为原有建筑物外墙的平行线。

（2）在 M_1 点安置经纬仪，照准 M_2 点，用钢尺从 M_2 点沿视线方向量 14m＋0.12m，在地面上定出 M_3 点，再从 M_3 点沿视线方向量 30m，在地面上定出 M_4 点，M_3 和 M_4 的连线即为拟建建筑物外墙的平行线，其长度等于长轴尺寸。

（3）在 M_3 点安置经纬仪，照准 M_1 点，顺时针测设 90°，在视线方向上量 6m＋0.12m，在地面上定出 A 点，再从 A 点沿视线方向量 10m，在地面上定出 D 点。同理，在 M_4 点安置经纬仪，照准 M_1 点，顺时针测设 90°，在视线方向上量 6m＋0.12m，在地面上定出 B 点，再从 B 点沿视线方向量 10m，在地面上定出 C 点。则 A、B、C 和 D 点即为拟建建筑物的四个定位轴线点。

（4）在 A、B、C、D 点上安置经纬仪，检核四个大角是否为 90°，用钢尺丈量四条轴线的长度，检核长轴是否为 30m，短轴是否为 10m。

注意用此方法测设定位点时不能先测定短轴的两个点，而应先测长轴的两个点，然后在长轴的两个点设站测设短轴上的两个点，否则误差容易超限。

2. 根据建筑红线测设

如图 13 – 15 所示，J_1、J_2、J_3 为建筑红线桩，其连线 J_1－J_2、J_2－J_3 为建筑红线，

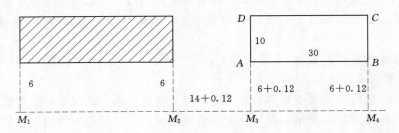

图 13-14   根据与原有建筑物的关系测设定位点

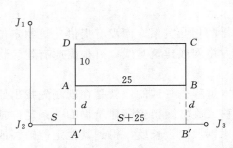

图 13-15   根据建筑红线测设定位点

A、B、C、D 为建筑物的定位点。因 AB 平行于 J_2-J_3 建筑红线，故用直角坐标法测设轴线较为方便。其具体测量方法如下：

（1）用钢尺从 J_2 沿 J_2-J_3 量取 Sm 定出 A' 点，再量（S+25）m，定出 B' 点。

（2）将经纬仪安置在 A' 点，照准 J_3 点逆转 90°，定出短轴 AD 方向，沿此方向量取 dm 定出 A 点，沿此方向量取（d+10）m 定出 D 点。

（3）将经纬仪安置在 B' 点，照准 J_2 点顺转 90°，定出短轴 BC 方向，沿此方向量取 dm 定出 B 点，沿此方向量取（d+10）m 定出 C 点。

（4）用经纬仪，检核四个大角是否为 90°，用钢尺丈量四条轴线的长度，检核长轴是否为 30m，短轴是否为 10m。

3. 根据建筑基线测设

建筑基线测设时一般与拟建建筑物的主轴线平行，因此根据建筑基线测设建筑物主轴线的方法和根据建筑红线测设主轴线的方法相同。

4. 根据建筑方格网测设

如果建筑物的定位点有设计坐标，且建筑场地已设有建筑方格网，可利用直角坐标法测设定位点。用直角坐标法测设点位，所需的测设数据计算较为方便。可用经纬仪和钢尺进行测设，建筑物总尺寸和四个大角的精度应进行控制和检核。

5. 根据控制点测设

如果已经给出拟定位建筑物定位点的设计坐标，且附近有高级控制点，即可根据实际情况选用极坐标法、角度交会法或距离交会法来测设定位点。在这三种方法中，极坐标法适用性最强，是用得最多的一种定位方法。

（二）建筑物的放线

建筑物的放线，是指根据现场上已测设好的建筑物定位点（角桩），详细测设各建筑物细部轴线交点位置，并将其延长到安全地方做好标志，然后以细部轴线为依据，按基础宽度和放坡要求，用白灰撒出基础开挖边线的作业过程。

基础开挖后建筑物定位点将被破坏，为了恢复建筑物定位点，常把主轴线桩引测到安全地方加以保护，引测到安全地方的轴线桩称为轴线控制桩。除测设轴线控制桩外，可以设置龙门板来恢复建筑物的主轴线。

1. 轴线控制桩的测设

轴线控制桩一般设在开挖边线 4m 以外的地方，并用水泥砂浆加固。若附近有固定建筑物和构筑物，这时应将轴线投测在这些物体上，使轴线更容易得到保护，但每条轴线至少应有一个控制桩是设在地面上的，以便日后能安置经纬仪来恢复轴线。

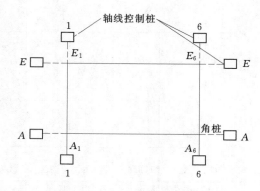

图 13-16　轴线控制桩的测设

如图 13-16 所示，A 轴、E 轴、1 轴和 6 轴是建筑物的四条外墙主轴线，其交点 A_1、A_6、E_1 和 E_6，是建筑物的定位点，这些定位点已在地面上测设完毕并打好桩点。轴线控制桩的测设方法如下：

将经纬仪安置在 A_1 点，照准 E_1 点向外延长到安全地方定出 1—1 轴的一个控制桩；倒转望远镜（转动望远镜 180°）定出 1—1 轴的另一个控制桩。用同样的方法定出其他轴线控制桩。

2. 龙门板的测设

如图 13-17 所示，在建筑物四角和中间隔墙的两端，距基槽边线约 2m 以外，牢固地埋设大木桩，称为龙门桩，并使桩的一侧平行于基槽；根据附近水准点，用水准仪将 ±0.000 标高测设在每个龙门桩的外侧上，并画出横线标志；在相邻两龙门桩上钉设横向木板，称为龙门板，龙门板的上沿应和龙门桩上的横线对齐，使龙门板的顶面标高在同一个水平面上，并且标高为 ±0.000，龙门板顶面标高的误差应在 ±5mm 以内；根据轴线桩，用经纬仪将各轴线投测到龙门板的顶面，并钉上小钉作为轴线标志，称为轴线钉，投测误差应在 ±5mm 以内。对小型的建筑物，也可用拉细线绳的方法延长轴线，再钉上轴线钉；用钢尺沿龙门板顶面检查轴线钉的间距，其相对误差不应超过 1/3000。

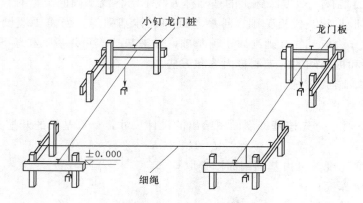

图 13-17　龙门桩与龙门板

由于龙门板需要较多木料，而且占用场地，使用机械开挖时容易被破坏，因此现在施工中很少采用，大多是采用引测轴线控制桩的方法。

3. 建筑物的放线（细部轴线测设）

如图 13-18 所示，在 M 点安置经纬仪，照准 P 点，把钢尺的零端对准 M 点，沿视线方向拉钢尺，在钢尺上读数等于 1 轴和 2 轴间距（3.6m）的地方打木桩，打桩过程中要经常用仪器检查桩顶是否偏离视线方向，并不时拉一下钢尺，看钢尺读数是否还在桩顶上，如有偏移要及时调整。打好桩后，用经纬仪指挥在桩顶上画一条纵线，再拉好钢尺，在读数等于轴间距处画一条横线，两线交点即 A 轴与 2 轴的交点；A 轴与 3 轴交点的测设方法与 A 轴与 2 轴交点测设方法相同，钢尺的零端仍然要对准 M 点，并沿视线方向拉钢尺，而钢尺读数应为 1 轴和 3 轴间距

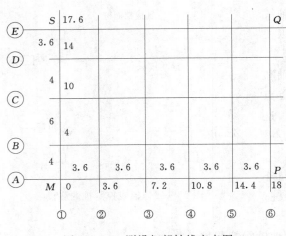

图 13-18　测设细部轴线交点图

（7.2m），这种做法可以减小钢尺对点误差，避免轴线总长度增长或减短。如此依次测设 A 轴与其他各轴线的交点。测设完最后一个交点后，用钢尺检查各相邻轴线桩的间距是否等于设计值，误差应小于 1/3000。

测设完 A 轴上的轴线点后，用同样的方法测设其他三个轴线上的点。如果建筑物尺寸较小，也可用拉细线绳的方法代替经纬仪定线，然后沿细线绳拉钢尺量距。此时要注意细线绳不要碰到物体，风大时也不宜作业。

三、建筑物基础施工测量

工业与民用建筑基础按其埋置的深度不同，可分为浅基础和深基础两大类。一般埋置深度在 5m 左右且能按一般方法施工的基础称为浅基础。浅基础的类型有：刚性基础、扩展基础、挂下条形基础、伐板基础、箱型基础和壳体基础等。当需要埋设在较深的土层中，采用特殊的方法施工的基础则属于深基础，如桩基础、深井基础和地下连续墙等。这里介绍条形基础和桩基础的施工测量内容和方法。

（一）条形基础施工测量

1. 基槽开挖线的放样

如图 13-19 所示，先按基础剖面图给出的设计尺寸，计算基槽的开挖宽度 d，即

$$d = B + 2mh \tag{13-5}$$

式中　B——基底宽度，可由基础剖面图查取；

　　　h——基槽深度；

　　　m——边坡坡度的分母。

根据计算结果，在地面上以轴线为中线往两边各量出 $d/2$，拉线并撒上白灰，即为开

挖边线。如果是基坑开挖，则只需按最外围墙体基础的宽度、深度及放坡确定开挖边线。

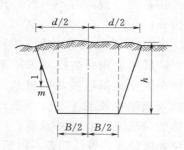

图 13-19　基槽开挖宽度

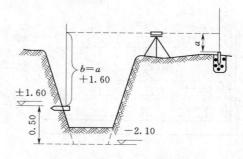

图 13-20　基槽水平桩测设

2. 基坑抄平（水平桩的测设）

如图 13-20 所示，为了控制基槽开挖深度，当基槽挖到接近坑底设计高程时，应在槽壁上测设一些水平桩，水平桩的上表面离坑底设计高程为某一整分米数（例如 0.5m），用以控制挖槽深度，也可作为槽底清理和打基础垫层时控制标高的依据。一般在基槽各拐角处均应打水平桩，在直槽上则每隔 8～15m 打一个水平桩，然后拉上白线，线下 0.5m 即为槽底设计高程。

水平桩测设时，以画在龙门板上或周围固定地物的 ±0.000m 标高线为已知高程点，用水准仪进行测设，水平桩上的高程误差应在 ±10mm 以内。

例如，设龙门板顶面标高为 ±0.000，槽底设计标高为 -2.1m，水平桩高于槽底 0.5m，即水平桩高程为 -1.6m，用水准仪后视龙门板顶面上的水准尺，读数 $a=$ 1.006m，则水平桩上标尺的应有读数为

$$b=0.000+1.006-(-1.6)=2.606 \text{（m）}$$

测设时，沿槽壁上下移动水准尺，当读数为 2.606m 时，沿尺底水平地将桩打进槽壁，然后检核该桩的标高，如超限便进行调整，直至误差在规定范围以内。

3. 建筑物轴线的恢复

垫层打好后，根据龙门板上的轴线钉或轴线控制桩，用经纬仪或拉线挂吊锤的方法，把轴线投测到垫层面上，然后根据投测的轴线，在垫层面上将基础中心线和边线用墨线弹出，以便砌筑基础或安装基础模板。如果未设垫层，可在槽底打木桩，把基础中心线和边线投测到桩上。

4. 基础标高的控制

房屋基础指 ±0.000m 以下的墙体，它的标高一般是用基础"皮数杆"来控制的，皮数杆是一根木制的杆子，在杆上按照设计尺寸将砖和灰缝的厚度、防潮层的标高及 ±0.000 的位置，从下往上一一画出来，如图 13-21 所示。

立皮数杆时，应先在立杆处打一木桩，用水准仪在木桩侧面测设一条高于垫层设计标高某一数值（如 200mm）的水平线，然后将皮数杆上标高相同的一条线与木桩上的水平线对齐，并用铁钉把皮数杆和木桩钉在一起，这样立好皮数杆后，即可作为砌筑基础墙标高的依据。对于采用钢筋混凝土的基础，可用水准仪将设计标高测设于模板上。

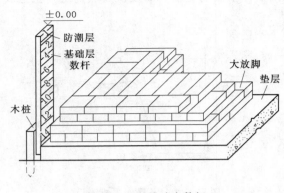

图 13-21　基础皮数杆

基础施工结束后，用水准仪检查基础面（或防潮层上面）的标高与设计标高是否一致，若不一致，允许误差为 ±10mm。

（二）桩基础施工测量

高层建筑和有防震要求的多层建筑物在软土地基区域常用桩基，一般要打入预制桩或灌注桩。由于高层建筑物的荷重主要有桩基承受，所以对桩位要求较高，桩位偏差不得超过 $D/2$（D 为桩的直径或边长）。

1. 桩位的测设

桩基的定位测量与前述建筑物轴线桩的定位方法基本相同，桩基一般不设龙门板。桩位的测设方法如下：

（1）熟悉并详细核对各轴线桩布置情况，是单排桩、双排桩还是梅花桩，每排桩与轴线的关系，是否偏中，桩距多少，桩的数量，桩顶的标高等。

（2）用全站仪或经纬仪采用极坐标法或交会法测定各个角桩的位置。

（3）将经纬仪安置在角桩上照准同轴的另一个角桩定线，也可采用拉纵横线的方法定线，沿标定的方向用钢尺按桩的位置逐个定位，在桩中心打上木桩或钉上系有红绳的大铁钉。

若每一个桩位的坐标都需要确定，用全站仪采用极坐标法放样，则更为方便快捷。桩位全部放完后，结合图纸逐个检查，合乎要求后方可施工。

2. 桩深计算

桩的深度是指桩顶到进入土层的深度。预制桩的深度可根据直接量取每一根预制桩的长度和打入桩的根数来计算；灌注桩的深度是直接量取没有浇筑混凝土前挖井的深度，测深时一般采用细钢丝一端加绑重物吊入井中来量取。

四、主体施工测量

房屋主体指 ±0.000m 以上的墙体，多层民用建筑每层砌筑前都应进行轴线投测和高程传递，以保证轴线位置和标高正确，其精度要求应符合表 13-5 的要求。

（一）楼层轴线的投测

1. 首层楼房墙体轴线测设

基础工程结束后，应对龙门板或轴线控制桩进行检查复核，以防基础施工期间被碰动，复核满足要求后，可根据轴线控制桩或龙门板上的轴线钉，用经纬仪法或拉线法，把首层楼房的墙体轴线测设到防潮层上，并弹出墨线，然后用钢尺检查墙体轴线的间距和总长是否等于设计值，用经纬仪检查外墙轴线四个主要交角是否等于 90°，符合要求后，把墙轴线延长到基础外墙侧面上并弹线和做出标志，作为向上投测各层楼房墙体轴线的依据。同时还应把门、窗和其他洞口的边线，也在基础外墙侧面上做出标志。

墙体砌筑前，根据墙体轴线和墙体厚度，弹出墙体边线，照此进行墙体砌筑。砌筑到一定高度后，用吊锤线将基础外墙侧面上的轴线引测到地面以上的墙体上，以免基础覆土后看不见轴线标志。如果轴线处是钢筋混凝土柱，则在拆柱模后将轴线引测到柱上。

2. 二层以上楼房墙体轴线投测

首层楼面建好后，为了保证继续砌筑墙体时，对应墙体轴线均与基础轴线在同一铅垂面上，应将基础或首层墙面上的轴线投测到施工楼面上，并在施工楼面上重新弹出墙体的轴线，复核满足要求后，以此为依据弹出墙体边线，继续砌筑墙体。在这个测量工作中，从下往上进行轴线投测是关键，一般民用多层建筑常用吊线坠法、经纬仪投测法或激光铅垂仪投测法投测轴线。

（1）吊线坠法。当施工场地周围建筑物密集，场地窄小，无法在建筑物外的轴线上安置经纬仪时，可采用此法进行竖向投测。用较重的垂球悬吊在楼板或柱顶边缘，当垂球尖对准基础墙面上的轴线标志时，线在楼板或柱边缘的位置即为楼层轴线点位置，并画出标志线。用同样的方法投测各轴线端点。经检测各轴线间距符合要求后可继续施工。这种方法简便易行，一般能保证施工质量，但当风力较大或建筑物较高时，投测误差较大，应采用其他方法投测。

（2）经纬仪投测法（又称外控法）。当施工场地比较宽阔时，可使用此法进行竖向投测，如图 13-22 所示，安置经纬仪于轴线控制桩上，严格对中整平，盘左照准建筑物底部的轴线标志，往上转动望远镜，用其竖丝指挥在施工层楼面边缘上画一点，然后盘右再次照准建筑物底部的轴线标志，同法在该处楼面边缘上画出另一点，取两点的中间点作为轴线的端点。其他轴线端点的投测与此法相同。

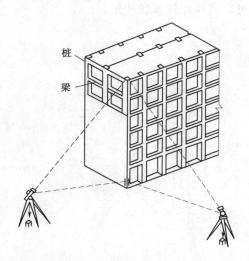

图 13-22　经纬仪轴线竖向投测

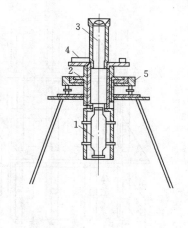

图 13-23　激光铅垂仪基本构造
1—氦氖激光器；2—竖轴；3—发射望远镜；
4—管水器；5—基座

（3）激光铅垂仪投测法。激光铅垂仪是一种专用的铅直定位仪器，多用于高层建筑物、烟囱及高塔架的定位测量。激光铅垂仪的基本构造如图 13-23 所示，主要有氦氖激光器、竖直发射望远镜、水准器、基座、激光电源和接受靶组成。

激光器通过两组固定螺钉在套筒内，激光铅垂仪的竖轴是空心筒轴，两端有螺纹，与发射望远镜和氦氖激光器相连接，二者可以对调，可以向上或向下发射激光束。仪器上设有两个高灵敏度水准管，用以精确整平仪器，并配有专用的激光电源。

激光铅垂仪投测轴线的原理，如图 13-24 所示。在首层控制点安置仪器，接通电源；在施工楼面留孔处放置接收靶，移动接收靶使激光铅垂仪发射激光束和靶心一致；靶心即为轴线控制点在楼面上的投测点。

图 13-25 为某一建筑工程用激光铅垂仪投测轴线的情况。在建筑底层地面，选择与柱列轴线有确定方位关系的三个控制点 A、B、C。

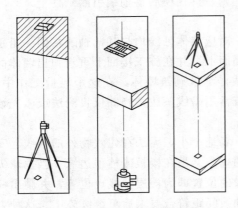

图 13-24　激光铅垂仪投测原理

三点距轴线 0.5m 以上，使 AB 垂直于 BC，并在其正上方各层楼面上，相对于 A、B、C 三点的位置预留洞口 a、b、c 作为激光束通光孔。在各通光孔上各放置一个水平的激光接收靶，如图 13-25 中的部件 A，靶上刻有坐标格网，可以读出激光斑中心的纵横坐标值。将激光铅垂仪安置于 A、B、C 三点上，严格对中整平，接通激光电源，即可发射竖直激光基准线。在接收靶上激光光斑所指示的位置，即为地面 A、B、C 三点的竖直投影位置。角度和长度检核符合要求后，按底层直角三角形与柱列轴线的位置关系，将各柱列轴线测设于各楼层面上，做好标记，施工放样时可以当作建筑基线使用。

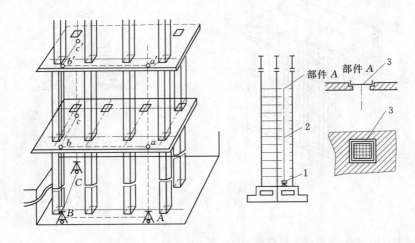

图 13-25　激光铅垂仪进行轴线投测
1—激光铅垂仪；2—激光束；3—接受靶

（二）标高传递

在墙体施工中，必须根据施工场地水准点或 ±0.000 标高线，将高程向上传递。标高传递有以下几种方法。

1. 利用皮数杆传递标高

墙体砌筑时，用墙身"皮数杆"传递标高。如图 13-26 所示，在皮数杆上根据设计尺寸，按砖和灰缝厚度画线，并标明门、窗、过梁、楼板等的标高位置。杆上标高注记从±0.000 向上增加。

墙身皮数杆一般立在建筑物的拐角和内墙处，固定在木桩或基础墙上。为了便于施工，采用里脚手架时，皮数杆立在墙的外边；采用外脚手架时，皮数杆应立在墙里边。立皮数杆时，先用水准仪在立杆处的木桩或基础墙上测设出±0.000 标高线，测量误差在±3mm 以内，然后把皮数杆上的±0.000 线与该线对齐，用吊线锤的方法校正，并用钉钉牢，以保证皮数杆的稳定。

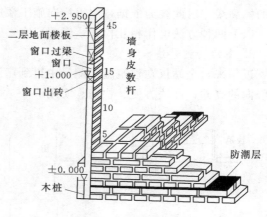

图 13-26　墙身皮数杆

墙体砌筑到一定高度后（1.5m 左右），应在内、外墙面上测设出＋0.50m 标高的水平墨线，称为"＋50 线"。外墙的＋50 线作为向上传递各楼层标高的依据，内墙的＋50 线作为室内地面施工及室内装修的标高依据。

2. 水准测量法

图 13-27（a）为室内标高传递，图 13-27（b）为室外标高传递。

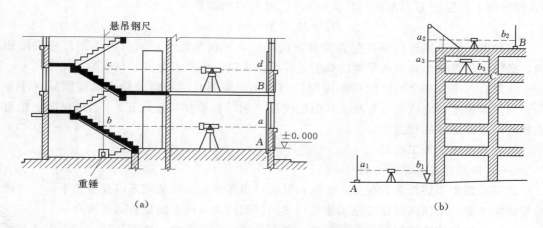

(a)   (b)

图 13-27　水准仪配合钢尺法传递标高
(a) 室内标高传递；(b) 室外标高传递

（1）先将钢尺固定好，以现场水准点或±0.000 标高线为后视，树立起水准尺，水准仪安置在两尺中间，读取两尺的读数 a、b（a_1、b_1）。

（2）将水准仪安置在施工楼层上，用水泥堆砌一固定点作前视，树立起水准尺，吊起的钢尺作后视，读取两尺的读数 c、d（a_2、b_2）。

（3）传递到施工楼层的高程为：

如图 13-27 (a) 所示，$H_B = 0.000 + a + (c-b) - d$；

如图 13-27 (b) 所示，$H_B = H_A + a_1 + (a_2 - b_1) - b_2$；$H_c = H_A + a_1 + (a_3 - b_1) - b_3$。

另外，也可用水准仪根据在现场水准点或±0.000 标高线，在首层墙面上测出一条整米的标高线，以此线为依据，用钢尺向施工楼层直接量取。

以上两种方法可作相互检查，误差应在±6mm 以内。

3. 全站仪测量法

近年来，全站仪在建筑施工测量中得到广泛应用，将全站仪配上弯管目镜，能测出较大竖向的高差，此法方便、快捷、实用。

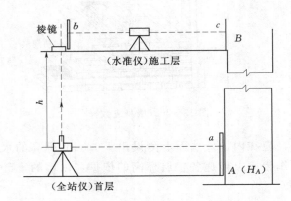

图 13-28   水准仪配合全站仪法

如图 13-28 所示，首层已知水准点 A（H_A），将其高程传递至某施工楼层 B 点处，其具体方法是：

（1）将全站仪安置在首层适当位置，以水平视线后视水准点 A，读取水准尺读数 a。

（2）将全站仪视线调至铅垂视线（通过弯管目镜），瞄准施工楼层上水平放置的棱镜，测出铅直距离，即竖向高差 h。

（3）将水准仪安置在施工楼层上，后视竖立在棱镜面处的水准尺，读数为 b，前视施工楼层上 B 点水准尺，读数为 c，则 B 点的高程为

$$H_B = H_A + a + h + b - c \qquad (13-6)$$

这种方法传递高程与钢尺竖直丈量方法相比，不仅精度高，而且不受钢尺整尺段影响，操作也较方便。如果用很薄的反射镜片代替棱镜，将会更为方便与准确。

注意：水准仪和全站仪使用前应检验与校正，施测时尽可能保持水准仪前后视距相等；钢尺应检定，应施加尺长改正和温度改正（钢结构不加温度改正），当钢尺向上铅直丈量时，应施加标准拉力。

五、高层建筑施工测量

（一）高层建筑施工测量的特点

高层建筑由于层数多、高度高、结构复杂，设备和装修标准较高以及建筑平面、立面造型新颖多变，所以高层建筑施工测量较之多层民用建筑施工测量有如下特点：

（1）高层建筑施工测量应在开工前，制订合理的施测方案，选用合适的仪器设备和严密的施工组织与人员分工，并经有关专家论证和上级有关部门审批后方可实施。

（2）高层建筑施工测量的主要问题是控制竖向偏差（垂直度），故施工测量中要求轴线竖向投测精度高，应结合现场条件、施工方法及建筑结构类型选用合适的投测方法。

（3）高层建筑施工放线与抄平精度要求高，测量精度至毫米，并应使测量误差控制在总的偏差值以内。

（4）高层建筑由于工程量大，工期长且大多为分期施工，不仅要求有足够精度与足够

密度的施工控制网（点），而且还要求这些施工控制点稳固，能够保存到工程竣工，有些还应能保存到工程交工后继续使用。

（5）高层建筑施工项目多，多为立体交叉作业，而且受天气变化、建材性质、不同施工方法影响，并且施工测量时干扰大，故施工测量必须精心组织，充分准备，快、准、稳地配合各个工序的施工。

（6）高层建筑一般基础部分基坑深、自身荷载大、周期较长，为了保证安全，应按照国家有关规范要求，在施工期间进行相应项目的变形监测。

（二）高层建筑施工测量规范要求

高层建筑的施工测量工作，重点是轴线竖向传递，控制建筑物的垂直偏差，保证各个楼层的设计尺寸。

根据施工规范规定，高层建筑竖向及标高施工偏差限差应符合表 13-5 的要求。

表 13-5　　　　　　　　　高层建筑竖向及标高施工偏差限差

结 构 类 型	竖向施工偏差限差（mm）		标高偏差限差（mm）	
	每层	全高	每层	全高
现浇混凝土	8	$H/1000$（最大 30）	±10	±30
装配式框架	5	$H/1000$（最大 20）	±5	±30
大模板施工	5	$H/1000$（最大 30）	±10	±30
滑模施工	5	$H/1000$（最大 50）	±10	±30

高层建筑的基础多采用桩基，桩位和基础的放线和多层建筑桩位放线一样。高层建筑大多有地下工程，基础挖的较深，常称为"深基坑"，深基坑除了测定开挖边线和深度外，还应对基坑和周围的建筑做变形观测。施工测量的工作内容很多，也较复杂。下面主要介绍轴线投测和高程传递两方面的测量工作。

（三）轴线投测（竖向）

无论采用何种方法投测轴线，都必须在基础施工完成后，根据施工控制网，检测建筑物的轴线控制桩符合要求后，将建筑物的各轴线精确弹到±0.000 首层平面上，作为投测轴线的依据。目前，高层建筑的轴线投测方法分为外空法和内空法两类。

1. 外空法

当拟建建筑物外围施工场地比较宽阔时，常用外空法。它是根据建筑物的轴线控制桩，使用经纬仪（或全站仪）正倒镜向上投测，故称经纬仪竖向投测。它和多层民用建筑的经纬仪投测方法相同。但为了减小投测角度也可以将轴线投测到周围的建筑物上，再向上投测。用经纬仪投测时要注意以下几点：

（1）投测前对使用的仪器一定要进行严格检校。

（2）投测时要严格对中、整平，用正倒镜取中法向上投测，以减小视准轴误差和横轴误差的影响。

（3）控制桩或延长线桩要稳固，标志明显，并能长期保存。

2. 内空法

施工场地狭小特别是周围建筑物密集的地区，无法用外空法投测时，宜采用内空法投测轴线。在建筑物首层的内部细致布置内控点（平移主轴线），精确测定内控点的位置。内空法有以下两种：吊垂线法投测；垂准经纬仪或激光铅垂仪法投测。激光铅垂仪法投测在多层建筑轴线投测部分已经讲过，在此不再赘述。吊垂线法方法投测在多层建筑轴线投测部分也已讲过但有所不同，下面就吊垂线法作一介绍：

该法与一般的吊垂线法的原理是一样的，只是线坠的重量更大，吊线（细钢丝）的强度更高。

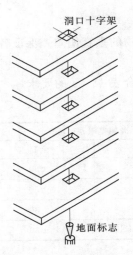

图 13-29　吊垂线法投测

如图 13-29 所示，事先在首层地面上埋设轴线点的固定标志，轴线点之间应构成矩形或十字形等，作为整个高层建筑的轴线控制网。各标志上方的每层楼板都预留孔洞，供吊锤线通过。投测时，在施工层楼面上的预留孔上安置挂有吊线坠的十字架，慢慢移动十字架，当吊锤尖静止地对准地面固定标志时，十字架的中心就是应投测的点，在预留孔四周做上标志即可，标志连线交点，即为从首层投上来的轴线点。同理测设其他轴线点。

使用吊垂线法进行轴线投测，经济、简单且直观，精度也比较可靠，但投测较费时费力。

（四）高程传递

墙体砌筑时，其首层标高用墙身"皮数杆"控制；二层以上楼房标高传递用前面讲过的水准仪法和全站仪法传递标高，在此不再赘述。

基础标高传递，基坑开挖完成后，应及时用水准仪根据地面上的 ±0.000 水平线，将高程引测到坑底，并在基坑护坡的钢板或混凝土桩上做好标高为负的整米数标高线。由于基坑较深，引测时可多设几站观测，也可用悬吊钢尺代替水准尺进行观测。在施工过程中，如果是桩基，要控制好各桩的顶面高程；如果是箱基和筏基，则直接将高程标志测设到竖向钢筋和模板上，作为安装模板、绑扎钢筋和浇筑混凝土的标高依据。

第三节　工业厂房施工测量

工业建筑主要以厂房为主，一般工业厂房多采用预制构件在现场装配的方法施工。厂房的预制构件有柱子、吊车梁和屋架等。厂房柱子的跨距和间距大、隔墙少，其施工测量精度要求高。厂房施工测量主要内容包括：厂房矩形控制网的测设和厂房柱基础测设与厂房构件的安装测量。

一、施工放样的准备工作

1. 熟悉设计图纸和制定矩形控制网方案

设计图纸是施工测量的基础资料，工业厂房测设前应充分熟悉各种有关的设计图纸，以便了解建筑物与相邻地物的相互关系，以及建筑物本身的结构和内部尺寸关系，以获取测设工作中所需要的各种定位数据。

工业厂房大多为矩形，柱子为阵列式，其控制测量可根据建筑方格网或已有的其他控制点，在厂房外距外墙4~6m范围内布设一个和厂房平行的矩形网格，作为厂房施工测量的控制网，如图13-30所示。

2. 绘制放样略图和准备放样数据

施工放样前，根据施工图纸和已有控制点的位置绘制一张放样略图，并根据放样的方法计算好放样数据，标绘于略图上，以方便施工放样。如图13-30所示，是采用直角法放样的数据。

二、厂房矩形控制网的测设

1. 测设方法

如图13-30所示，M_1、M_2、M_3、M_4为欲测设厂房矩形控制网的四个角点，称为厂房控制桩。矩形控制网的边线距厂房主轴线的距离为5m，厂房控制桩的坐标可根据厂房角点的坐标计算得到。测设方法如下：

（1）将纬仪安置在建筑方格网点 a 上，精确照准 d 点，自 a 点沿视线方向分别量取 $ab = 10.00$m 和 $ac = 85.00$m，定出 b、c 两点。

（2）将经纬仪分别安置于 b、c 两点上，用测设直角的方法分别测出 bM_1、cM_2 方向线，沿 bM_1 方向测设出 M_1、M_4 两点，沿 cM_2 方向测设出 M_2、M_3 两点，分别在 M_1、M_2、M_3、M_4 四点上钉立木桩，做好标志。

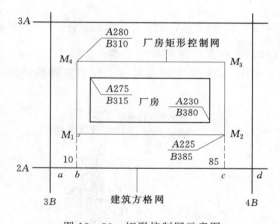

图 13-30 矩形控制网示意图

（3）最后检查 M_1、M_2、M_3、M_4 四个控制桩各点的距离和角度是否符合精度要求。

2. 精度要求

一般情况下，测设角度误差不应超过±10″，各边长度相对误差不应超过1/10000~1/25000。然后在控制网各边上按一定距离测设距离指示桩，以便对厂房进行细部放样。

三、厂房基础施工测量

1. 厂房柱列轴线测设

如图13-31所示，M_1、M_2、M_3、M_4是厂房矩形控制网的角桩，A、B、C及1、2、3、4、5、6轴线分别是厂房的纵、横柱列轴线，又称定位轴线。纵向轴线间的距离表示厂房的跨度，横向轴线的距离表示厂房的柱距。在进行柱基测设时，应注意定位轴线不一定是柱的中心线，一个厂房的柱基类型很多，尺寸不一，放样时应特别注意。

如图13-31所示，在厂房控制网建立以后，在 M_1 点上安置经纬仪，照准 M_2 定线，即可按柱列间距用钢尺从 M_1 量起，沿矩形控制网边定出 M_1 到 M_2 上各轴线桩的位置，用同样方法定出其他各边轴线桩的位置，并在桩顶上钉入小钉，作为桩基放线和构件安装的依据。

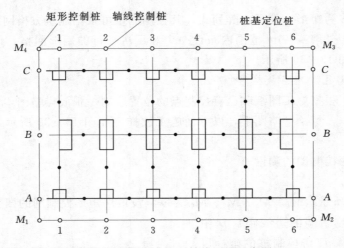

图 13-31　厂房柱列轴线测设示意图

2. 混凝土杯形基础的放样

如图 13-32 所示为混凝土杯形基础的剖面图。

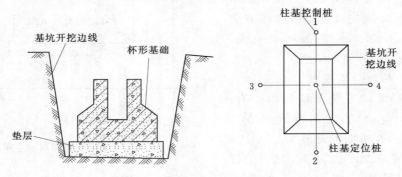

图 13-32　杯形基础的剖面图　　　　图 13-33　柱基测设示意图

柱基的测设应以柱列轴线为基线，按基础施工图中基础与柱列轴线的关系尺寸进行。现以图 13-31 所示 B 轴与 5 轴交点处的基础详图为例，说明柱基的测设方法。

首先将两台经纬仪分别安置在轴 B 与 5 轴一端的轴线控制桩上，瞄准各自轴线另一端的轴线控制桩，交会定出轴线交点作为该基础的定位点（注意：该点不一定是基础中心点）。在轴线上沿基础开挖边线以外 1~2m 处打入四个小木桩，并在桩上用小钉标明点位。如图 13-33 所示，木桩应钉在基础开挖线以外一定位置，留有一定空间以便修坑和立模。再根据基础详图的尺寸和放坡宽度，量出基坑开挖的边线，并撒上石灰线，此项工作称为柱基线的放线。

3. 基坑抄平

柱基测设完成，经检查符合精度要求后，可按石灰边线和设计坡度开挖。当挖到一定深度后，用水准仪在坑壁四周离坑底 0.3~0.5m 处测设几个水平桩以用作检查坑底标高和打垫层的依据，基坑水平桩和民用建筑基坑的测设方法相同，在此不再赘述。

基础垫层做好后，根据基坑旁的柱基控制桩，用拉线吊锤球法将基础轴线投测到垫层上，弹出墨线，作为柱基础立模和布置钢筋的依据。立模板时，将模板底线对准垫层上的定位线，并用锤球检查模板是否垂直。最后将柱基顶面设计高程测设在模板内壁。

四、厂房构件的安装测量

装配式工业厂房的构件安装时，必须使用测量仪器严格检测、校正，各构件才能正确安装到位并符合设计要求。安装的部件主要有：柱子、梁和屋架等，其安装精度应符合表 13-6 中的规定。

表 13-6 　　　　　　　　　　厂房构件的安装容许误差

项　目			容许误差（mm）
杯形基础	中心线对轴线偏移		10
	杯底安装标高		+0，-10
柱	中心线对轴线偏移		5
	上下柱接口中心偏移		3
	垂直度	柱高≤5m	5
		柱高>5m	10
		柱高≥10m 多节柱	1/1000 柱高，不大于 20
	牛腿面和柱高	柱高≤5m	+0，-5
		柱高>5m	+0，-8
梁或吊车梁	中心线对轴线偏移		5
	梁上面标高		+0，-5

（一）柱子安装测量

1. 柱子吊装前的准备工作

柱子的安装就位及校正，是利用柱身的中心线、标高线和相应的基础顶面中心的定位线、基础内侧标高线进行对位来实现的。

在柱子安装之前，首先将柱子按轴线编号，并在柱身三个侧面弹出柱子的中心线，并且在每条中心线的上端和靠近杯口处画上"▶"标志。并根据牛腿面设计标高，向下用钢尺量出-60cm 的标高线，并画出"▼"标志，如图 13-34 所示，以便校正时使用。

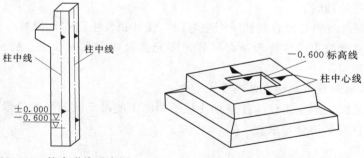

图 13-34 柱身弹线示意图 　　　图 13-35 基础杯口弹线示意图

在杯形基础上，由柱列轴线控制桩用经纬仪把柱列轴线投测到杯口顶面上，如图 13-35 所示，并弹出墨线，用红油漆画上"▼"标志，作为柱子吊装时确定轴线的依据。当柱子中心线不通过柱列轴线时，还应在杯形基础顶面四周弹出柱子中心线，仍用红油漆画

"▼"标志。同时用水准仪在杯口内壁测设一条－60cm标高线，并画"▼"标志，用以检查杯底标高是否符合要求，然后用1∶2水泥砂浆抹在杯底进行找平，使牛腿面符合设计高程。

2. 柱子安装时的测量工作

柱子被吊装进入杯口后，先用木楔或钢楔暂时进行固定。用铁锤敲打木楔或者钢楔，使柱在杯口内平移，直到柱中心线与杯口顶面中心线对齐（偏差不大于5mm）。用水准仪检测柱身的标高线，然后用两台经纬仪分别在相互垂直的两条柱列轴线上，相对于柱子的距离大于1.5倍柱高处同时观测，如图13-36所示，进行柱子校正。观测时，将经纬仪照准柱子底部中心线上，固定照准部，逐渐上仰望远镜，通过校正使柱身中心线与十字丝竖丝相重合。

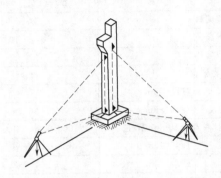
图13-36 单根柱子校正示意图

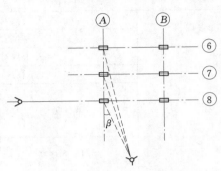
图13-37 多根柱子校正示意图

为了提高工作效率，一般可以将经纬仪安置在轴线的一侧，与轴线成10°左右的方向线上，一次可以校正几根柱子，如图13-37所示。当校正变截面柱子时，经纬仪必须放在轴线上进行校正，否则容易出现差错。

柱子较短时或精度要求较低时，可以用垂球进行校正。

柱子校正时的注意事项：

（1）校正前经纬仪应经过严格检校，因为校正柱子垂直度时，往往只用盘左或盘右观测，仪器误差影响很大。操作时还应注意使照准部水准管气泡严格居中。

（2）柱子在两个方向的垂直度都校正好后，应再复查平面位置，看柱子下部的中心线是否仍对准基础的轴线。

（3）考虑到过强的日照将使柱子产生弯曲，使柱顶发生位移，当对柱子垂直度要求较高时，柱子垂直度校正应尽量选择在早晨无阳光直射或阴天时校正。柱长小于10m时可不考虑温度的影响。

（二）吊车梁和吊车轨的安装测量

吊车梁安装时，测量工作的任务是使柱子牛腿上的吊车梁的平面位置、顶面标高及端面中心线的垂直度都符合要求。

1. 准备工作

首先在吊车梁顶面和两端弹出中心线，再根据柱列轴线把吊车梁中心线投测到柱子牛腿侧面上，作为吊装测量的依据。投测方法如图13-38所示，先计算出轨道中心线到厂房纵向柱列轴线的距离 e，再分别根据纵向柱列轴线两端的控制桩，采用平移轴线的方法，在地面上测设出吊车轨道中心线 A_1A_1 和 B_1B_1。将经纬仪分别安置在 A_1A_1 和 B_1B_1

一端的控制点上，严格对中、整平，照准另一端的控制点，仰视望远镜，将吊车轨道中心线投测到柱子的牛腿侧面上，并弹出墨线。

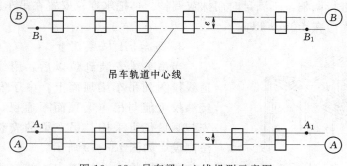

图 13-38 吊车梁中心线投测示意图

同时根据柱子±0.000位置线，用钢尺沿柱侧面量出吊车梁顶面设计标高线，在柱子上画出标志线作为调整吊车梁顶面标高用。

吊车梁中心线也可用厂房中心线为依据进行投测。

2. 吊车梁吊装测量

吊装预制钢筋混凝土吊车梁时，应使其两个端面上的中心线分别与牛腿面上梁端中心线初步对齐，再用经纬仪进行校正。校正方法是根据柱列轴线（或厂房中心线）用经纬仪在地面上放出一条与吊车梁中心线相平行的校正轴线，水平距离为1m。在校正轴线一端点处安置经纬仪，固定照准部，上仰望远镜，照准放置在吊车梁顶面的横放直尺，对吊车梁进行平移调整，使梁中心线上任一点距校正轴线水平距离均为1m，如图13-39所示。

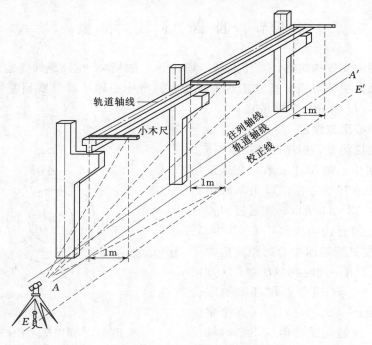

图 13-39 吊车梁中心线投测示意图

在校正吊车梁平面位置的同时，用经纬仪或吊锤球的方法检查吊车梁的垂直度，不满足时在吊车梁支座处加垫块校正。吊车梁就位后，先根据柱面上定出的吊车梁设计标高线检查梁面的标高，并进行调整，不满足时用抹灰调整。再把水准仪安置在吊车梁上，精确检测实际标高，其误差应在±3mm以内。

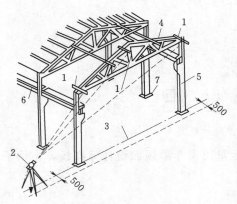

图 13-40   屋架安装示意图
1—卡尺；2—经纬仪；3—定位轴线；
4—屋架；5—柱；6—吊车梁；7—基础

3. 吊车轨道安装测量

当吊车梁安装到位以后，用经纬仪将吊车轨道线投测到吊车梁顶面上。由于安置在地面上的经纬仪可能与吊车梁顶面不通视，因此吊车轨道安装测量仍可采用与吊车梁的安装校正相同的方法测设，如图 13-39 所示。

用钢尺检查两轨道中心线之间的跨距，其跨距与设计跨距之差不得大于 3mm。在轨道的安装过程中，要随时检测轨道的跨距和标高。

4. 屋架的安装测量

屋架安装测量的主要任务同样是使其平面位置及垂直度符合要求。

如图 13-40 所示，屋架的安装测量与吊车梁安装测量的方法基本相似。屋架的垂直度是靠安装在屋架上的三把卡尺（在安装前，固定在屋架上），通过经纬仪进行检查、调整。屋架垂直度的允许误差为：薄腹梁为 5mm；桁架屋架为高度的 1/250。

第四节   烟囱施工测量

烟囱是典型的高耸构筑物，其特点是：基础小、主体高、抗倾覆性能差。因此施工测量工作主要是确保主体竖直。按施工规范规定：筒身中心轴线垂直度偏差最大不得超过 $H/1000$（mm）（H 以 mm 为单位）。

一、烟囱中心定位测量

烟囱中心定位测量，根据已知控制点或原有建筑物与烟囱中心的尺寸关系，在施工场地上用极坐标法或其他方法测设出基础中心位置 O 点。如图 13-41 所示，在通过 O 点定出两条互相垂直的直线 AB 和 CD，其中 A、B、C、D 各控制桩至烟囱中心的距离应大于其高度的 1～1.5 倍，同时在 AB 和 CD 方向上定出 E、F、G、H 四个点作基础的定位桩，并应妥善保护。E、F、G、H 四个定位桩，应尽量靠近所建构筑物但又不影响桩位的稳固，用于修坑和恢复其中心位置。

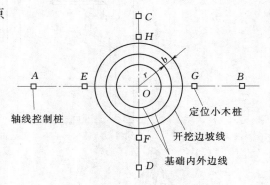

图 13-41   烟囱基础定位放线图
b—基坑的放坡宽度；r—构筑物基础的外侧半径

二、烟囱基础施工测量

如图 13-41 所示，以基础中心点 O 为圆心，以 $r+b$ 为半径，在场地上画圆，撒上石灰线以标明基础开挖范围。

当基坑开挖到接近设计标高时，按房屋施工测量中基槽开挖深度控制的方法，在基坑内壁测设水平桩，作为检查基础深度和浇筑混凝土垫层的依据。

浇筑混凝土基础时，应在基础中心位置埋设钢筋作为标志，并在浇筑完毕后，依据定位桩用经纬仪把基础中心点 O 精确地引测到钢筋标志上，刻上"＋"线，作为筒体施工时控制筒体中心位置和筒体半径的依据。

三、烟囱筒身施工测量

烟囱筒身砌筑施工时，筒身中心线、直径、收坡应严格控制，通常是每施工到一定高度要把基础中心向施工作业面上引测一次。具体引测方法是：先在施工作业面上横向设置一根控制方木和一根带有刻度的旋转尺杆，如图 13-42 所示，尺杆零端铰接于方木中心。方木的中心下悬挂质量为 8~12kg 的锤球。平移方木，将锤球尖对准基础面上的中心标志，如图 13-43 所示，即可检查施工作业面的偏差，并在正确位置继续进行施工。

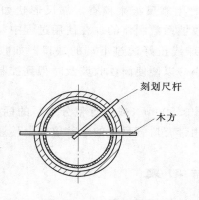

图 13-42　旋转尺杆

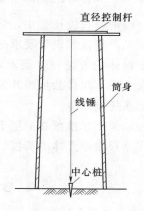

图 13-43　筒体中心线引测示意图

筒体每施工 10m 左右，还应向施工作业面用经纬仪引测一次中心，对筒体进行检查。检查时，把经纬仪安置在各轴线控制桩上，瞄准各轴线相应一侧的定位小木桩将轴线投测到施工面边上，并做标记；然后将相对的两个标记拉线，两线交点为烟囱中心线。如果有偏差，则不得大于高度的 1/1000，否则应立即进行纠正，然后再继续施工。

对较高的混凝土烟囱，为保证施工精度要求，可采用激光铅垂仪进行烟囱铅垂定位。定位时将激光铅垂仪安置在烟囱基础的中心点上，在工作面中央处安放激光铅垂仪接收靶，每次提升工作平台前后都应进行铅垂定位测量，并及时调整偏差。

在筒体施工的同时，还应检查筒体砌筑到某一高度时的设计半径。如图 13-44 所示，某高度的设计半径 $r_{H'}$ 为

$$r_{H'} = R - H'm \qquad (13-7)$$

$$m = (R-r)/H \qquad (13-8)$$

式中　R——筒体底面外侧设计半径；

m——筒体的收坡系数；

r——筒体顶面外侧设计半径；

H——筒体的设计高度。

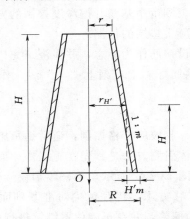

图 13-44　筒体中心线引测示意图　　　图 13-45　靠尺板示意图

　　为了保证筒身收坡符合设计要求，还应随时用靠尺板来检查。靠尺形状如图 13-45 所示，两侧的斜边是严格按照设计要求的筒壁收坡系数制作的。在使用过程中，把斜边紧靠在筒体外侧，如筒体的收坡符合要求，则锤球线正好通过下端的缺口。如收坡不合要求，可通过坡度尺上小木尺读数反映其偏差大小，以便使筒体收坡及时得到控制。

四、筒体的标高控制

　　筒体的标高控制是用水准仪在筒壁上测出 +0.500m（或任意整分米）的标高控制线，然后以此线为准用钢尺量取筒体的高度；也可用带有弯管目镜的全站仪向上传递高程。

思 考 题 与 习 题

一、简答题

1. 简述施工控制网的布设形式和特点。

2. 建筑基线的常用形式有哪几种？基线点为什么不能少于 3 个？

3. 建筑基线的测设方法有几种？试举例说明。

4. 建筑方格网如何布设？主轴线应如何选定？

5. 绘图说明用极坐标法测设主轴线上三个定位点的方法。

6. 建筑方格网的主轴线确定后，细部方格网点该如何测设？

7. 施工高程控制网如何布设？布设时应满足什么要求？

8. 设置龙门板或引桩的作用是什么？如何设置？

9. 一般民用建筑条形基础施工过程中要进行哪些测量工作？

10. 一般民用建筑墙体施工过程中，如何投测轴线？如何传递标高？

11. 在高层建筑施工中，如何控制建筑物的垂直度和传递标高？

12. 如何进行柱子吊装的竖直校正工作？有哪些具体要求？

13. 烟囱筒身施工测量中如何控制其垂直度？

二、计算题

1. 如图 13-46 所示，假设主轴线上 A、O、B，三点测设于地面上的点位为 A'、O'、B'，经检测 $\angle A'O'B' = 179°58'30''$，已知 $a = 50\text{m}$，$b = 50\text{m}$。试求调整值 δ，并说明如何调整才能使三点成为一直线。

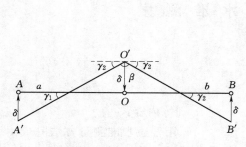

图 13-46 调整三个主点的位置

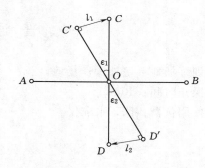

图 13-47 测设主轴线

2. 如图 13-47 所示，在地面上测设直角 $\angle BOD'$，经检查 $\angle BOD' = 89°59'30''$，已知 $OD' = 50\text{m}$，试求改正数 l_2。

第二部分 技 能 训 练

一、普 通 水 准 测 量

1. 训练场地：室外操作场地。
2. 操作时间：40min。
3. 使用仪器：DS₃ 水准仪。

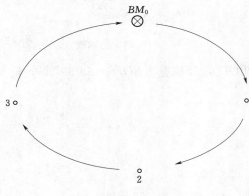

图 1　水准路线略图

4. 训练内容：

（1）用普通水准测量方法完成由 4 个水准点构成的闭合水准路线测量工作，如图 1 所示。

（2）完成该段水准路线的记录和计算校核并求出高差闭合差。

5. 训练要求：

（1）从已知点 BM 出发，设 3 个待定点，测量 4 站，回到 BM 点。

（2）按普通水准测量的观测程序作业，要求只读中丝读数。

（3）高差闭合差不必进行分配。

（4）记录、计算完整清洁、字体工整，无错误。

（5）记录、计算在表 1 中进行。

表 1　　　　　　　　　　　　　　普通水准测量记录表

测点	水准尺读数（m）		高差 h（m）		高程（m）	备注
	后视 a（m）	前视 b（m）	＋	－		
						起点高程设为 100.000m
Σ						
计算校核			$\Sigma a - \Sigma b=$　　$\Sigma h=$			

6. 限差要求：高差闭合差的允许值 $f_{h允} \leqslant \pm 12\sqrt{n}$ mm（注：由于训练场地地势平坦、范围不大）。

7. 普通水准测量记录、计算。

测量由一个已知点，三个未知点组成的闭合水准路线，已知水准点高程为100.000m，将观测数据填入表1中并进行计算，不调整闭合差直接计算出1、2、3点高程。

二、四 等 水 准 测 量

1. 训练场地：室外操作考场。

2. 训练时间：40min。

3. 使用仪器：DS$_3$ 水准仪。

4. 训练内容：

(1) 安置仪器。

(2) 四等水准观测。

(3) 四等水准的记录、计算。

(4) 闭合差的计算。

5. 训练要求

(1) 按四等水准测量要求测4站。

(2) 记录、计算完整，清洁，字体工整，无错误。

(3) 按 GB 12898—91《国家三四等水准测量规范》执行施测。

6. 限差要求：

(1) 每站前后视距差不超过3m，前后视距累计差不超过10m。

(2) 红黑面读数差不大于3mm；红黑面高差之差不大于5mm。

7. 表格记录、计算：四等水准闭合路线记录、计算见表2。

表2 四等水准观测记录、计算表

测站编号	后尺 下丝 上丝 后距 视距差 d	前尺 下丝 上丝 前距 Σ	方向及尺号	标尺读数 黑面	标尺读数 红面	K+黑 —红	高差中数	备考

三、S_3 水准仪 i 角检验

1. 训练场地：室外操作考场。

2. 训练时间：40min。

3. 使用仪器：DS$_3$ 水准仪。

4. 训练内容：

（1）仪器安置。

（2）i 角检验的观测、记录、计算。

5. 训练要求：

（1）仪器安置正确。

（2）观测方法正确。

（3）照准、读数正确，精确至 0.001m。

（4）记录规范，计算、取位正确。

6. 限差要求：$h''_{AB} - h'_{AB} \leqslant \pm 5\text{mm}$。

7. 表格记录、计算。

选 A、B 距离约为 80m，仪器在 A、B 两点中间设站，进行两次读数，第二次观测要变更仪器高，两次高差中数 h'_{AB}；仪器在 B 点一端设站，进行第三次读数，测高差 h''_{AB}，并完成表 3 的记录、计算。

表 3 $\quad\quad\quad\quad\quad\quad\quad\quad\quad\quad$ i 角 检 验 记 录 表

仪器在 A、B 点中间读数（mm）		高差（mm）	第三次读数（mm）仪器在 B 点一端	备注	是否需要校正
第一次读数			a'_2		
第二次读数			b'_2	$h''_{AB} - h'_{AB} =$	
两次高差中数 h'_{AB}			h''_{AB}		

四、测回法水平角观测

1. 训练目的：熟悉经纬仪的使用，掌握测回法测量水平角的观测方法。

2. 训练场地：室外操作场地。

3. 操作时间：30min。

4. 使用仪器：DJ₆ 经纬仪一台。

5. 训练内容：测站点 O，两个目标分别为 A、B，用测回法观测 $\angle AOB$ 两个测回，并独立完成记录、计算。

6. 训练要求：

（1）严格对中整平准确。

（2）严格按测回法的观测程序作业，要求测量两个测回；测回间变换度盘位置。

（3）记录、计算完整清洁、字体工整，无错误。

（4）记录计算正确。

（5）独立完成整个过程，别人不得提醒。

7. 限差要求：

（1）对中误差≤±3mm，水准管气泡偏差<1格。

（2）半测回角值之差≤±40″，各测回间角差≤±24″。

8. 水平角观测记录、计算：将观测数据填入表4中相应位置，并完成计算。

表4 水平角测回法记录表

测站	测回	竖盘位置	目标	水平度盘读数 (° ′ ″)	半测回角值 (° ′ ″)	一测回角值 (° ′ ″)	各测回平均角值 (° ′ ″)	示意图
O	1	左	A					
			B					
		右	B					
			A					
	2	左	A					
			B					
		右	B					
			A					

五、竖直角观测

1. 训练场地：室外操作考场。

2. 训练时间：40min。

3. 使用仪器：J_6 经纬仪。

4. 训练内容：

(1) 仪器安置。

(2) 竖直角观测。

(3) 竖直角表格记录、计算。

5. 训练要求：

(1) 对中整平准确。

(2) 严格按观测程序作业。

(3) 对一个竖直角观测两测回，精确至秒（s）。

(4) 读数精确，记录规范，计算正确。

6. 限差要求：

(1) 对中误差≤±3mm，水准管气泡偏差≤1格。

(2) 两测回角值之差≤±24″。

7. 表格记录、计算：在 O 点安置仪器，对测量目标 A/B 进行竖直角观测两测回，记录见表5。

表5 　　　　　　　　　　　　　竖 直 角 观 测 记 录 表

测　站	目　标	竖盘读数	竖盘读数 (° ′ ″)	指标差 (° ′ ″)	竖直角 (° ′ ″)	平均竖直角 (° ′ ″)
O	A	左				
		右				
	A	左				
		右				
	B	左				
		右				
	B	左				
		右				

六、全站仪角度、边长测量

1. 训练场地：室外操作考场。

2. 训练时间：40min。

3. 使用仪器：全站仪。

4. 训练内容：

（1）仪器安置。

（2）角度、边长测量。

（3）水平角、边长测量记录、计算。

5. 训练要求：

（1）对中整平准确。

（2）水平角观测两测回，测回间变换度盘读数。

（3）边长测量 4 次，取平均值，精确至毫米（mm）。

（4）读数准确，记录规范，计算正确。

6. 限差要求：

（1）对中误差≤±3mm，水准管气泡偏差≤1 格。

（2）半测回角值之差≤±36″，两测回角值之差≤±24″。

（3）4 次测距最大较差≤±3mm。

7. 表格记录、计算：在 O 点设站，对 A、B 两目标进行水平角观测两测回，对 OA、OB 边边长测量一个测回，并进行表格记录、计算，见表 6。

表 6 　　　　　　　　　　全站仪水平角、边长测量记录、计算表

测回	测站	盘位	目标	水平度盘读数 (° ′ ″)	半测回角值 (° ′ ″)	一测回角值 (° ′ ″)	两测回平均角值 (° ′ ″)	边长 (m)	平均边长 (m)
1	O	左	A					OA 边长	
			B						
		右	A						
			B						
2	O	左	A					OB 边长	
			B						
		右	A						
			B						

七、地形图应用：确定图上一点的平面位置

1. 训练目的：熟悉地形图的基本应用，确定图上一点平面位置的方法。

2. 使用工具：地形图一幅、直尺一把。

3. 训练内容：在地形图上直接量取给定点的坐标（如图 2 所示，确定 A、B 两点坐标）。

4. 训练要求：

(1) 严格铺平地形图、准确量取距离（表 7）。

(2) 量取结束后，还应从对角点进行校核检查。

(3) 记录计算正确。

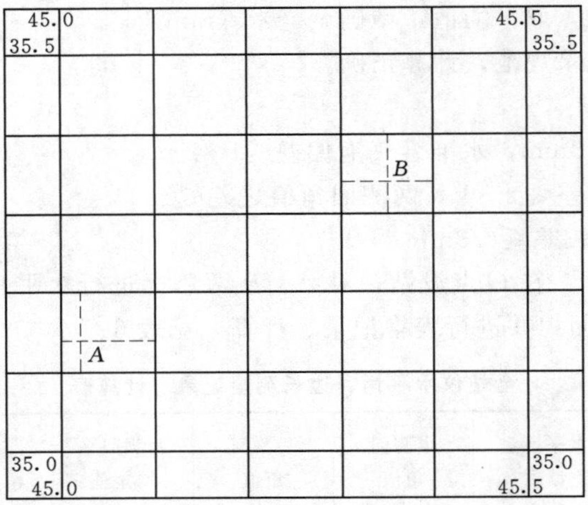

图 2 地形图上确定点的位置

表 7 量取坐标数据

点 名	X（m）	Y（m）
A		
B		

八、经纬仪测设水平角

1. 训练场地：室外操作考场。

2. 训练时间：40min。

3. 使用仪器：DJ$_6$经纬仪。

4. 训练内容：

（1）根据设计给定的水平角值，用正倒镜分中法测设出该水平角。

（2）用经纬仪进行测设，并在实地标定所测设的点位。

（3）用经纬仪对所测设出的水平角进行一测回的测量（表8）。

5. 训练要求：

（1）用盘左盘右各测设1个点位，当两点间距小于1cm时，取两点连线的中点作为最终结果。

（2）要求实地标定的点位清晰。

6. 限差要求：

（1）对中误差≤±3mm，水准管气泡偏差<1格。

（2）测设的水平角与设计的水平角之差不超过±50″。

（3）标定点离测站20m时，横向误差不超过±5mm。

如图3所示，考核时在现场任意标定两点为 A、B，已知∠ABP＝140°20′30″试用正倒镜分中法在 B 点设站，后视 A 点，测设出 P 点。

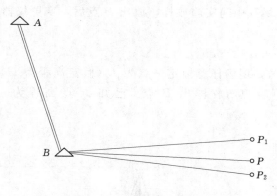

图3　经纬仪测设水平角

表8　　　　　　　　　**水平角测回法观测记录表**

测　点	盘　位	目　标	水平度盘读数 （°　′　″）	水　平　角		示意图
				半测回值 （°　′　″）	一测回值 （°　′　″）	

九、测 设 已 知 高 程 点

1. 训练目的：进一步掌握水准仪的使用，熟悉已知高程点的测设方法。

2. 训练场地：室外操作场地。

3. 操作时间：30min。

4. 使用仪器：S_3 水准仪一台，水准尺两根。

5. 已知数据：如图 4 所示，地面 AB 两点，A 为已知点，放样 B 点，B 点高程为已知。

6. 训练内容：

(1) 水准仪的使用。

(2) 放样已知点高程 B。

7. 测设方法：

(1) 安置水准仪于 A，B 中间，整平仪器。

(2) 后视水准点 A 上的立尺，读得后视读数为 a，则仪器的视线高 $H_i = H_A + a$；于是算得 B 点立尺应有的前尺读数 $b = H_i - H_B$。

(3) 将水准尺紧贴 B 点木桩侧面上下移动，直至前视读数为 b 时，在桩侧面沿尺底画一横线，此线即为设计高程 H_B 的位置。

8. 训练要求：

(1) 放样数据计算正确，取位符合规定。

(2) 将水准仪放在 AB 中间实施放样，放出 B 点后，变更仪器高重新测设 B 点，以做检查。

(3) 放样精度，要求 $\leqslant \pm 5$mm。

［训练实例］训练时，现场任意标定一点为 A（假定高程为 H_A），打上木桩，在 AB 中间设站，以 A 点为后视，放样出 B 点。已知 A 点高程为 101.356m，B 点高程为 101.534m。

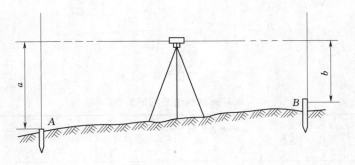

图 4　已知高程测设

十、建筑物平面位置点放样

1. 训练目的：进一步掌握经纬仪的使用，熟悉极坐标法测设点平面位置的方法。

2. 训练场地：室外操作场地。

3. 操作时间：50min。

4. 使用仪器：DJ$_6$ 经纬仪，30m 钢尺。

5. 已知数据：如图 5 所示，测站点 A 坐标，定向点 B 坐标给定，放样点 P_1、P_2 坐标在训练现场抽取决定。

6. 训练内容：

(1) 放样数据的计算。

(2) 放样 P_1、P_2 点的平面位置。

7. 训练要求：

(1) 放样数据计算正确，取位符合规定。

(2) 在测站点 A 上实施放样，采用极坐标法放样，角度放样采用盘左、盘右两个盘位进行。

(3) 放样精度，要求 $\leqslant \pm 5$cm。

(4) 放样数据计算结果填入表 9 中。

(5) 记录、计算完整、清洁、字体工整，无错误。

(6) 对中误差 $\leqslant \pm 3$mm，水准管气泡偏差 <1 格。

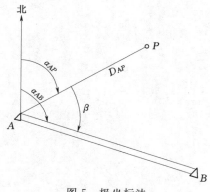

图 5 极坐标法

[训练实例] 训练时，现场任意标定两点为 A、B，在 A 点设站后视 B 点，放样出一点 P。已知 A（30.105，50.332），B（20.259，76.347），P_1（36.445，70.208），P_2（26.423，60.213），试在 A 点设站后视 B 点，放样出 P_1、P_2 点。放样数据表见表 9。

表 9   放 样 数 据 表

放样点	放样角 β（° ′ ″）	平距 D（m）
P_1		
P_2		

参 考 文 献

[1] 贾清亮，等．水利工程测量．北京：中央广播电视大学出版社，2006.

[2] 汤浚淇，等．测量学．北京：中央广播电视大学出版社，2003.

[3] 牛志宏，徐启样，蓝善勇．水利工程测量．北京：中国水利水电出版社，2005.

[4] 丁云庆，等．水利水电工程测量．北京：水利电力出版社，1992.

[5] 赵文亮，等．地形测量．郑州：黄河水利出版社，2005.

[6] 杨中利，等．应用测量学．西安：西安地图出版社，2006.

[7] 兰善勇，等．建筑工程测量．北京：中国水利水电出版社，2007.

[8] 杨中利，等．工程测量．北京：中国水利水电出版社，2007.